体育场馆设计指南

（原著第五版）

杰兰特·约翰

［英］罗德·希尔德　著

本·维克多

袁粤　孙一民　译

中国建筑工业出版社

著作权合同登记图字：01-2010-7792号

图书在版编目（CIP）数据

体育场馆设计指南（原著第五版）/（英）约翰，希尔
德，维克多著；袁粤，孙一民译. —北京：中国建筑工业
出版社，2016.8
ISBN 978-7-112-19324-0

Ⅰ.①体…　Ⅱ.①约…　②希…　③维…　④袁…　⑤孙…
Ⅲ.①体育场-建筑设计-指南　②体育馆-建筑设计-指南
Ⅳ.①TU245-62

中国版本图书馆CIP数据核字（2016）第068877号

责任编辑：程素荣　张鹏伟　徐　冉
责任校对：焦　乐　姜小莲

体育场馆设计指南
（原著第五版）
［英］　杰兰特·约翰　罗德·希尔德　本·维克多　著
袁粤　孙一民　译
＊
中国建筑工业出版社出版、发行（北京海淀三里河路9号）
各地新华书店、建筑书店经销
北京锋尚制版有限公司制版
北京画中画印刷有限公司印刷
＊
开本：850×1168毫米　1/16　印张：21¾　字数：515千字
2017年2月第一版　　2017年2月第一次印刷
定价：98.00元
ISBN 978-7-112-19324-0
（28554）

版权所有　翻印必究
如有印装质量问题，可寄本社退换
（邮政编码100037）

内容简介

在这本全新设计的《体育场馆设计指南》中,作者展示了诸多无可比拟的案例,包括专业人士委托的体育场馆项目的规划、设计和高质量的管理工作。

有关体育场馆设计和使用的理念在本书中得到了进一步的发展,本书第五版还包括该领域最新的发展成果。新修订后的章节还包括可持续性发展、总体规划和服务、品牌运作以及最新的全球实例研究。本书还提供了关于体育场馆设计全方位的指导建议,从地方性的俱乐部建筑到国际性场馆。

除了广泛的国际案例研究,作者还充分介绍了Populous 事务所的经验:包括近几年交付使用的2010 纽约扬基体育场、2010年都柏林Aviva体育场、2004年里斯本的本菲卡球场、2010年约翰内斯堡的足球城体育场、2012年迈阿密马林鱼棒球场以及2012年伦敦奥林匹克体育场等。

作者：本·维克多（左）、杰兰特·约翰（中）和罗德·希尔德（右）

目　录

序

Foreword by the President of the International Olympic Committee, Jacques Rogge

For the Fifth Edition of *Stadia: The Populous Design and Development Guide*

　　体育场是体育的家园。每一座体育场的设计都要有效地回应其功能的特殊需求，不管它是专用于特定运动，还是可以满足多种运动，甚至多种功能。它们可能也会具有高度的象征性，反映着时代的思想倾向以及与之相关的球队、城市或赛事的文化。

　　对于奥运会来说，体育场是其视觉象征以及那些值得纪念的比赛画面的背景。其概念、具体设计和材料选择必须保证为运动员提供最好的条件。根据奥林匹克运动会的精神，体育场应体现文化、艺术和体育的结合。

　　体育场设计正持续地发展，以跟上日新月异的技术进步的步伐，也要跟上这个社会的社会、经济和环境标准的变化。很明显，不管是体育场还是体育，都不能自我孤立：它们必须成为每个人所生活的社会的一部分。为了确保体育场成为负责任的积极的遗产，它应当与尊重城市赛后需求的城市发展规划相结合。它们的设计和建造必须反映日益增加的可持续性的重要性。

　　设计和开发体育场，不管是新建还是升级改造，对建筑师及其设计团队而言是一项艰巨的任务。因此我十分感谢本指引的作者为这本参考书的第五版所做出的意义非凡的贡献和努力。

国际奥林匹克委员会主席　雅克·罗格（Jacques Rogge）

前 言

这本关于高质量体育场馆的委托、规划、设计和管理的指引已经是第五版了。本书于1994年初版，而后多次进行修订，以反映技术知识和观赛理念等方面的变化。

本书内容来自于Populous事务所作为全球性设计机构的多年实践经验。Populous事务所曾涉足世界上一些最重要的体育场馆的设计。它们包括位于新西兰达尼丁的福塞斯巴尔体育场（Forsyth Barr Stadium），它是世界上唯一在使用完全封闭屋盖的同时还拥有天然草皮球场的体育场；中国南京奥林匹克体育中心（Nanjing Sports Park），它不只是综合性的体育设施，还是城市开发的催化剂；英国最成功的娱乐性体育场馆，位于伦敦的O2体育馆；还有纽约扬基球场（Yankee Stadium），这一设计理解并反映了多年来的美国体育运动历史。

作者们有超过60年的在全世界范围内设计、建成和评论体育场的经验。Populous高级首席设计师罗德·希尔德（Rod Sheard）在英国阿斯科特赛马场（Ascot Racecourse）的现代化改造并建造一个新看台的工程中扮演了领导性的角色。他也作为Populous设计团队的关键成员，完成了全英草地网球俱乐部（All England Lawn Tennis Club）伦敦温布尔登球场的升级改造项目。

Populous事务所最近期的项目是关于2012年伦敦奥运会的。除了设计主体育场本身和为奥林匹克公园做总体规划，本机构还被指派为2012年伦敦奥运会和残奥会建筑与临时设施服务供应机构（Architectural and Overlay Design Services Provider）。本·维克多（Ben Vickery），高级董事，也是本书的作者之一，正是这一团队的领袖。他也曾经参与了伦敦温布利体育场以及都柏林阿维瓦球场的重建工作。

撰写本书的目的是与所有人分享Populous事务所来之不易的专业知识，从而使所有喜爱体育、参与体育并筹办体育赛事的人们获益。就像前几版一样，我们意图使这本书成为具有综合性、权威性及可操作性的指引，可以帮助设计师、管理者、业主、投资商、使用者和其他对此感兴趣的人理解当今最令人激动、最有价值的这一类建筑。我们希望这本书能激励人们创造实用、优雅的体育场馆，使之成为当地真正有价值的资产。

致 谢

本书的内容是三位作者经验和观点的结晶，但还要衷心感谢众多专家，没有他们的帮助，本书会显得苍白得多。

感谢国际场馆经理人协会［International Association of Auditorium Managers（IAAM）］；体育和表演联盟协会［Sports and Play Consortium Association（SAPCA）］；国际体育和休闲设施国际协会［International Association for Sports and Leisure Facilities（IAKS），以约翰尼斯·布尔贝克（Johannes Buhlbecker）的名义］，他们都是曾给予本书重要帮助的机构。

伯罗·哈波尔德公司（Buro Happoid）的安德鲁斯·谢拉兹基（Andrew Szieradzki）为第6章提供了相关内容，英国运动草坪研究协会（STRI）的杰夫·皮尔斯（Jeff Perris）则提供了第7章的内容，代表SAPCA的迈克尔·艾伯特事务所（Michael Abbott Associates）为第7章和第22章、足球证照管理局（Football Licensing Authority）的吉姆·弗洛加特（Jim Froggatt）为第10、11、12和15章提供了重要帮助。艾德·赖根（Ed Raigan）及其ME工程公司（ME Engineers）的同事校核并重新撰写了第21章。来自富兰克林和安德鲁公司（Franklin and Andrews）的巴里·温特顿（Barry Winterton）和彼得·格雷（Peter Gray）校核了第23章。达科公司（Daktroniks）的汉瑞克·汉森（Henrik Henson）为附录2提供了相关信息。案例研究中各个项目的建筑设计师们贡献了关于其设计的材料。

在Populous事务所内部，米凯莱·弗莱明（Michele Fleming）、菲利普·约翰逊（Philip Johnson）和戴蒙·拉韦尔（Damon Lavelle），也对本书做出了贡献。

最后，作者衷心地感谢托尼·理查森（Tony Richardson）及其阿尔玛媒体公司（Alma Media）的同事们在图片调研、校订和图表设计方面所给予的莫大帮助。

第1章　体育场是一种建筑类型

1.1　一个观赏比赛的场所

1.1.1　建筑品质

体育场可以被视为观赏英雄炫技的剧院。正是这种令人激动的功能与其宏伟尺度的结合，导致了这种巨大的民用建筑的形成。

第一个伟大的原型——古罗马圆形大剧场（Colosseum of Rome）的确实现了这一理想，然而其后的体育场馆却少有达到如此境界的。其中最糟糕的体育场变成了令人讨厌与不适的场所，在其空置的那段长长的时期内，向其周边环境散播着令人沮丧的气息，这与其在短暂的几个活动日的极度拥挤形成了鲜明的对比。而最好的体育场则能成为舒适、安全的场所，并且为他们的顾客提供愉快的下午或晚间娱乐。但很少有体育场馆能达到这种优秀的建筑水准。

要在一座建筑中将层层递升的看台座席、坡道或楼梯以及巨大的屋盖结构布置妥当，使之成为令人感到和谐愉快的建筑典范，这是一个几乎不可能完成的挑战，因此体育场馆总是将各种元素笨拙地聚集在一起，这些元素与其环境相比往往不合比例，互相之间也并不协调，细节和饰面亦相当粗糙。

本书并不能告诉读者怎样创造伟大的建筑，但是通过最大限度地阐明技术性要求，并展示这些问题在具体案例中是怎样被解决的，我们希望这样至少能帮助设计师在面对有难度的任务书时仍能打造成功的建筑。如果我们能做好这一步，回报将是巨大的。

1.1.2　财务生存能力

20世纪50年代，观看现场比赛是许多人的主要休闲娱乐方式，世界各地的体育场地每次举办比赛时都爆满。然而在二战后的繁荣期过后的数十年间，同样是这些场馆却为了吸引大量的观众而挣扎，其中有许多都在努力寻求财务上的可行性。幸运的是，业主和经理人在寻找解决方法上一直都很有创造性。21世纪伊始已经有清晰的信号表明观众正在回归传统体育，而新的赛事与活动可以在之前的赛事日程基础上充实体育场的活动内容。

现实情况是，不管是继续使用或转换功能，要获得财务上的可行性仍然需要一定形式的补贴。当注意到这一点时，通常有下列三种因素在起作用：

体育馆具有其他的收益可以保证其所需的补贴不至过于庞大；

宾夕法尼亚州匹兹堡市的亨氏球场（Heinz Field），NFL匹兹堡钢人队的主场。建筑设计：Populous事务所

1

该项目对于公共财政资源来说有充分的吸引力，以证明其获取公共财政投资的合理性；

项目对私人赞助商来说能具有充分的吸引力。

有些人可能认为上述的言论过于悲观，那可以参考一下美国的经验。美国和加拿大不但拥有高度富裕的人口，总人口数约达3.5亿，他们都热衷于体育运动，还拥有许多精力充沛的休闲产业企业家和精于榨取顾客钱财的经理人。在所有的国家中，美国和加拿大应该是最能够让他们的体育场有利可图的。而且他们似乎发掘了所有的方法——大容量座席；多功能使用；座席设置的可适应性；完全封闭以保证舒适性；可伸缩的屋盖以避免天气条件的影响——但他们仍然在为获取利润而挣扎，特别是在考虑到高昂的初始建设成本的时候。

正如不存在所谓生产伟大的建筑的可靠的准则一样，世界上也不存在所谓保证体育场馆盈利的神奇公式。专家团队必须为每一个项目分析成本和潜在的收入，并制定一个可行的解决方案——或者说，留下的资金缺口至少能够由私营赞助商或公共资金所填补。

本书论述了一些必须考虑的因素。但是在讨论这些技术性细节之前，我们必须说明一个最重要的论点：即体育和休闲设施是最伟大的历史建筑类型之一，代表了那些最早的（如古希腊竞技场）、最重要的（如罗马圆形剧场和公共浴池）以及最美丽的建筑工程（从古罗马圆形大剧场到两千年后的慕尼黑的奥林匹克公园）。因此我们将从一个简要的历史纵览开始。

1.2　历史沿革
1.2.1　古希腊

现代各种体育设施的原型来自古希腊的竞技场和赛马场。据我们所知，早在公元前8世纪这里就开始举办奥林匹克比赛和其他体育竞技活动了。

竞技场

古希腊竞技场（赛跑跑道）平面布局为U形，直的一端被设为起跑线。这些竞技场的长度略有区别，在特尔斐（Delphi）的竞技场，其长度在183m以下，而奥林匹亚的长度则大约为192m。所有举办比赛的城市都建造了这样的竞技场。有一些是以古希腊剧场的模式建造的，在山坡挖掘而成，这样可以很自然地形成一排排拥有良好观看视线的座席。也有一些竞技场是在平地上建造的，如果是这种情况，比赛区有时候会微微低于地面，以使环绕周边的座席坡度能够更加平缓一些。

在平地建造的竞技场存在于以弗所、特尔斐和雅典。特尔斐的那座竞技场约有183m长、28m宽，沿着其中一边以及弯曲的侧边是坡度平缓的看台，裁判席则位于长边的中央——这一布置与现代体育设施十分相像。雅典竞技场最初是公元前331年建造的，公元160年重建，1896年为了迎接第一次现代奥林匹克运动会又再次重建，因此人们仍旧可以看到这座体育场，它有46排座席，可容纳5万人（图1.1）。

山地竞技场存在于奥林匹亚、忒拜（Thebes）、厄庇道鲁斯（Epidauros），它们与古希腊剧场之间的传承关系是明确无误的：它们本质上是为了展示场面浩大的体育竞技而拉长的剧场，从此形成了一条清晰的发展线，先是发展为多层级的罗马椭圆形竞技场，最终发展成为现代的体育场。

伯罗奔尼撒半岛（Peloponnesus）的古奥林匹亚城清晰地表明了这种体育设施对于希腊市民生活的重要性。该地区包含有一大片复杂的综合设施，包括寺庙和为各种神明所设的祭坛，它发展到鼎盛时，是整个希腊世界的集会点。在一个封闭式的训练馆附近，有一片体育场地，沿着场地的边界建有一条柱廊和石阶以容纳观众。随着这条跑道越来越受欢迎，人们

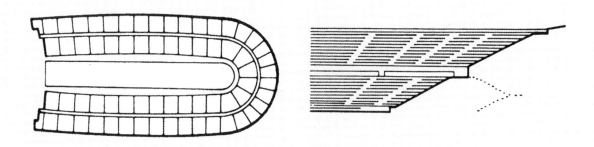

图1.1
雅典的U形下沉竞技场，初次建造于公元前331年，用于举办赛跑比赛，1896年为举办第一届现代奥林匹克运动会而修复

又在场地两侧分别建起了两个看台遥相对望。最终完成的竞技场包括一个192m长、32m宽的跑道，沿着场地边界设有逐级升起的座席，它建于厚重的坡地土基上，建好后它可容纳45000名观众。该竞技场有两个出入口——公共的和私密的，后者仅供裁判使用。

毗邻奥林匹亚的竞技场，有一个供赛马和战车竞速的赛马场，其长度要比该竞技场长得多。从这两个双生的设施我们可以清晰地辨认出现代竞技体育场和环形赛道的雏形。这一古代竞技场已经得到发掘和修复，以供后人研究，而赛马场则已无存。

虽然现代的大容量、带屋盖体育场很少能够具有古希腊竞技场那样的简单形式，在某些情况下，现代建筑师还是可以仿效这些美好先例所表现出的平静姿态。其中最重要的因素是谦逊的形态和自然材质的使用，这些特征紧密地融入周围环境，以至于很难说明"景观"在哪里结束，而"建筑"又从哪里开始。

赛马场

这些为赛马和战车竞速而设置的跑道大约为198~228m长、37m宽，其平面布局同样为U形。正如古希腊剧场一样，赛马场通常都建于山坡上，以便依山设置逐排升起的看台。古罗马马车竞赛场正是由此类型发展而来，但赛马场的形态与之相比更加长而窄。

1.2.2　罗马圆形剧场

比起竞速和体育竞技，军事化管理的古罗马对公开展示人类格斗更有兴趣。为了展示这种活动，他们发展出了一种新的圆形剧场形式：中心是一片椭圆形的表演区（arena），环绕周边的均是一排排逐级高高升起的座席，这样在观看面前这恐怖表演时，尽可能有更多的观众能享有清晰的视线。"表演区（arena）"这一名词来源于拉丁文中"沙（sand）"或"沙地（sandy land）"，指的就是撒播在表演场地上的那层沙子，其用途是吸收溅出的鲜血。

圆形剧场的整个形态其实是将两个希腊剧场拼在一起，形成一个完整的椭圆。但后来发展出的古罗马圆形剧场规模过于宏大，无法依赖自然地形坡度形成看台座席的轮廓，因此古罗马人开始环绕竞技场地建造人工的坡地——起初使用木材（已经没有实例留存），而从公元1世纪开始使用混凝土和石材。在阿尔勒（Arles）和尼姆（Nimes）仍可看到石材砌筑的宏伟实例，而在罗马、维罗纳和普拉（Pula）则有由石材和某种形式的混凝土砌筑而成的实例。阿尔勒的圆形剧场约于公元前46年建造，看台共有3层，可容纳21000观众，尽管有相当程度的损坏，例如缺少了设有可支撑帐幕屋盖的柱子的第三层，它仍旧每年举办斗牛活动。尼姆的圆形剧场建成于公元2世纪，规模较小但现状保存较好，同样定期作为斗牛场使用。维罗纳的大圆形剧场于公元100年左右建造，目前是世界著名的歌剧表演场所。最初其大小为152m×123m，但现在外侧走廊已经剩余很少，目前能容纳22000名观众。表演区大小则为73m×44m。

罗马的弗拉维安圆形剧场（Flavian Amphitheatre）（图1.2），从8世纪起以古罗马圆形大剧场（Colosseum）这一名称闻名于世，它是这一建筑类型的最伟大典范，作为工程技术、剧场功能和艺术的结合，至今也很少被超越。它始建于公元70年，12年后建成。这一建筑的整体形态是个巨大的椭圆形，其长轴为189m，短轴为155m，共4层高，可容纳48000名观众——直至20世纪之前这还是一个无法超越的体育场容量。观众观看下面表演区时享有良好的视线。表演区是一个约88m×55m的椭圆形，周边围起4.6m高的围墙。下面三层每层均有80个拱形开口（外墙表面饰以壁柱和连续的檐口线脚），首层的开口则作为看台的出入口。结构剖面（图1.3）从顶部至底部逐级放宽，这一举解决了三大问题：

它形成了一种人工坡地，使观众观看表演时能够享有剧场式的视野；

它形成了一种稳定的结构，升起的多层看台被一系列复杂的筒形拱结构支撑起来，它们分摊了沉重的荷载，并通过一个不断扩大的结构体传递至基础层。

它与各层观众所需的内部空间容量是相适应的——顶层最少，底层最多。结构性拱廊形成的内部回廊和入口通道规划得是如此之好，以至于整个圆形剧场可以在几分钟内就疏散完毕。

表演区用于角斗士格斗和其他娱乐表演，还可以灌满水用以展示军舰或进行其他水上表演。在表演场地下面是容纳表演者、角斗士和动物的一群拥挤小隔间。在露天的顶层，可以通过绳索和滑轮系统支起帆布遮阳棚，为观众席提供顶盖。

所有这些多样的功能被和谐地融入了这个伟大的鼓形建筑之中，在整个城市景观中它显得那么华丽宏伟——平面功能完善，建筑外观设计充满理性，然而在建筑表皮塑造上又如此丰富且富有表现力。现今的建筑设计师在处理自己复杂的设计任务之前，还不如花点时间，思索一下古罗马圆形大剧场的成功之处。对这种古代建筑的印迹与伦敦奥林匹克体育场进行比较是件有趣的事。

马车竞赛场

正如罗马圆形剧场是由古希腊剧场发展而来，罗马马车竞赛场也是由古希腊的赛马场发展而来的。这些马车竞赛场是U形的赛马跑道，场地平直的一边作为入口，并设置隔间容纳马匹和战车。起跑和返回跑道被一道脊墙（spina）所分隔——这是一道矮墙，上面装饰有雕刻和雕像。座席沿着U形的长直边和弯曲边逐级升高，较低层的座席是用石头筑成的，为上流阶级专用，较高层的座席则用木头搭建。

一个著名的早期实例是罗马马西姆斯马车竞赛场（Circus Maximus）（公元前4世纪），以公元前46年一个获胜者的名字命名。它或许是曾经建造的最大体育场了，约660m长，210m宽，平行于跑道还设置了三级的全座席看台。

其他的古罗马实例包括弗莱明马车竞赛场（Circus Flaminus）（公元前3世纪）和马克先提留斯马车竞赛场（Circus Maxentius）（公元4世纪），后者是现存仅有的古罗马马车竞赛场。罗马之外还有拜占庭赛马场（Byzantium

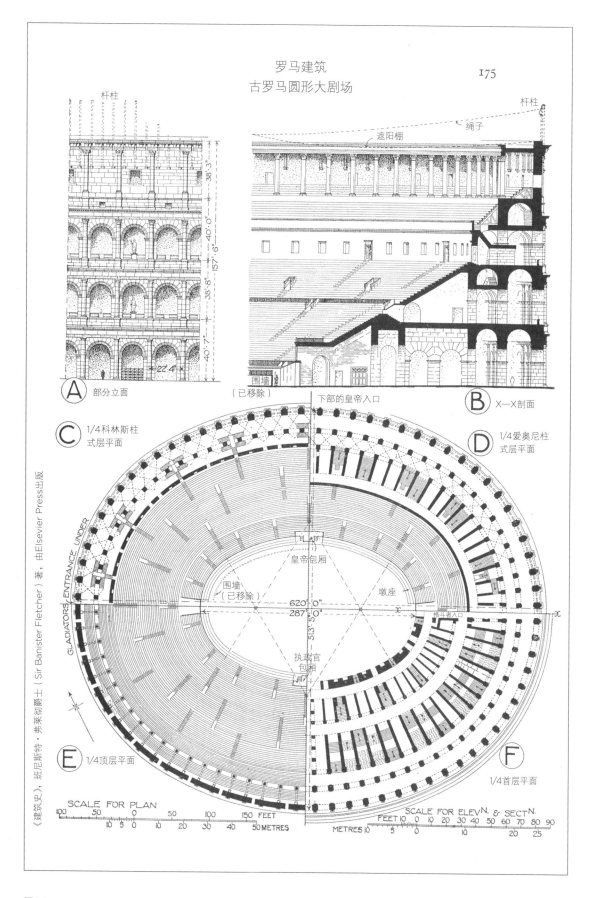

图1.2

古罗马圆形大剧场（公元82年）是为角斗士格斗而非竞速而建的，因此它呈现出剧场的形态，层级升起的看台形成了人工坡地，完全环绕着表演区。这一石头和混凝土的鼓形建筑将工程技术、剧场功能和艺术完美地融合在一起，在这方面甚至比许多现代体育场更为成功

Hippodrome）（以马西姆斯马车竞赛场为模本建造），它建于公元2世纪；以及帕西姆斯赛马场（Pessimus Hippodrome），它是由一个古希腊剧场和一个古罗马赛马场组成的，两者之间通过剧场舞台在赛马场的中心联系起来，这在当时看来是很独特的。两种活动可以分别在剧场和赛马场举行，如果赛马场要举行一个盛大的赛事，整个建筑也可以合并使用。这一建筑明显是现代多功能体育场综合体的前身。

1.2.3　中世纪及以后

由于基督教席卷欧洲，整个社会的重心转向了宗教救世，建筑也从娱乐场所设计转向了教堂设计。在接下来的15个世纪中，并没有重要的新体育场或圆形剧场面世。

从罗马时代继承下来的体育建筑被遗忘了。其中一些被改造为市场或廉价公寓，例如阿尔勒的圆形剧场就被改造成为一个堡垒，内部含有约200个房间和一个教堂（部分是使用来自圆形剧场建筑的石材而建造的），许多其他的圆形剧场更是简单地被拆除了。

在文艺复兴及其以后的时期，赛跑或骑马比赛通常在一片露天场地或城镇广场举行，有时会搭建临时的舞台，以及为重要的观众搭起一片有顶的区域，而不是沿着最初的古希腊赛马场进行了。虽然人们对古典主义以及体育场和圆形剧场建筑产生了浓厚的兴趣，却再没有这种类型的永久性建筑物新建起来了。罗马圆形大剧场被特别仔细地研究，但仅仅是针对其立面构成和雕塑，后来这些经验也被用于其他类型建筑的设计。

1.2.4　19世纪

工业革命之后，体育场作为一种建筑类型终于盼到了新生。公众对于大量观众参与的活动的需求不断增长。一些企业家愿意因应这种需要进行投资，同时新结构技术的出现也推动了体育场或封闭型会堂建筑的建造。

19世纪末奥林匹克传统的复兴是其中一个特别重要的促进因素。在皮埃尔·德·顾拜旦男爵（Baron Pierre de Coubertin）的推动下，1894年召开了国际体育会议，以此为契机，第一次现代奥林匹克运动会于1896年在雅典召开。在此之前，公元前331年的古代竞技场已经被德国建筑师、考古学家席勒（Ziller）所发掘并研究，为了召开运动会，又将它重建为传统的古希腊长U形的形式，其大理石砌筑的看台可以容纳约50000名观众（图1.1）。自此奥林匹克运动会每四年举行一次，除了爆发战争的年代，其他时期一直不曾中断。以下便记录了一些现代体育场，它们都在体育场设计中取得了重大的变革或进步。

1.2.5　20世纪奥林匹克体育场

1908年奥运会在伦敦举办，白城体育场（White City Stadium）就是因此而建造的，设计者为詹姆斯·富尔顿（James Fulton）。这是一个实用的建筑，可容纳超过80000名观众，它是第一座专为现代奥运会设计建造的体育场。即使用今天的标准看，其比赛区也是极端宽阔的（图1.3），可以容纳许多体育项目，周边还有一圈自行车赛道。后来人们决定减少奥运会项目的数量，部分原因也是希望能使比赛区能变得小一些。在随后的一些年，白城体育场越来越被人遗忘，最终于20世纪80年代被拆除。

由于第一次世界大战爆发，1916年并未举行奥运会，但一座能容纳60000人的体育场已经于1913年在柏林建成，准备举办这次比赛。它的重要性在于其宜人自然的形态：与古希腊的剧场和竞技场一样，它是从土地中生长出来的，安静地融入到周边景观之中，没有做出任何雄伟的姿态。这座体育场的设计者是奥

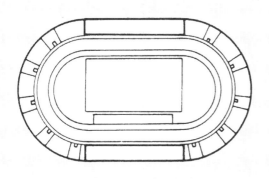
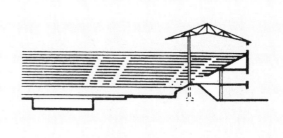

图1.3
伦敦白城体育场（White City Stadium）（1908年）是第一个现代奥林匹克体育场，可容纳超过80000名观众。其竞技场地周围环绕着一圈自行车赛道，这使得其比赛区比后来的体育场要大

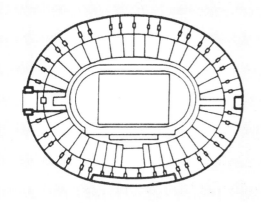
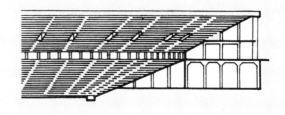

图1.4
柏林奥林匹克体育场（Berlin Olympic Stadium）（1936年）可容纳超过10万名观众，平面布局为椭圆形，功能规划合理

托·玛赫（Otto March），它也成为了1920年代德国所建设的众多体育公园的范本。

　　1936年，柏林市终于真正地迎来了奥运会。当时纳粹刚刚确立了政权，利用这一机会，他们扩建了1913年的体育场，使之变成一个巨大的椭圆形建筑物，它可容纳11万名观众，其中包括分成71排的35000个站席（图1.4）。但不幸的是，这座纪念碑式的、表面覆盖以石材的体育场并非仅仅用于体育运动，还大量地用于政治宣传。尽管有这些令人不快的经历，柏林体育场（Berlin Stadium）还是以其

合理的规划布局和强烈的柱列式立面给人留下了深刻的印象。为了举办2006年FIFA世界杯足球赛，又对其进行了修复，并增加了屋盖。该体育场设计者是沃纳·马奇（Werner March）。

　　1948年，奥运会又回到了伦敦，已经24岁的温布利体育场（Wembley Stadium）被重新改造后投入使用，仍由其原设计者欧文·威廉姆斯（Owen Willams）爵士负责改造设计。

　　1960年的罗马奥运会标志着一个新的分水岭。它不再像从前一样，将所有项目安排在一个单一的场地内完成，而是制定了一个分散化

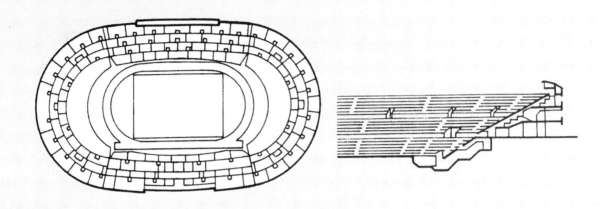

图1.5
1960年罗马奥林匹克体育场，也是一个柱廊式的椭圆形碗状建筑，与柏林体育场极为相像

的平面，将田径体育场设在城市内的某处，而其他体育设施则设在一定距离之外的市郊。在之后的数十年，这种方式一直保持不变。阿尼巴里·维特洛齐（Annibale Vitellozzi）所设计的主体育场是一座无屋盖的3层建筑物（图1.5），与柏林体育场颇有些相似之处。整齐美观的石灰石包裹着它的椭圆形体，1990年罗马主办世界杯足球赛时又为其加上了屋盖。另外两个建成于1960年的较小的封闭式体育馆均是有重要意义的建筑：容量为16000人的罗马体育宫（Palazzo dello Sport）[设计者是马尔切罗·皮亚森蒂尼（Marcello Piacentini）和皮埃尔·路易吉·奈尔维（Pier Luigi Nervi）]和容量为5000人的罗马小体育宫（Palazzetto dello Sport）[设计者为阿尼巴里·维特洛齐（Annibale Vitellozzi）和皮埃尔·路易吉·奈尔维（Pier Luigi Nervi）]（图1.6）。两者均为圆形平面、内部无柱的体育馆，它们将优雅的形态和高效的功能完美地结合在一起。它们的结构设计师都是皮埃尔·路易吉·奈尔维（Pier Luigi Nervi）。

1964年奥运会在东京举行。始建于1958年的神宫国际体育场（Jingu National Stadium）为此进行了扩建（图1.7），但跟罗马一样，两个

规模较小的全封闭体育馆吸引了全球的目光。它们是丹下健三设计的代代木综合体育馆，包括一座游泳馆和球类馆，分别拥有15000个和4000个观众座席[1]。游泳馆建筑被国际奥委会主席艾弗里·布伦戴奇（Avery Brundage）无可非议地誉为“游泳的圣殿”。在这里，15000[2]名观众可以坐在美妙的屋盖之下——这是人们设计出的最动人的屋盖结构之一：建筑两端设有钢筋混凝土杆柱，主悬索从杆柱拉出，与环形平面边界处的承力环梁之间交织着索网，索网覆盖以钢板，内部悬挂石棉板，形成了半刚性的屋盖结构。经过如此建造，这两个体育馆的屋顶形态看起来非常自然合理，其实这都经过了极大量的实验，并曾做大比例模型进行验证，这不只是为了结构的效能，也同样是为了研究形体的构成。

1968年，墨西哥城成为奥运会的主办者，因此有机会建造了数个著名的体育场。大学体育场（University Stadium）建于1953年，当时可容纳70000名观众，1968年扩建后成为共

① 原著为游泳馆容量4000，球类馆容量15000，与其他资料相反，译者根据其他大量资料做了修改——译者注。

② 原著为4000，译者根据其他大量资料做了修改——译者注。

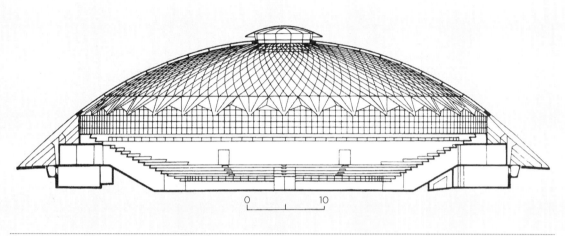

图1.6
一个内部无柱、具有非凡建筑学价值的、较小的封闭式体育馆：为1960年罗马奥运会而建的罗马小体育宫（Palazzetto dello Sport）。它使用了混凝土壳体屋顶，由沿圆形平面周边布置的36根预制斜撑支持

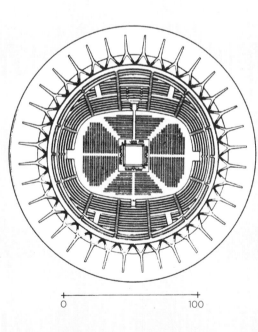

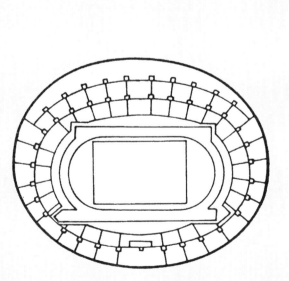

图1.7
1964年的东京奥林匹克体育场

87000座的主奥林匹克体育场（图1.8）。它以优美的形态闻名于世：正如1913年的柏林体育场一样，它基本上是一个"地景建筑"，仅仅从地表升起小部分，几乎不使用钢筋混凝土，优雅地融合进周边环境之中。它还使用了壮丽的雕刻装饰以强化其外部形态。在规模方面更令人难忘的是阿兹台克体育场（Aztec Stadium），它拥有观众座席共达107000个。大部分观众都有屋顶遮盖，虽然一些人离球场相当远，但看着这么多欢呼的球迷在一个屋顶下聚集也是非常棒的体验。据说这是世界上最大的带屋盖体育场了。最后，与1960年罗马奥运会和1964年东京奥运会一样，这里也有一个值得铭记的完全封闭室内体育馆。

1972年，奥林匹克运动会回到了德国。慕尼黑附近一块原本普通的广阔土地，通过堪称典范的设计技巧被改造成一片令人喜爱的景观，包括郁郁葱葱的小山、山谷、草地和水道。或者是有意识地要抹去1936年柏林奥林匹克体育场纪念碑式的沉重，体育场的一侧支起了一片造价昂贵但优雅宜人的轻质屋盖（图1.9以及第5章卷首插图），并一直延伸到了附近几个体育设施，它创造了一种轻快的结构，即使在30年后仍然保存得很好。比赛区嵌入在一个人工凹地之中，其屋盖由透明的丙烯酸板组成，覆盖在钢索网上，被一系列向上逐渐变细的桅杆柱悬挂起来，因此看起来就像漂浮在公园上一样，它轻柔地波动起伏，反映着周围的环境特征。但不得不提的是，树脂玻璃顶棚也造成了游泳馆那部分的一些环境问题，后来在该部分悬挂了有PVC涂层的聚酯遮阳幕以遮挡阳光。不过这一屋顶仍获得了突出的成就：除了美观之外，直至今日它还是最大的体育场屋顶，覆盖面积达8.5公顷，在后面5.8节中我们还会进行深入的讨论。该体育场设计师是甘特·贝尼斯建筑设计事务所（Gunter Behnisch and Partners）以及工程师弗雷·奥托（Frei Otto）和弗里茨·莱昂纳德特（Fritz Leonardt）。

1992年，巴塞罗那主办了奥运会。1929年建成的蒙特惠克世界公平体育场（Montjuic World's Fair Stadium）被建筑师维托里奥·格雷高蒂（Vittorio Gregotti）做了大范围的改造，以满足田径和球类比赛的需要，事实上仅有原罗马风的立面是保持完整的。外墙之内的所有东西都被移除了，为将原有座席容量扩大一倍，比赛区场地降低了标高，并且环绕着跑道（9跑道）新建了一个隧道系统，这样媒体可以在不干涉上面项目进行的情况下来去自如。体育场原大门的外面新建了广场，从这里可以通往其他四个体育设施，包括17000座的帕劳圣乔迪体育馆（Palau Sant Jordi Gymnasium）（建筑设计师矶崎新）、比格尔内约游泳综合体（Picornell Swimming Complex）、体育大学以及国际媒体中心。与其他近期的奥运会设施相比，这一用地布局显得十分紧凑。

随着人们对奥运会大型体育场持续生存能力的关注——其中最著名的案例是为1976年奥运会建造的蒙特利尔体育场，后来的主办城市在建造体育场时就已经将场馆赛后利用的问题纳入考虑之中了。1996年亚特兰大奥运会体育场在设计时就保留了转换功能的余地，可以在赛后改造为棒球场。Populous事务所设计的2000年悉尼奥运会体育场设置了30000个临时座席，赛后它们被移除，这样体育场可以缩小规模，以举办各种不同的赛事与活动。

上述建筑中最好的一些已经达到了伟大建筑的水平。1976年（蒙特利尔）、1980年（莫斯科）、1988年（首尔）的奥运会也建造了一些有趣并具创新性的体育场。在2004年雅典运动会中，结构工程师卡拉特拉瓦（Calatrava）对现存的体育场进行了现代化改造。

在奥林匹克体育场中，这种革新的传统正

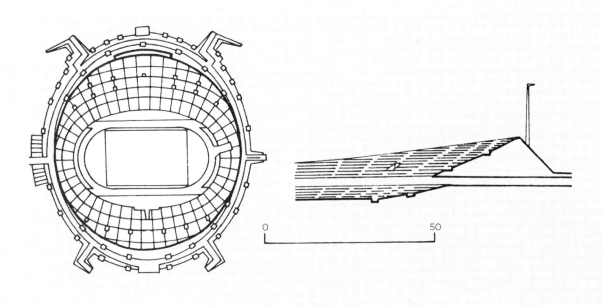

图1.8
1968年墨西哥城奥林匹克体育场，将观众座席看台陷入地表，形态较低而优雅

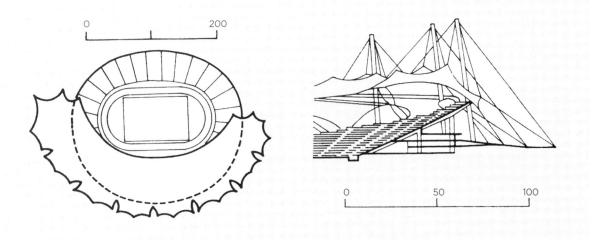

图1.9
1972年慕尼黑奥林匹克体育场将前几十年一系列杰出的体育场建筑带向了一个巅峰

在持续。2008年的北京奥运会，建筑师赫尔佐格与德梅隆（Herzog and DeMueron）设计的体育场蔚为奇观。Populous体育建筑设计事务所和结构工程事务所标赫（Buro Happold）为2012年伦敦奥运会设计的体育场是轻盈和优雅的结合，在赛后亦可以对其进行重新装配以容纳其他的赛事与活动。奥运建筑所留下的遗产正变得与它们的实际比赛用途同等重要，组织者们已经认识到了这一点。

1.2.6　21世纪单项体育场馆

当上述奥林匹克体育场在建设的时候，又产生了一批愈来愈富有挑战性的体育设施，他们专门举行特定的体育项目如足球、英式橄榄球、美式橄榄球、棒球、网球和板球等。

足球

足球场在欧洲和南美大部分国家都是占统治性地位的，因为足球在这些国家十分受欢迎。但是由于不同地区的不同传统，产生了许多不同的建筑类型。英国的典型模式是每个足球场由特定的足球俱乐部所拥有，且只能由该俱乐部使用。体育场专用于单个体育项目，收入有限，但这种形式促使球迷之间形成了一种团体的感觉。这种情况的形成有两个原因。

在英国有一种传统，即使用站席看台，在这里球迷可以紧密地站在一起。但出于安全的考虑，这已经不被顶级联赛的俱乐部所接受，所有英国的超级和甲级俱乐部已经将站席改造成了座席（见第11章和第12章）。

长久以来英国足球场的设计一直将观众安置在十分靠近比赛场地的地方。这有利于观众与比赛的亲密接触，但缺点是很难沿着球场外围再布置田径跑道。这种亲密的社会气氛是英国足球场中很受欣赏的一方面，也是大多数俱乐部所希望保持的。

欧洲大陆的足球模式则十分不同，体育场一般都是由地方政府所拥有，几个俱乐部可共同使用。足球俱乐部经营自己的彩票，利润再投资于比赛；许多体育场也用于其他的赛事，特别是田径比赛。由于这些原因，在过去欧洲足球场往往比英国足球场资金更加充裕，一定程度上也设计建造得更好——实例包括杜塞尔多夫、科隆和都灵世界杯赛场。但环绕球场的田径跑道将观众与比赛区拉开了一定距离。这种紧密感的缺失必须与更好的社区利用的优势相权衡才行。

最著名的英国足球场要数那些超级联赛俱乐部的球场了。但很悲哀的是，其他地方仍存在着一种令人沮丧的趋向，即仅仅满足于最便宜最快速的方案，有时会出现在欧洲大陆体育场的远见卓识，在这里很少或根本没有发生。但在英国也有例外，如哈德斯菲尔德、博尔顿和新的伦敦阿森纳体育场。

在南美洲，足球是一种非常受欢迎的运动，在这里有一种对大型足球场的特别嗜好。世界上最大的足球场是巴西里约热内卢的马拉卡纳城市足球场（Maracana Municipal Stadium），其标准容量为103000名观众，其中有77000位座席。比赛场地周围设有现代的旱地"护城沟"，这是最早设有该设施的实例之一，这条沟将观众与比赛场地隔离开来，它有2.1m宽、约1.5m深。虽然根据现行的标准它显得相当小，但它确实确立了一种运动员和观众隔离的趋势，这一模式在世界范围内被广泛使用，例如1988年汉城（首尔）奥运会的10万人奥林匹克体育场。为1990年意大利世界杯足球赛和2002年日本韩国世界杯足球赛而建的体育场，也都树立了非常高的设计标准。

英式橄榄球

英国最重要的实例之一是伦敦附近的特

威克纳姆橄榄球足球场（Twickenham Rugby Football Ground），其历史可以追溯至1907年。自此，这一块10英亩的用地进行了规模可观的建设。东南西北四个方向的看台全部被一个39m深的悬挑式屋顶遮盖并联系起来，整个球场容量达82000人，全部是带屋盖的座席。因为一天中有一段时间看台会将阴影投射在草皮上，因此采用了透光的屋顶，以允许阳光、包括紫外线辐射透射到球场上。

还有一些值得研究的英国橄榄球场，包括位于威尔士加的夫阿穆公园（Cardiff Arms Park）的千禧球场（Millennium Stadium）（Populous事务所设计，并已成功地用于国际橄榄球和足球比赛）和爱丁堡的莫利菲尔德球场（Murrayfield Stadium）。其他顶尖的橄榄球场包括澳大利亚的悉尼橄榄球场（Sydney Football Stadium）、巴黎的法兰西大球场（Stade de France）以及约翰内斯堡的艾里斯公园球场（Ellis Park）。最令人惊叹的橄榄球场是都柏林的阿维瓦球场（Aviva Stadium），它是在兰斯当路球场（Lansdowne Road）的原址上重建而成的，目前已成为爱尔兰橄榄球联盟和爱尔兰足球联赛的赛场。该球场由Populous事务所设计，具有壮观、富有曲线美的透光性外壳，可容纳52000名观众（见案例研究）。现在的趋势是橄榄球场越来越多地与足球场结合在一起。英国的实例包括沃特福德、哈德斯菲尔德和女王公园巡游者等球队的球场。草皮场地如何允许两种功能的合用，这一问题获得了更多的关注。

美式橄榄球和棒球

第一次世界大战之后，美国以一系列开创性的体育场开辟了新局面，特别是为两种正在萌芽的全国性运动——美式橄榄球和棒球而建的体育场。

美式橄榄球越来越受欢迎，为满足这一需要，产生了一种新的体育场类型，即一个椭圆形碗状大容量看台环绕着长方形的球场。这种类型球场的第一个实例是纽黑文大学（New Heaven）的耶鲁碗球场（Yale Bowl）（1914年，容量64000人）。后来又建成了加利福尼亚州帕萨迪纳的玫瑰碗球场（Rose Bowl）（容量92000人）、迈阿密的桔子碗球场（Orange Bowl）（1937年，容量72000人）、密歇根州的安娜堡球场（Ann Arbor Stadium）（容量107000人）等等。在其中最大的球场内，看台共达到90排，坐得较远的观众连赛场上的球都不能看清。

棒球成为第二位受欢迎的运动。它的场地形状和座席布局与橄榄球场区别很大，因此建起了一系列专门的棒球场，包括著名的纽约扬基球场（YanKee Stadium）（1924年，容量57000人）。

这两种球场一般是城市体育场，建于他们所服务的人群居住地中心，一般都是敞开式的，或仅仅部分有顶棚。第二次世界大战后，有一波新的体育场建设高潮，但其建筑形式逐渐转向多功能，而且往往是完全盖顶的，选址于城市郊区，周边环绕着数英亩的停车场。在1960年和1977年之间，建设了超过30个这种类型的重要体育场，最令人印象深刻的是奥克兰竞技场（Oakland Coliseum）、纽约希叶露体育场（John Shea Stadium）（1964年，棒球和橄榄球场，2009年拆除），以及圣路易斯的布奇体育场（Busch Stadium）（棒球）。最近的实例是芝加哥的康米斯基公园棒球场（Comiskey Park Baseball Stadium）（1991年），可分五层坐43000名观众，还有休斯顿的美汁源球场（Minute Maid Stadium），它拥有41000个座席和密闭式屋顶。

新奥尔良的路易斯安那超级穹顶体育场（Louisiana Superdome）建成于1975年，是这一代体育场中最大的。其占地面积达到13英亩，屋

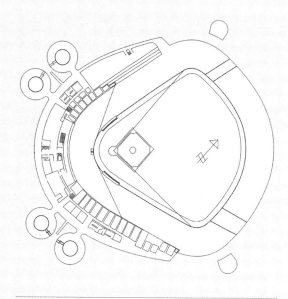

图1.10
在堪萨斯州哈里杜鲁门体育综合体（Harrys Truman Sports Complex），考夫曼球场（Kauffman Stadium）（原称皇家球场），是为棒球度身定做的。建筑设计：霍华德、尼德尔斯、塔门和伯根道夫建筑设计事务所 [Howard Needles Tammen & Bergendoff（HNTB）]

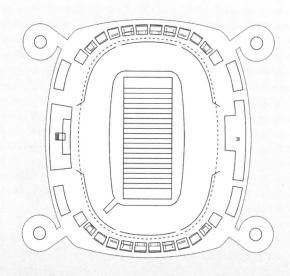

图1.11
专门举行美式橄榄球比赛的箭头球场（Arrowhead Stadium）是一个独立的实体，因为要获得良好的视线，两种比赛所需座席布置形态十分不同。建筑设计师：查尔斯·迪顿（Charles Deaton），格尔顿（Golden）与奇威特和迈耶斯建筑设计事务所（Kivett & Myers）合作设计

盖跨度是世界最大之一，直径达207m，高度为83m，最大容量为72000人，供橄榄球比赛使用。它最有趣的特色是悬挂在屋顶中心的一个吊架，上有六个电视屏幕，每个都有8m宽，它可以显示包括即时动作重放在内的许多信息。

为了收益的最大化，许多大型体育场既可举办美式橄榄球比赛也可作棒球比赛场地（通常也可举办其他类型的活动）。然而，正如之前所述，由于橄榄球和棒球场地区别太大，即使是如1964年的希叶露双功能体育场那样拥有活动式座席系统，也很难为两者都提供最理想的座席配置。因此，1972年建成的堪萨斯哈里杜鲁门体育综合体（Harrys Truman Sports Complex）将两种场地分离开来：皇家球场（Royals Stadium）设棒球场（图1.10），而它的姐妹体育场箭头球场（Arrowhead Stadium）则设橄榄球场（图1.11），它们各自的形状都与其特定的运动赛事相适应。两个球场都设有自己的娱乐及其他设施，以满足其特定服务人群的需要。

网球

世界上最著名的网球场是全英草地网球和门球俱乐部（All England Lawn Tennis and Croquet Club）的伦敦温布尔登球场，这里自1922年温布尔登网球公开赛以来就是该赛事的举办场地。为期两周的公开赛现在每天都会吸引约45000人。比赛设施包括有18个草地球场、5个红土球场、3个泥地球场、一个人工草地球场和5个室内球场。除此之外，在毗邻的阿尔郎奇公园（Aorangi Park）还有14个草地练习场。

对于许多人来说，"温布尔登"就是指中央球场。这片著名的草地球场建于1922年，之后一直在逐步改造升级。这一球场确实在许多方面都可被誉为世界上最令人满意的"网球体验"：观众紧密地聚集在草场周围，屋顶较低，可以反射底下球迷们的叽叽喳喳的讲话声和欢呼声，形成了一种亲密的剧场氛围和一种强烈的专注感，这种气氛在其他许多场馆中已经不复存在了。为了俱乐部未来的发展，人们还为整个用地制定了总体规划，并已经加以实施。这一规划中还包括设计一个新的1号球场来复制中央球场的亲密氛围。最近温布尔登加建了其最具创新性的部分，即在中央球场上加装了可移动的织物屋盖（见案例研究）。这也是由Populous事务所设计的，天气良好时该屋盖可以缩回并堆叠在球场的一端，以尽量减少落在珍贵草皮上的阴影。在恶劣的天气中，屋盖将展开覆盖整个比赛场地及其相连的观众席，比赛从而得以继续。

另外还有三个国际网球大满贯赛事球场，在规模和复杂性上与温布尔登相当：美国的法拉盛公园球场（Flushing Meadows）、澳大利亚菲林德斯公园球场（Flinders Park）和法国的罗兰加洛斯球场（Roland Garros）。它们各自在球场气氛和传统方面都有很大的不同。

纽约法拉盛公园球场是美国网球公开赛的主办地，这里的观众对观赛的态度比起温布尔登来要随意得多。这反映在主球场亚瑟·阿什球场（Arthur Ashe Stadium）的设计上，观众坐在露天的看台上，顶上就是一条繁忙的机场航线，最外侧的座席太远以至于无法提供良好的观看视线。在这里所看到的分离感是美国许多体育场的特征，因为它们一般都十分庞大，其观众也不反感在比赛进行中到处游荡去购买小食和饮料。

澳大利亚国家网球中心（Australia's National Tennis Centre）位于墨尔本和奥林匹克公园［原菲林德斯公园球场（Flinders Park）］。它是1986~1987年在一片废弃的土地上建设的，含有15个球场，共可坐29000名观众，其中包括罗德拉沃球场（Rod Laver Arena）（图1.12）。除此之外还有5个室内练习场。

罗德拉沃球场，也称中心球场（Centre Court），其第一排座席离球场的距离比温布尔登甚至法拉盛公园的更远，其理论依据是：以每小时100公里（100km/h）的球速，靠得太近的观众是看不清楚球的。有人质疑这种理论，他们坚持认为观众希望靠近比赛，就算那意味着球有时候只能是一个模糊的影像。球场拥有15000个座位，共设20个出入口，还装有滑动式屋盖，20分钟即可完全关闭。与温布尔登球场不同，它是硬地球场，采用了坚硬的丙烯酸树脂铺地，这有一个优势，即可以允许全年度密集的多功能使用，举办其他体育赛事或流行音乐会等活动（每年举办约120场活动）。然而也有人认为，与温布尔登的草地球场相比它在视觉上看起来缺少生命力。

自从墨尔本公园的球场建成后，许多方面的需求就一直增长，特别是在环境的舒适性、

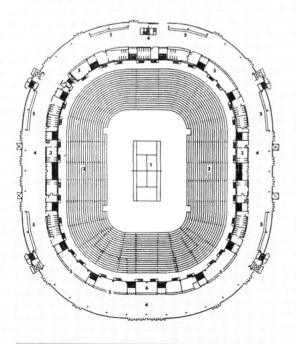

图1.12
罗德拉沃球场平面（图1.15），可容纳15000名观众就座。
设计师为Cox Architects & Planners

餐饮和媒体设施等方面，这是当年没有预想到的。因此目前正在进行一次扩建，用地面积将翻倍，并将建设许多新的体育设施、采购中心、体育医疗中心以及更多的停车场。还会在玛格丽特球场（Margaret Court Arena）上加建可移动屋盖，这样该用地上的可移动屋盖球场就将达到三个之多。

法国网球公开赛场地是位于巴黎布洛涅森林（Bois de Boulogne）的罗兰加洛斯球场，自1928年建成以来，它一直在逐步地进行升级改造。其用地面积为15英亩，包含有16个冠军赛球场，均为红土球场。从球场气氛来说它与法拉盛公园球场相近，而与温布尔登相差较大，它们均为露天式，与温布尔登的紧密相比，其观赛视距较远。与温布尔登和菲林德斯公园一样，它目前正在进行扩建。

板球

自1814年以来，伦敦的罗德板球场（Lord's Cricket Ground）一直是马里波恩板球俱乐部［Marylebone Cricket Club（MCC）］的主场，也是世界板球运动的象征中心。在5英亩的用地内，观众看台既有露天的也有带屋盖的，形式多样，它们环绕着赛场边界逐步升高。该用地规划的策略就是刻意地使用这种个体建筑环绕一片绿地的模式来进行建设，而不是走向一种建筑类型单一的、整体的体育场形式。这一策略清晰地反映在了1987年取代了位于同一地点的早期看台的芒德看台（Mound Stand）以及1991年的康普顿（Compton）和爱得里奇（Edrich）看台的设计建造上。芒德看台由霍普金斯建筑设计事务所（Hopkins Achitects）设计，有2层主看台，共可坐5400名观众，下部的阶梯层上可坐4500人，上部的漫步层可容纳900人，上部的座席有透光帐幕屋顶遮盖。最近格雷姆肖建筑设计事务所

（Grimshaw & Partners）设计的一个位于北侧的新看台也已经完工。

伦敦南部的椭圆球场（Oval ground）是萨里郡板球俱乐部（Surrey County Cricket Club）的主场，它与罗德板球场一样有名，为了未来的发展，人们邀请HOK体育建筑设计公司为该用地制定了总体规划。同样是在英国，德勒姆郡（County Durham）也已经建起了一个新的板球场，建筑设计者为比尔·艾思沃斯（Bill Ainsworth）。在澳大利亚，最顶尖的板球场是墨尔本板球场（Melbourne Cricket Stadium），最近已被重建。

1.3　当前需求

1.3.1　观众

对于所有这些种类的运动场，看台设计的思考都是从观众开始，也以观众结束，在考虑其他所有问题之前，规划设计团队必须要先行考量这一常受质疑的因素。在一个项目最开始的时候，第一个要问的、同时也是第一个要回答的问题应当是：谁是观众？他们在这个体育设施内想要寻求些什么？他们的数量怎样才能最大化？只有当这些问题被解决了，才可能考虑让使用者满意的技术解决方案，并做必要的计算工作。这个简单的步骤适用于所有体育建筑项目。

必须理解的是，不同的人有不同的动机，而任何群体也会包含许多不同的小群体，他们前来观赛都有不同的原因。一些人主要是出于对体育的兴趣，另一些人则是由于社交的原因才来观赛，而有些人是两种原因兼而有之。

在每个比赛的看台上都可以发现其兴趣在于体育的观众。对他们来说，最高层次的现场体育比赛几乎可以说具有一种精神性的特征，伟大的利物浦足球教练比尔·香克利（Bill Shankly）的一段评论恰当地表达了这种心态："足球不是关

于生命和死亡的问题，它比这些更重要。"

这些球迷见识渊博，对运动的每个细微差别都能瞬间做出反映，能向运动员提供建议，识别每个个体球员的身形、健康状况和风格类型，并知道战略战术的有效性。这些论题形成了他们谈话的主题，无论是在比赛之前、之中或之后，也无论是在汽车里、酒吧里还是火车上。这一群体的动机和行为有时会带来负面的评价，但这可能发生在任何人群身上，只要他们是在分享自己具有强烈兴趣的事物——例如经常去做礼拜的传递福音人士。

我们可以在俱乐部会所、餐厅和私人包厢里发现兴趣在于社交的群体，他们总是在娱乐或被娱乐。球赛是"有趣的"，但打断了个人或商务的谈话，它只是暂时地成为兴趣的主题。在球赛的结尾，会进行一次简短的剖析讨论，这样各方面的人都可以借此暗示自己体育知识的深度，随后再接着进行他们的商务会话。这个群体通常着装正式，因为其成员将与其他人互动，而在面对这些人时他们必须恰当地展现自己。而如果兴趣在于社交的群体打扮得比较随意，则是因为他们的互动与该赛事有关。

第三种群体的动机包含以上两种因素，而且往往是变化无常的：这是一群随意的支持者，如果条件适合，可以说动他们来观赛，但同样也很容易阻止他们，因为这一切都要看他们对该赛事的感觉。在英格兰主办世界杯足球赛的时候，英国一年的观赛人数就达到了2900万人，但现在这个数字已经降低到了约2000万人。俱乐部战绩不佳时，支持者就会减少，因为这类观众前来观赛只是因为他们认为该场比赛的水准会很高，或是因为可以在场上看到球星出现。这些球迷也可能因为不舒适、可能遭遇暴力事件或缺乏安全感而不来赛场。在谢菲尔德的希斯堡球场（Hillsborough Stadium）的惨剧发生前，恰好完成了一个研究，该研究发现英国的足球迷认为对其安全最大的威胁来自其他球迷的暴力行为，其次是被人群挤压的风险，被骑警挤倒则排在第三位。所有这些认知将对是否观赛产生影响。

应当注意的是，根据英国的《残疾人歧视法案（Disability Discrimination Act）》，上述群体中各约有五分之一的人符合"残疾人"的法律定义。这个定义的范围广泛得令人惊讶，远超过残疾人就是坐轮椅的人的传统观念。根据法律，不管是在场馆的设计还是管理中，所有这类人的需求都应当得到充分的满足，正如本书第10章所简要说明的。

1.3.2　球员或运动员

除了观众，体育场中最重要的人就是球员（player）或运动员（athlete）了：没有这些人就没有球赛或者其他运动赛事。球员和运动员的需求在第7章或第20章做了全面的叙述。根据前述的英国《残疾人歧视法案》（还有澳大利亚、美国等国家的类似法案），要求给残疾人运动员提供充分的设施。残疾人运动员这一短语并非术语上的矛盾，残奥会这类赛事的不断发展已证明了这一点。

有一个问题必须要注意，因为它将从根本上影响到体育馆的设计。如果球员需要的是天然草皮场地，但却因为其他设计要求（例如多功能使用的场地表面，或者体育场要盖顶等）使得采用草皮表面不可行，那就必须对需要优先考虑哪个因素的问题做出艰难的选择了。

对于一些运动赛事来说，天然草皮场地是必须的——例如橄榄球和板球。对于其他一些运动来说，并非一定需要天然草皮，但对球员而言它仍然是最佳的选择。在所有这些情况下，重要的不仅仅是提供草皮场地，还有比赛时的草皮状态。比赛场地表面是一个小型的生态系统，它能积极地对环境变化作出回应：它在回弹性、坚硬度和滚动阻力等方面会发生波动变化，还可改变球弹起或滚动的轨迹，因此球员会说球"打滑"或"站住"。所有这些微小但关键的改变可以发生在一个相对短的时间内，甚至就在比赛之中。这样的不确定因素往往可以增加球员的技巧，包括技术上和战术上的，因为他们必须有充分的创造力和责任感以应对变化的情况。通过这种方式，天然的场地面层可以很好地提升比赛的水平，为个人天赋的展现提供更大的舞台。但如果任务书要求设计一个完全盖顶的体育场，或者该体育设施需要多功能使用的场地，那么提供一个天然草皮场地几乎是不可能的。新西兰达尼丁市的福塞斯巴尔体育场（Forsyth Barr Stadium）也许可以指出一条解决的途径，它是世界上第一座固定封闭屋盖而采用草皮的橄榄球场。该球场是为举办2011年橄榄球世界杯而由Populous事务所所设计的（见案例研究）。

　　在欧洲大陆和英国，这样的问题比在北美地区更为紧迫，部分原因是传统的欧洲足球赛、橄榄球赛和板球赛是基于球与场地间激烈的相互作用，场地就变得十分重要；然而对于美式橄榄球和棒球来说，在比赛的关键阶段球是离开地面的，所以对于场地的选择就更加宽容。北美洲的球员身上往往也装备了更多的衬垫，当摔倒在相对坚硬的地面上时比较不容易受伤，而包裹得没有那么严实的欧洲球员身体更容易受到伤害，因此宁愿选择天然草皮球场。但有趣的是，对于美式橄榄球来说，似乎又开始愿意选择天然草皮作为球场了。

　　对于田径运动员来说，普遍使用人造的橡胶跑道作为场地表层，而中央场地仍为草坪。

1.3.3　业主

　　假设运动员和观众可以归为一类人，体育场的业主要考虑的就是保证体育场本身的持续财务生存能力。正如在1.1.2节所陈述的那样，如果仅仅依赖体育功能，很少有体育场能够为业主产生利润。在更多的情况下，规划团队必须做出一个发展计划，使业主能够：

- 尽可能地利用体育功能获取利润（也就是"门票收入"）；
- 通过开发非体育形态的市场收入缩小收支缺口（"非门票收入"）；
- 通过公共资金或其他形式的直接补助或赠予，弥补任何遗留的收支缺口。

门票收入

　　很少有场馆能通过门票收入补偿所有的开支的，但传统上这一直就是场馆最重要的收入来源，必须将其最大化。投资者会要求保证一个已知规模和特征的目标市场、举办赛事的日数，以及保证来自于这些赛事的现金流。为达到这个目的：

- 如1.3.1节所概述的那样，必须针对市场做出分析。必须确定这一体育场是为谁服务的，他们的人数是多少，他们将付出多少钱，他们观赛的频率多高、可以吸引他们的因素有哪些，以及会阻止他们的因素又有哪些？
- 可以通过各种形式的额外定价来增加门票收入——如以高价出售或租赁私人包厢。
- 必须要确定体育场需要举办的运动赛事类型。这需要仔细地平衡各种因素。既可以举办足球赛又可以举办田径运动赛的体育场，比那些只能举办单一种类运动的体育场可能会有更多的"比赛日"；但是，正如在1.2.6节和第8章所讨论的那样，如果努力纳入其他的功能，对其主要的功能来说，该体育场可能就不如度身定做那样合适了。这部分是因为不同的体育运动需要不同的场地尺寸、表面材料和平面布局；另一部分的原因是它们需要不同的座席布局以获取最佳的观赛视角。

非门票收入

可增加非门票收入的手段包括出售或出租豪华包厢、餐饮特许经营权、商业特许经营权、广告和赛事赞助、媒体工作室出租、停车费等类似的方法。虽然这些方法可以是收入的重要组成部分，但规划设计师绝不能忘记什么是最应该优先考虑的因素：这些收入形式必须是支持性的，但从来就不是首位的。这样的支持性因素逐渐会对体育场设计产生直接的影响，例如，一个看台上有15000人观看的比赛，可能就有1500万人是通过电视观看的——这对于一个赞助商来说有很高的成本意涵——而这几千万人的需求是必须得到满足的。但体育场绝不能丧失对现场观赛人群的吸引力，而他们才是体育场的主要顾客。

补贴

在所有这些收入手段都已经最大化的情况下，仍然可能存在资金缺口。最后的一种支持因素可能来自地方市政补贴、国家津贴计划或其他方面。

所有因素的综合考虑

获得成功结果的关键是能够清晰地理解所有相关问题。体育场开发商必须对目标观众和运动员有清晰的理解，知道怎样吸引他们。体育场使用者必须清楚地了解体育场的功能以及它们与体育场建筑设计的相容性。公共补助金提供者和私营开发商必须就体育场的用途以及它如何使地方社区受益等方面达成共识。如果任何相关问题被逃避或悬而未决，或者考虑问题的优先顺序出了错，该体育场的未来发展就

可能蒙上阴影。第8章和23章将就上述部分问题做更详细的讨论。

1.3.4　体育场安全

安全问题是成功体育场的一个至关紧要的方面，因此我们必须花上一些章节来讨论这个问题。只要有人群聚集的地方，特别是在情绪高度紧张的环境下，例如赛场，灾难是有可能发生的。君士坦丁堡竞技场（Constantinople Stadium）在举办罗马战车竞赛的时候，其木制看台曾分别于公元491、498、507年被观众焚毁，最终在公元532年又一次被焚毁的时候，东罗马帝国皇帝终于失去了耐性，叫来了军队恢复秩序，结果估计3万人因此死亡。

以下列出了近年来发生的部分体育场惨剧：

1996年：危地马拉市的一个体育场在进行一场足球世界杯资格赛时，球迷发生了踩踏，导致83人死亡，127～180人受伤。愤怒的球迷踢倒了一个入口大门，导致里面的观众连串压倒在位置更低的看台上。

1992年：在科西嘉，当巴斯帝亚队和马赛队进行法国杯半决赛的时候，临时大看台倒塌，导致17人死亡。

1991年：在肯尼亚内罗毕国家球场（Nairobi National Stadium），比赛刚刚开球，15000名无票的球迷就被允许进入赛场，结果发生了踩踏，导致1人死亡，20人被送往医院。

1991年：在南非约翰内斯堡举行的一场友谊赛中，当裁判员判定一个乌龙球有效之后发生惨剧，结果40人死亡，50人受伤。

1989年：在英格兰谢菲尔德的希斯堡球场（Hillsborough Stadium），比赛刚刚开始，人群就涌向防护栏，导致95人死亡，许多人受伤。随后法官泰勒报告（Lord Justice Taylor Report）发表，据此出台了《1990年球场安全法案》（Safety at Sports Ground Act 1990），并收紧了

1989年《足球支持者法案》（Football Supporters Act）的认证系统。足球管理官员也对此做出了反应，于1991年建立了足球体育场设计咨询委员会（Football Stadia Advisory Design Council）。

1985年：在比利时的海瑟尔球场（Heysel stadium）发生了人群骚乱，导致38人死亡，100人受伤。

1985年：在墨西哥的墨西哥大学体育场（Mexico University Stadium），球赛开始后，人群试图通过一个封锁的隧道进入赛场时发生挤压，导致10人死亡，70人受伤。

1985年：英格兰布拉德福德山谷阅兵球场（Valley Parade Stadium）的火灾导致56人死亡，许多人被严重烧伤。随后波普维尔调查报告（Popperwell Inquiry）发表，已有的球场安全法案据此加大了力度。

1982年：在俄罗斯列宁体育场（Lenin Stadium）发生挤压事件，有报道称340人因此死于非命。

1979年：美国辛辛那提的河滨体育场（Riverfront Stadium）在举办一场流行音乐会时，人群涌入了一条隧道，导致11人死亡，许多人受伤。

1971年：在苏格兰格拉斯哥的埃布罗斯克公园球场（Ibrox Park Stadium），一场足球赛后发生惨案，导致66人死亡（随后惠特利报告发表，该报告发现了一些问题，1975年球场安全法案就是建立在这一基础上的）。

1964年：在秘鲁利马的一场足球赛中，裁判判决主队的一个进球无效，造成340人死亡、500人受伤的惨剧。

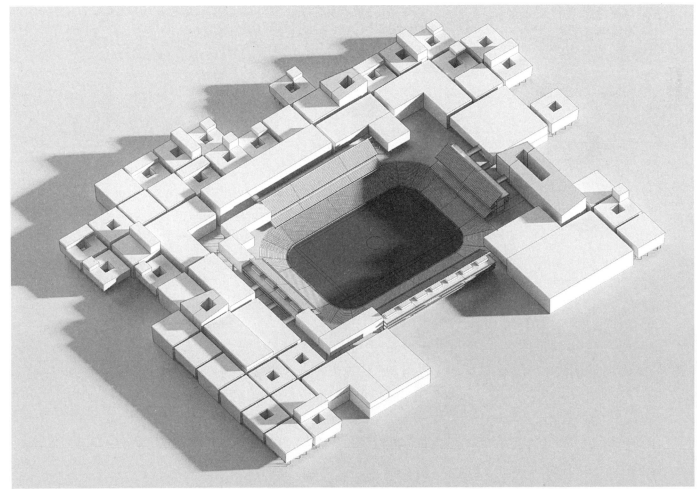

第2章   未来

2.1 作为一种建筑类型的体育场的重要性

体育场是令人惊叹的建筑。比起历史上几乎所有的其他建筑类型，它们对塑造我们的城镇形态有更大的帮助，同时又在地理上形成了一个新社区。它们已经成为城市基质中一个重要的因子，将城市凝聚在一起。由于人们对奥运会和其他全球性体育赛事的关注，它们也很可能是历史上"可见度"最高的建筑类型。它们改变人们的生活，并能代表一个国家的雄心。

它们可能是非常昂贵的建筑，但同样可以产生丰富的收益。当体育正成为世界上第一种真正的全球文化，全世界体育的经济力量总体来讲是在增长中。体育场这种容纳体育运动的建筑，正成为各个城市未来可建造的最重要建筑的一部分，这部分是因为它们是一种城市规划的有力工具。

在过去的150年里，体育运动已经被系统化和专业化了，同时也经历了令人惊叹的城市化进程，在这一进程中，许多人口从乡村迁往城市。随着这一社会的变迁，体育人口数量同样引人注目地上升了，这也许是新的城市社会形成的结果。

体育场同样是城市营销甚至是国家营销的一种关键因素。例如，看看2004年雅典奥运会对雅典旅游产生的影响就知道了，据报道，在那短短两星期的赛事过程中，就有190万旅游者在此过夜逗留。

它们已经发展成为一种建筑类型，可以包容一切能够维持独立城市生活所需的元素，包括居住、商务、零售和休闲等，所有这些元素都与其他服务设施及交通基础设施一起发挥效能。为了让这个"体育场城市"能够繁荣发展，这些设施都是必需的。

2.2 体育场经济

尽管有着高大的公共形象，但体育场也不是没有问题的。业主和运营商十分清楚体育场在过去时代的缺陷：有时候如果没有庞大且费用高昂的工作人员队伍，要经营是很困难的，有时它们的适应性也受到限制。近年来，许多问题已经被解决。几乎没有什么重要的体育场在建设时不邀请具有相关经验的专家进入它的设计团队了。

为了将建设和维护的成本负担分摊给几种运动赛事或几个俱乐部，一些体育场馆拥有两个业主或租户。这种共有关系所带来的所有权问题已经得到了解决——有时候还非常成功。例如，在英国

Populous事务所提出了"村庄体育场"的概念，重新诠释了炎热干燥国家的典型城市景观，将体育场设置为一个文化的中枢。这一结合了现代科技和传统理念的概念方案创造了一个节能的体育场馆，它回应了气候、文化和城市发展的要求。建筑设计：Populous事务所

哈德斯菲尔德（Huddersfield）的基尔岩球场（Galpharm Stadium），足球和橄榄球就友好地结合在了一起。甚至新的温布利球场（见案例研究）也被设计成可用于足球、橄榄球、田径比赛和音乐会的多功能体育场。像温布利这样的大型体育场都开发了大量昂贵的私人套间、团体包厢和大型餐厅，这样便可举办各种增加经济收益的活动了。

在美国，与"单项运动体育场"相比，"多功能体育场"并不十分普遍，主要是由于其主流运动——国家美式橄榄球联盟（NFL）和棒球——在场地形态和平面布局方面区别太大，以至于他们很难结合在一个场地之中。但也存在一些经济上的原因，在美国，赞助和冠名权收入很高，因此在商业上可以用不同的体育场对应不同的运动。开发商还有别的方法使建造一个每季仅八个主场比赛的橄榄球场有利可图吗？

另一种可能性是俱乐部希望改善他们的场地，因此会比开发商表现得更有进取心，他们会通过出售过剩的土地或直接开发的商业功能来为建设新的设施提供资金，正如伦敦的阿森纳足球俱乐部在建设酋长球场（Emirates Stadium）（见案例研究）时所做的那样。最近，一些体育俱乐部和非体育租用者进行合作，体育运动仅仅成为各种功能的混合体中的一种元素。好的经营方式能够通过发掘体育设施每个部分的多种用途来增加收入，这种策略常常被称之为"多功能使用"。表2.1列出了体育和商业用途结合的一些方式。

所有这些措施如果想要取得长期的成功，关键在于必须采用创造性的管理方式。在世界上，体育场管理越来越被视为一种专门技术了，而体育场馆正开始吸引最优秀的人才前来就职。一些创意也浮出水面，如增值门票的概念，它可以提供一些附加的特惠条件来吸引全家人一起来观赛，这些特惠可以包括餐饮、从外郊搭乘公共汽车、还有签名仪式等。全家套餐在英国很受欢迎，也是一种相对较新但重要的发展趋势。还有一些设施对于鼓励家庭观赛具有重要的作用，它们正逐渐进入到现代体育场之中，如照顾儿童的设施、婴儿换洗室、家庭电影院、博物馆、咖啡馆、餐厅以及孩子的游戏区等。

关键之处在于，任何可以吸引更广泛类型的观众、并让他们乐在其中而逗留更长时间的设施，最终都会在财务上获得回报。通过这种包容性的政策，可以形成未来的观众群体。

2.3　体育场技术

在全球环境下，体育正成为一种常用的社会通货，任何人在任何地方都可以经营和理解。技术正在促进这个地球村的变革，特别是

体育场多功能使用的可能方式　　　　　　　　　　表2.1

比赛区		配套设施		附加设施	
主要	次要	主要	次要	主要	次要
足球	音乐会	餐厅	宴会	健康俱乐部	办公
网球	会展	酒吧	社交聚会	其他体育运动	商业
橄榄球	展览	私人包厢	会议	旅馆	电影院
板球	其他体育运动	休闲室	集会	体育零售商业	居住

注释：上述只是对可供选择的功能所作的广义提示。对于实际设计来说，必须借助专家进行详细的研究。

体育。我们期望赛跑的计时应精确到百分之一秒，血样的分析应精确到粒子/百万（particle per million），有即时录像重放，电视上有可选择的摄像机位，还应当有电脑生成图像以确定球是否出界。

然而我们目前所看到的只是技术领域的冰山一角。体育正受益于经过改善的、更快和更安全的建筑技术，可建造出轻质的可开合屋顶、可移动的座席看台及比赛场地、还有可更换的板球三柱门球场。天然草皮场地和人工合成场地的界限正变得模糊，一种两者混合的形态正在出现，包括由计算机控制营养注入的塑料固土网垫、塑料草皮支架和塑料颗粒生长基质。新的混合型草皮需要的日照更少，生长得更快，且远比传统草皮强壮；人工草皮的质量现在已经提高到了一定的程度，并已经在一定条件下被用于最高水平的足球赛事。这些进步使得更多数量的不同类型赛事能够在同一场地上举行，场馆的财务生存能力变得更强，因此也值得更多的资金投入。

对于21世纪的体育场来说，视线、人流和景观舒适度都是可以用计算机计算和设计的，而为这些建筑建立三维虚拟模型是关键的一步。目前三维建模已经是一种不可或缺的工具，它能让设计团队跟业主及未来的观众有效地交流，为他们展示将在体育场座位上所欣赏到的真实场景。

技术的进步让赛会官员能够极度精确地度量赛果，也可以让赛场的观众能够跟电视机前的观众同样快地得知赛果。也许并不能保证未来一代会和现在这代人一样喜爱现场观看比赛，但要保持现场赛事的上座率，为观众提供更好的信息服务就变得十分重要了。票价正在上升，我们的休闲方式也有越来越多的选择。通常我们端坐在家中就可以观看免费的电视转播赛事。只有重要的赛事才会在电视上转播的

老观点已经过时了；有线电视和卫星电视已经永远地改变了这一理论，越来越多的体育赛事已经在电视上出现。体育是一个制作起来相当廉价的电视节目，而且总是能够找到观众。目前已经可以建立专门播放某个俱乐部节目的频道了。因特网的数字流也造成了一定的影响。

现场体育比赛需要跟电视在平等条件下进行竞争。除了提供跟观众自家一样舒适、便利和安全的体育场设施，还要提供与专业直播同等范围和质量的信息。应当自动播放比赛重放、关于运动员和过往比赛的信息，以及其他赛事的精彩片段、比赛的统计数据和专家的评论，甚至可能还有用于创收的广告。这种"窄播"可以通过体育场的闭路电视网络传播信息，而且不只是在大屏幕播放，也可以对观众个人播放。曾经有人设想将这些接收器与体育场构造结合，将其安装在座椅靠背上，但现在许多人都可以通过个人智能手机接收到同样的播报了。只要按一按标有"统计数据"的按钮，用键盘打出你最喜欢的球员的名字，其职业统计数据就会显示出来；按下"精彩片段"按钮，敲入比赛的日期，就可以看到两年前该球员在比赛中的获胜精彩场面。赛马业已经使用了这些技术，也许这是因为从赛马场的赌金可获得大量博彩收入的原因。互动性的网页也发展得很快。温布尔登已经在与IBM公司紧密合作，以建设最复杂的体育网站，包括一些互动的应用程序，可以带领观众游览俱乐部的球场。

技术也带来了体育场经营管理的革命。传统的旋转栅门已经进化成为更加方便使用者的控制系统，但要达到受人喜爱的程度则还有一段路要走。最理想的是与体育场计算机系统相连的入口，它看起来更像是机场的X光扫描机。从观众的门票可以读取各种细节信息，让他们可以通往场地内不同的区域，并授予持有者预

定的权益。在每个入口或销售点，通行证将被监控器扫描，如果该通行证无效，不管是什么原因，警报声都会响起，预设的人工语音会建议持有者到哪里去寻求帮助。如果此人试图更进一步，前方的自动屏障也会关闭。体育场计算机系统还会记录参加每场比赛的观众信息，包括年龄、性别、住址和赛事偏好。通过这个信息数据库，体育场管理者就可以对谁观看了哪场比赛形成一个精确的概括分析，并在下次举办类似比赛时将目标准确锁定在那些社交—经济型的人群。这些统计信息对未来的市场营销是十分重要的，也是场馆在经济上能够持续生存的关键。

2.4　人体工学和环境

采用一定的技术可以更精确地控制环境的各个因素，包括温度、湿度和气流，从而提高体育场观众的舒适程度。应用日益广泛的可开合屋盖（见5.8节）就是这种趋势的一部分。

座位本身的设计也更加注意关于观众的人体工学设计。有垫子和扶手的座席正变得更加普遍。观众的平均身量正在增加，座席空间和席间通道也要为此做出调整。现在设有许多附加设施为所有的家庭提供娱乐，还有其他娱乐区域供那些并不专注观看比赛的人玩乐。它们将最终容纳从商业中心到保龄球道的所有功能

类别，这与国际机场或购物中心的设施类型十分类似。它们将设计一些富有吸引力的设施，以鼓励观众提早到达，并在观赛后仍然逗留——甚至还要在体育场的酒店过夜。

明日的体育场将成为一座家庭的娱乐场，在这里体育是核心但并非所有内容。五口之家将可能一起到来，一起离开，但是其间却体验着五种不同的活动。当父母在观看现场比赛时，孩子却可能在虚拟现实演播室内体验着现场游戏，这里的图像都来自球场边的摄影机，能够提供即时的动作。

2.5　体育场的未来是什么？

未来，体育场是否还会是体育集会的理想场所呢？或者说，是否将出现新的体育运动，它们更加适合其他的建筑形式？近年来许多新的体育赛事得到了发展，它们完全不需要体育场，例如极限运动，它们需要的是户外空间，对电视转播来说十分理想。此外还出现了一些全新的赛事，例如铁人三项赛等等。

然而，尽管不需要体育场的运动大受欢迎，却还并没有什么迹象显示人们已经失去了观看体育场现场比赛的兴趣。大多数专业体育运动正在持续发展，为此人们愿意投资建造愈加舒适和完善的新场馆，这种投资也在持续增长之中。

第3章　总体规划

3.1　对所有体育场进行总体规划的必要性

3.1.1　基本原则

由于资金、自然增长或是土地可用性方面的原因，体育综合体通常是经过若干年（甚至数十年）才建成的。为保证它在美学品质和功能效果方面能够贯彻始终，并避免工作半途而废，在项目最开始就应当制定整个建设的综合规划。这样各个相继的开发阶段就可以在一段长时期内由不同的委员会或管理机构来执行，而同时他们也能够确认自身负责的开发阶段将与整个项目保持一致。

图3.1是2012年伦敦奥运会的奥运公园规划，可以将它与卷首插图做个对比，该插图显示了赛后的设施重组。这些图表表明，做出前瞻性的思考并且为所有场馆遗留做好赛后规划，是件十分重要的事情。

大型体育场用地的规划技巧有赖于对可用地的正确分区，并将必须设置在场地内的不兼容功能隔离开。这些设施不仅包括直接的体育功能，也包括大量的停车区、步行和机动车交通路线等等。

3.1.2　决策的顺序

所有的设计必须从以下的各个决定因素着手：

球场，比赛区，中央区

设计的起点是中央的比赛场地——比赛区。其形状、尺寸和朝向必须能够满足所有功能要求。但令人吃惊的是，并非所有已经确立的运动项目都有清晰界定的赛场尺寸（见第7章）。

座席容量

下一个要考虑的因素是座席容量。如果场地有各种尺寸以适应截然不同的几种活动，那么设计容量就应当表达为两个数据：最大场地（可能是足球场或田径场）周边的座椅数量和最小空间使用者（可能是一个流行音乐会的表演者或是拳击台）周边的最大座椅数量。体育场业主会对座席容量发表强烈的观点，因为这些是他们进行利润计算的根本。

比赛朝向

比赛场地朝向应当适于所要举行的比赛（见下文3.2节），而总平

伦敦奥运公园赛后的形象。许多赛事设施都是临时的，赛后它们将被永久的住宅所取代。总体规划由Populous、EDAW、Allies and Morrison、Foreign office Architects、Hargreaves、LDA Design合作设计。

图3.1
2012年伦敦奥运会的奥运公园规划，总体规划由Populous、EDAW、Allies and Morrison、Foreign office Architects、Hargreaves、LDA Design合作设计

面规划亦应当以此为基础。虽然对于比赛区的朝向已经有确立的规范，但这一规则总是存在许多例外情况，因此做好一系列的可选方案总是必要的。

分区

最后，体育场的所有元素——从中央比赛场地到外部停车场——都必须在安全分区的前提下进行规划，下文3.3节对此会做出说明。这有助于最终将活动限定在一个复杂的建筑功能平面布局之中。

根据其中说明的安全分区的需要，来确定体育场的安排规则。

3.2　比赛朝向
3.2.1　设计因素

比赛场地的朝向取决于它所举办的运动项目，需要考虑下列因素：

* 体育场所在的半球；
* 指定的体育比赛在一年中哪段时期举行；
* 比赛在一天当中的哪段时间举行；
* 特定的当地环境条件，如风向以及比赛场地周围封闭的程度。

以下所有建议适用于北半球温带地区，对于其他地区的体育场，读者应根据具体情况作必要的调整。

3.2.2　足球和橄榄球

在欧洲，足球和橄榄球比赛在秋冬季下午的较早时候进行。这就意味着太阳在天空的位置较低并由西南偏南向西移动。比赛场地的理想朝向是纵向长轴线沿南北向布置，也可以是西北—东南走向。这样整个比赛期间太阳都将处于体育场的一侧，而早上的阳光能照射到尽

可能大的场地区域，有利于地面上的霜在比赛开始前融化掉。图3.2对比赛场地布置朝向做出了概括。

比赛期间太阳应当处于比赛场地的一侧。这对运动员、观众和电视摄像机来说都是比较适合的，他们都不希望直视低角度正在下落的太阳。

3.2.3　田径

在欧洲，田径比赛大多数会在夏季和秋季举行。对于向着终点线冲刺的赛跑运动员和跨栏运动员来说，应当避免阳光直射他们的眼睛，在理想情况下，观众的眼睛也应当尽量避免直视阳光。在北半球，理想的朝向应当是跑道的纵轴沿北偏西15°设置（图3.2）。这一朝向布局也应用于体育场看台，它应与终点直道同侧，并尽量靠近终点线。

当考虑到风向的要求时，有时候很难获得上述的跑道朝向。如果可能，应为赛跑、跳投项目提供多种朝向选择。如果要考虑创造世界纪录，防风措施是必需的。

3.2.4　网球

球场的纵轴应该呈南北走向。朝任一方向偏离22°是可以接受的，但偏离最多不可超过45°。如果比赛在早上或深夜进行，朝向要求就更加苛刻了。

3.3　场馆分区
3.3.1　安全规划

下一步要优先考虑的是规划体育场的在用地内的位置，并开始思考各主要组成部分之间的相互关系，这最好能通过确定组成安全规划的五个区域来完成（图3.3）。这些区域的尺寸和位置对于紧急情况下体育场的效能表现是相当关键的。

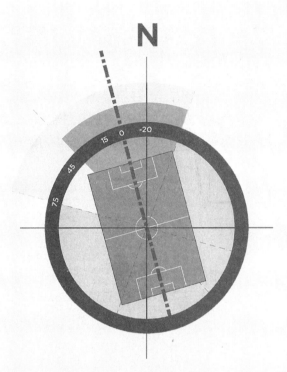

大多数比赛的常用最佳赛场轴线

对足球和橄榄球来说可以接受的角度变化范围

田径比赛场地的最佳角度变化范围

图3.2
北欧地区主要运动赛事的推荐比赛场地朝向。其最根本的原则是：对于田径赛中的赛跑运动员和球类比赛中的球员，他们的眼睛绝对不能直视下午的日光

区域1：比赛区：即中央区或举行比赛的场地。

区域2：阶梯式观众看台。

区域3：环绕比赛区的公共大厅。

区域4：环绕体育场建筑并将其与外部安防线分隔开的交通空间。

区域5：外部安防线以外、并将安防线与停车场分隔开的开放空间。

这样分区的目的是，在紧急情况下可以让观众从他们的座位疏散到一系列中间安全区并最终通向外部的永久安全区。它不仅仅为新体育场的设计也为现有设施的更新改造提供了一个清晰且实用的框架。

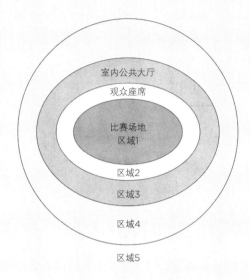

区域1：比赛场地
区域2：观众座席和站席区域
区域3：室内公共大厅、餐厅、酒吧和其他公共区域
区域4：体育场建筑和外防护栏之间的交通空间
区域5：外防护栏以外的开放空间

图3.3
关于五个安全区的分区图解，这些安全区是创造一个安全体育场的基础

一个悲惨的例子就是1985年发生在英国布拉德福德山谷阅兵球场（Valley Parade Stadium）的一场火灾，它导致56人丧生。其看台由木框架阶梯构成，十分残旧。1985年5月11日，看台下一堆积存的垃圾被点燃，火势迅速蔓延到整个陈旧的结构。多数观众从看台（区域2）逃到了开敞的比赛场地（区域1）而脱险；但是还有很多人从看台逃往他们进入体育场的大门。因为该球场没有区域3或4，这些大门便成为了体育场和外部世界的边界，而管理人员却认为需要把门紧闭起来——因此正在逃生的观众就发现他们被锁住了。许多人身陷其中，死于火焰和浓烟。

从这一惨案可以吸取两个教训，一是对于管理者，另一个则是对设计者：

- 管理者必须保证体育场在使用中时，从观众席逃往安全区的大门任何时候都必须是由人操纵的，并且它要易于开启，以便在紧急的情况下让观众逃生。
- 体育场的设计必须基于管理并非万无一失的假设。如果可能，应当在外部边界之内设置区域4，观众可以疏散到这一区域，即使是外围大门被锁住也能确保他们的安全。

需要认真预备关于残疾人观众的在紧急情况下的逃生设施，特别是轮椅观众。这一使用者群体远比其他群体要难于安置。具体见第10章。

下文对细节设计做了更多的介绍。

3.3.2　区域5

体育场周围在一定程度上通常应当由小汽车停车场、公共汽车停车场和通往交通设施的通道所环绕。小汽车停车场（需要精心设计以避免缺少植被遮蔽和令人迷惑的布局）在理想情况下应当环绕体育场平均分布，这样观众可以将车停泊在体育场外与其座位同侧的位置。

在这圈交通区域和体育场外部安防栏之间应当是非机动车区，通常被称作区域5，它可提供几项实用的功能：

- 这一区域被视为永久安全区，观众可从场馆内部通过区域3和4疏散至此，并安全逗留至紧急状态解除。这里应当可容纳整个体育场内的人群，密度控制在每平方米4～6人。如果有直接便捷的通道的话，环绕用地周边的道路也可以作为其中一部分计入该区域。
- 从日常流线来说，区域4或5提供了一条带状空间，假设观众一开始选择的入口是错误的，就可以通过该空间环绕体育场从一个入口到达另外一个入口（见14.3.1节）。应尽量

确保人们下车后就可以直接到达正确的入口并找到自己的座位，但错误总是难免的，应该有环绕体育场的便捷路线来应对这一情况。现代体育场的管理倾向于让观众可以从场馆的任何入口进入。体育场内部如果设置更多的环形路线可以最大限度地减少对外部环绕交通路线的需求。

- 零售点、聚会点和信息牌也可以很实用地设置在这个开敞地带内。为了满足这一社会功能，地面铺装及其各种装置（书报亭、电话亭、信息牌等）应当设计得更加宜人。设计委托人现在已经认识到以适当的设施来迎接观众是十分重要的。
- 区域5可以作为"赛事"和外界之间一个景观宜人的缓冲区。体育场的表演（无论是体育、音乐还是一般娱乐）本质上是一种逃避现实的工具。通过在视觉上切断观众与外界世俗环境的联系，他们就能更加享受这一切。

3.3.3　区域4

体育场外围屏障将形成一道安防线，在没有有效票据的情况下，没有人可以跨越。这条控制线和真正的体育场建筑之间的地带是区域4，该区有两个功能：

- 这是一个"临时安全区"，观众可以直接从体育场疏散至此，并由此前往"永久安全区"区域5。因此它是介于区域3和区域5之间的一个缓冲区，作用类似水库。如果比赛场地（区域1）不作为临时安全区，那么区域4应该足够大以容纳整个体育场的人，密度为4人/平方米。但如果区域1已被指定为临时安全区，那么区域4就可以适当地缩小。在任何情形下，疏散口的数量及其尺寸必须满足从一个区域到另一个区域的方便、快速疏散（见14.6节）。

- 从日常流线的角度看，区域4对于体育场外围屏障以内的人来说是主要的环行路线——也就是已经检票并通过监控点的人。座落在城市街区中的城市体育场往往用地紧张，如果区域4的大小不够理想，有时需要从管理上考虑设置一些特殊的技术措施。

3.3.4　区域3

这个区域包括体育场室内公共大厅和社交区域（餐厅、酒吧等），它位于区域2和区域4之间。观众要被疏散到确保安全的区域（区域4或5），必须经过该区域。因此，这一区域或其中的交通空间的设计往往具有较高的防火等级，以保证大量人群能够没有风险地快速通过这里。

3.3.5　区域2

这一区域包括环绕比赛场地的阶梯状看台。在许多情况下，最大的安全威胁被认为来自于阶梯后面的建筑，因此阶梯式座席被视为一个观众可以逗留的相对安全区域。

在区域2和3之间可能会设置检票口，工作人员将在此引导人们寻找座位。在比赛场地（区域1）的边界处常常设置有障碍物，以阻止人们进入到比赛区，但这些障碍物必须不能妨碍人们从火灾或其他紧急情况下逃逸。因此在设计时需要同时考虑人群控制和自由移动之间的关系。

3.3.6　区域1

球场或者比赛空间形成了体育场的绝对中心。在下列情况下，该区可以与区域4一起作为补充性的临时安全区：

- 从座席区逃往比赛场地的路线必须经过适当的设计——也就是说，如果有障碍物分割比

赛场地和看台的话，疏散将会变得困难（见第9章）。

- 应当将比赛场地的地表材质考虑在内。山谷阅兵球场（Valley Parade）火灾是如此猛烈，以至于站在球场草地上的警察和观众的衣服都被点燃了；如果球场覆盖的是人工合成材料，它也可能会被点燃。这些问题在设计阶段就应该同消防官员进行详尽的讨论。还有一个至关重要的问题，就是多年之后，管理部门如果未能对安全隐患有清楚的认知，就不可做出更换场地面层材料的决定。

3.3.7　各区域间的屏障

在任何情形下，疏散口的数量及其尺寸都必须保证从一个区域到另一个区域能够便捷地疏散。幸运的是，现在数字无线技术的出现使得场馆内的各控制点可以自动化地运作，除非是拒绝无效的门票，其他情况下门禁都保持开启状态。

3.4　活动的临时包装——为举办一个赛事或活动需要增加的内容

体育场通常都有一个关于整年赛事安排的常规日程表。有时候除了这些日程，它还将举办更为罕见但大型的赛事。例如，一个俱乐部的足球场将举办该俱乐部整年的一系列比赛，它也可能申办一个国际性杯赛的决赛，这种赛事好几年才会光临该球场一次。这样一场比赛将吸引更多的观众、更多的媒体还有更多的赞助商，而对于他们来说，不值得为此就建起永久性的设施，因此需要建立一些临时性设施，这就叫做"临时包装"（见5.2.2节）。

要在总平面规划中就考虑到这一"临时包装"的问题，设计师须对即将举办的赛事有一些认识。总的来说，体育场要举办的几年一遇的大赛，就可能会需要更多的空间，其中当然

图3.4
中国南京青奥会总体规划鸟瞰图

包括外部的空间，也可能包括室内的。因此会需要一些临时区域，包括：

- 为更大量的人群到达体育馆所设的更多空间。这可能包括更多的停车场、更宽的通道和更大的公共汽车下客区，还需要增加检票设施，很可能还要包括包袋的安检。
- 赞助商的广告、更多的餐饮和销售区以及访客娱乐设施。一些重要的赛事甚至将为访客提供的活动作为重头戏，他们来体育场游玩但实际上并不观看主要的赛事。
- 更多的安保设施。高等级的赛事往往需要更有力的安保措施，以及更多空间来对观众进行安检。
- 临时媒体区，包括转播车外的电视机所需空间、体育记者的工作房间和相关的用餐、发电机及其他类似设备所需空间。电视卫星信号传输车需要能够看到卫星所在位置的一片

天空。
- 更多的场馆工作区。不应忽略对额外的办公、垃圾处理、储存、票务等空间的需要。

这些区域将需要体育馆内外许多空间，而最好的方法就是保持部分区域的灵活性和不确定性，这样它就不会限制临时性功能的布局，因为不仅是每个重要赛事都有不同的要求，就是同一个赛事的要求也可能随着时间而变化。

3.5　防恐怖袭击的安保措施

不幸的是，近年来高等级的体育赛事很可能成为恐怖袭击的目标，因此在场馆设计时必须要考虑到这一可能性。关于恐怖袭击的实际可能性和可能使用的手段，警察是最清楚不过的，因此在设计早期就应当咨询他们的意见。建筑的安保措施应当根据他们的建议量身定做。

总的来说，安保警戒线可以设在体育建筑周边，首先是对离体育场较远的汽车进行检查，其次是对需要检票的人。警戒点需要一些空间以检查观众及其所属物品。

如需更多细节可参考第6章。

3.6　城市中的体育场

3.6.1　围绕体育规划城市

早期体育场馆进行布局的时候，场馆在城镇中的选址是十分重要的一点。体育场可以为其所在城市创造一个充满活力的形象。在最理想的情况下，体育场甚至可以作为旅游基础设施和景点的一部分。

体育场内的赛事与活动吸引着人们，而这些标志性建筑本身也像磁铁一样吸引着各方来客。例如，观光点、体育博物馆和名人堂都可以增加体育场的市场吸引力。Populous事务所设计的英国哈德斯菲尔德基尔岩球场（Galpharm Stadium）拥有蓝色的屋顶和令人激动的外形，它的成功深刻地影响了城市本身。同样地，多伦多天穹体育场（Toronto Skydome）显然已成为城市形象的一部分。这些场馆作为城镇或城市的旅游景点，他们的图片常常出现在旅游手册中。大型赛事如世界杯足球赛、世界杯橄榄球赛和奥运会的电视转播，将体育场生动难忘的形象带入了千家万户之中。事实上，许多从未来过一个城市的人对该城市的印象可能就是来自于体育场。北京奥运会体育场"鸟巢"就是一个生动的例子。

在北美，大量关于体育场观光概念的研究已经开展，探索体育场与其所在城市的关系。奥运会的影响及其设施遗产、体育场对城市地区的影响是被讨论最多的课题。研究显示，许多城市正有意于建设新体育场馆，并以此作为催化剂推动城市更新以及娱乐区的开发。体育运动的大量普及以及市民认同感与当地球队之间的密切关系，使得体育设施建设已成为促进公共和私人消费的重要工具。

3.6.2　体育场和旅游业

体育场建设开发已经被证明可以刺激经济的复苏，在丹佛的Lobo区建设了库尔斯球场（Coors field）之后，以及墨尔本的Docklands区建设了澳大利亚电信穹顶体育场（Telstra Dome）（见案例研究）之后的情况都说明了这一点。体育场馆现在通常已被视为休闲产业的一个重要组成部分。地方、地区和国家政府日益意识到，体育场馆在促进社区经济和增加社会财富方面能够起到至关重要的作用。

成为一支重要联赛球队的主场，或者主办重要体育赛事或节日庆典，城市具有这些能力的基本特征，是建设现代化的体育场馆。在整个美国，公共部门已经认识到体育场投资的价值，促进了体育设施的大量建设。

美国巴尔的摩有一个很好的例子，即由Populous事务所设计的金莺球场（Oriole Park），它将新体育场与更广泛的城市规划相结合，成为城市滨水区复兴计划中南部的重要标志。它有效地将废弃的卡姆登园码头区转变为一个繁荣的娱乐旅游中心的延伸区域，创造了旅游目的地营销史上的里程碑。在体育场内可以看到环绕周边的巴尔的摩的高层建筑，为46000名游客创造了一个观赏城市商业经济中心的视角。来访者中有160万球迷（约一半的球迷）来自外地，他们往往会在巴尔的摩地区过夜。其中四分之一的人来自于华盛顿特区以外。

体育场周围产生次级消费的能力是一个关键因素。在体育场内部的商品消费，连同在场外酒店、餐馆、加油站、当地商店的消费，不仅产生了显著的经济效益，还以相当于原始消费水平5～6倍的乘数效应影响着当地经济。在巴尔的摩的案例中，超过40%的球迷将商务或休闲活动结合进行程之中。因此，在酒店、餐馆和其他商业交易上增加的消费超过预期的300%。此外，相比之前纪念碑式的体育场，80%的球迷表示，他们更愿意在赛前和赛后花时间游览球场及周边地区。体育场是城市整体形象的重要特征，需要慎重考虑它们的选址。

3.6.3 作为观光地的体育场

一个成功的体育场，其商业和文化潜力被比作一个沉睡的巨人，如果能开发成为一个全年开放的旅游观光地，可以对它的周边街区、城市或区域做出巨大贡献。

例如，能容纳72000人的加的夫千禧球场（Millennium Stadium）（图25.2和案例研究10），自1999年开业并举办世界杯橄榄球赛以来，它已成为这个威尔士首都公认的旅游业驱动器。该体育场举办过国际团队性比赛、世界赛车锦标赛、摇滚音乐会，它也是2005年英国威尔士拉力赛的超级赛段。此外，随着温布利球场的关闭重建，加的夫千禧球场还举办了足总杯决赛以及联赛附加赛。这两场比赛为该市的经济增加了超过2500万英镑的收入，一年就为加的夫吸引了超过一百万的访客。

使体育场成为非体育活动举办的场所是一个合理的措施，可以利用总体规划时布置的大量基础设施。用地必须位于一个适当的环境之中，经过多年的沉淀，它将渗透于所举办过的各类活动的历史之中。体育场吸引其他活动来此举办的潜力如何，要看其位置、集客区以及主办运动项目的特征。对于希望通过团体娱乐活动、产品推广、会议来增加收入的体育场业主来说，很重要的一点是要尽可能多地使当地社区和商业团体参与到赛事或活动中来。此类外部交流应当在总体规划阶段就加以考虑，以确保场馆易于通达且舒适友好。

3.6.4 体育场馆总体规划的更广阔潜力

在美国，体育场获得利润的潜力是巨大的，因为美国人在体育方面的兴趣范围窄于欧洲人，广泛的人群追随和参与着较少种类的运动。因此在过去的20年，主要体育活动富含的经济回报已引发了不少新体育设施的建设开发。公共部门已经认识到投资体育场有利于地方社区，他们已经接受了体育场很少会盈利的事实。此外，市政府和州政府逐渐意识到，新体育设施的建设开发或现有体育设施的整修升级对吸引和留住主要联赛球队非常关键，而且投资设施所涉及的政治风险会被社会更广阔的经济利益所抵消。

然而，如果当代体育场和新建体育场要发挥其潜力，管理与规划设计同样重要。经济生存规则要求场馆设计者及运营者必须理解用户需求、尽可能增加收入。这反映在设施管理转向私营化。对管理问题的考虑如今已渗透到概念构思阶段和设计过程中。而如果要落实设施的资本和房地产资产，这是一个关键的前提条件。体育场馆被视为旅游服务业的缩影，它反映着社会文化休闲环境的发展趋势。

不论体育场是盛大体育赛事的举办地、还是具有吸引力的旅游观光地、或是具有内在建筑艺术感染力的圣地，它们都是城镇的重要组成部分。正如那些伟大的建筑遗产一样，体育场正成为一个地方或一个时刻的象征。

第4章　外部空间规划

4.1　选址

4.1.1　历史及目前趋向

　　传统上体育场是一种尺度中等的设施，容量大概在几百人左右，服务于一个小型的地方社区，并与教堂、城镇礼堂和酒馆一起形成了社会组织的一部分。

　　当社区变得更大且流动性更强，普通人有能力并愿意从远道赶来观看他们喜爱的比赛，体育场就会变得更大并需要更多新的座席以容纳前来的观众。大量远道而来的支持者为人群管制带来了麻烦，而当地社区、警察或是体育场的管理者对此并没有作好充足的准备。我们往往认为这只是近年才出现的问题，但其实可以追溯到数十年前。在任何社会历史书籍中都能找到这方面的证据，或者从下述这段文字中可窥端倪，它描述了1933年在法国举办的一个航空展中发生的事件，作者则是著名的建筑大师勒·柯布西耶：

　　　　沿着轨道……是返回的列车。我们用石头狠狠地砸毁了它们。我们已经毁掉了自己车厢内任何可以毁掉的东西。后面的火车匆忙投入应急使用，在我们身后等待，形成了零乱的队伍，但那里的乘客也被我们的行为所鼓动了。我们又毁坏了信号标志。临近四点，集结起来的郊区官员发动消防员来恐吓我们……大家知道的，当需要采取行动时，暴徒一般就会被鼓动起来。由于我们的火车没有离开，并且其他火车晚上到达了，这里挤满了来参加活动的人……我们开始破坏车站。查维希的车站是个大型火车站，候车室首先遭到破坏，接着便是站长的办公室……

　　即使考虑到作者惯用的夸张修辞，它也能表现出可能出现在一大群并不文明的体育迷中的破坏性冲动，没有什么新鲜。

　　人群管制是在"反复试错法"的基础上进行的，这导致了许多错误的发生。但我们现在具有一种更加系统的理念，它既能够运用到体育场的设计中，也可以运用于体育场管理。体育场设计的经验教训将结合本书中的各个章节进行介绍；但是一个额外的反应是关于选址的——即将重要的体育场从城镇中心转移到城镇外围的开阔地带。

大型城郊体育场

　　20世纪六七十年代的一个主要趋势就是在城郊建造大型的体育

场，在那里，不管其行为表现好坏，观赛人群会减少对不观赛人群日常生活的干扰。这样的选址还可以减少土地成本，并增加私家车的可达性。此类项目中最大型的出现在德国和美国，德国是得益于战后重建的机遇，而在美国，由于高度的个人流动性和开阔土地的可用性，体育场更容易被设置在远离其所服务社区的地方，而它们也可以提供所需数量的停车位。各类体育场中最典型的实例包括：

- 1964 年建的休斯敦的亚斯特罗穹顶体育场（Astrodome），设计为美式橄榄球场和棒球场。
- 堪萨斯城箭头及皇家体育场（Arrowhead and Royals Stadia），1973 年建，是分别为美式橄榄球和棒球提供独立球场的综合体——箭头体育场（Arrowhead）是棒球场，皇家体育场（Royals）则是美式橄榄球场。
- 德国慕尼黑安联体育场（Allianz Arena）（2005 年）是较新的实例，由两只当地球队共同使用，他们均为足球队。

这些体育场趋于满足多种活动需要以维持其财务生存能力，往往拥有巨大的观众容量，并为数英亩的停车场所围绕。它们的建设正处于现场观赛所吸引的拥护者显著增加的时期，这很可能是由于电视的影响，但即便如此它们也很难获利。收回其巨大的开发成本总是很成问题。不仅如此，还存在另外两个棘手的因素。首先，电视覆盖率得到了很大提高，人们可以待在家中的起居室心满意足地收看比赛；其次，20 世纪 70 年代末 80 年代初的体育场往往都很乏味，很少顾及观众的舒适性。

与此同时，世界各地的暴力事件数量也不断增长（原因包括人群的不当行为、火灾或者结构垮塌），这也很可能是进一步导致人们宁

愿选择待在他们安全而又舒适的起居室中收看比赛的原因。

大型城内体育场

1989 年，位于加拿大安大略省的多伦多天穹体育场（Toronto Skydome）投入使用，是体育场发展过程中下一个重要的里程碑。多伦多政府意识到了用地设于城外的问题，并迈出了勇敢的一步，决定将他们的新体育场建造在这一湖滨城市的绝对中心（图 4.2）。

该体育场建在城市中心大部分区域的步行范围内，并且利用了多伦多的很多交通和社会基础设施。管理者也吸取了缺乏服务设施的教训，并相应设计了许多为观众服务的设施，以提高舒适度和安全性。

尽管付出了所有这些努力，还出台了富有独创性的资金机制，但结果却被证明是不幸的，因为天穹的财政生存力并不比以往的尝试要优胜（见 1.1.2 节）。

目前趋向

在英国，当法官泰勒对谢菲尔德的希斯堡球场（Hillsborough Stadium）惨案（那里曾有 95 人死在汹涌的人群中）做出了调查报告后，又出炉了一份正式的报告，建议体育场应做出一些重要的改变以提高其安全性。这份文件已使得许多英国俱乐部踟蹰，是重建他们现有的、大多在城内的球场？还是迁移到城郊的新用地？但那将伴随着许多交通和规划问题。现有城内用地的优势在于它植根于传统并位于社区之中，而社区的支持是他们赖以生存的条件，但这样做的劣势是，体育场被紧紧包围，以至于很难或不可能提供必要的安全性、舒适性和多样化的设施。但实践证明，要寻找到一处新的用地，又将会遇到无数的城镇规划难题。

世界其他地方的状况也同样不明朗。各处的当务之急都是关于财务生计的棘手问题，各处都存在提高舒适度和安全性方面的压力，各处的旧体育场翻新都正在推进。但这些令人困惑的普遍状况正是目前可以辨识的少数趋向。

4.1.2　选址因素

今天，在任何地点（市中心、开敞的乡村或它们之间的任意一处）建造一座安全、舒适和高效的体育场在技术上都是可行的，前提是要有足够的土地，并且体育场功能要和周边环境互相兼容。下文将对决定性的因素作详细说明。

客源

任何一个体育场必须方便其"客户群"到达——这些人前来观赛的花费构成计划收入；这通常是寻找一个特定建设用地的初始动机。为了做好可行性验证，必须对目标顾客的类型、人数、住地以及到达体育场的方式进行仔细的分析。体育场建议选址必须满足所有这些依据。

土地可用性

一座新的体育场，仅体育场及其附属设施就需要近15英亩的相对平坦的土地，外加每车25m²的停车空间（见4.3.1节）。要找到这样大的空间或许是比较困难的。

土地成本

土地成本必须尽量压至最低，这就是体育设施经常建造在低等级土地上的原因，例如无人使用的尖角地或开荒地等，它们因条件太差而无法用作住宅或工业用途（但是这也会额外增加建设费用，正如在5.5.1节所指出的）。

土地使用规则

必须核对当地或地区性的规划法规，以确保该项目提案在该地区能够获得许可。

4.1.3　未来

综合考虑所有的因素，完全独立的体育场渐渐地也许不得不与商业和零售综合体共用它们的建设用地。这样的开发案例包括：

- 美国印第安纳波利斯的印第安纳人穹顶体育场（Hoosier Dome）（1972年）；
- 加拿大多伦多天穹体育场（Toronto Skydome）（1989年）；
- 荷兰乌得勒支的加尔根沃球场（Galgenwaard）；
- 挪威乌尔勒瓦球场（Ulleval Stadium）（1991年）；
- 英国哈德斯菲尔德西约克郡的基尔岩球场（Galpharm Stadium）[前阿尔弗莱德·迈克阿尔卑爵士球场（Sir Alfred McAlpine）]。这一24500座席的球场达到了最新科技水平，可以举办足球和橄榄球两种比赛，在同一场地内共存的还有一座酒店、一个宴会厅、一个高尔夫练习场和旱地滑雪坡以及大量的购物和餐饮设施。

4.2　交通
4.2.1　观众的需求

现在的实际情况往往是，如果前往观看比赛的行程似乎艰难或费时，那么潜在的观众或许会决定避免麻烦，特别是有另外可选择的节目时。这也许会涉及一系列的行程安排，未必就是在比赛当天早晨从家出发这么简单。有时候需要就如下细节进行事先计划：

- 我将会和朋友同去还是独自前往？
- 我将乘坐小轿车、公共汽车还是火车？

- 乘车从哪里出发？何时出发？

- 如何到达乘车地点？下车后怎样离开？

- 以上安排可能会出现什么问题？我还有什么其他选择？

重要体育场的交通设施应为到达（离开）赛场提供不同的交通方式，这些交通方式应相对迅捷、标识清晰并安全可靠，否则观众出席率和体育场收入无疑会蒙受损失。

《无障碍体育场》（Accessible Stadia）（见参考书目）第72和73页提供了一个实用的清单，列出了这一阶段应当考虑的问题，从而保证所有预期观众——不管是健康人士或是残障人士——都能恰当地计划他们观赛的行程。

4.2.2　公共交通

任何大型的体育场都应当邻近一个设施完善的铁路和/或地铁车站，最好还有通道一直通往体育场大门，这些通道应路面铺装并标识清晰。如果体育场无法选点在靠近现有车站的地方，或许可以与交通部门达成一项财务协议，凭此为体育场开通一个专门的车站。在英国，现在的沃特福德球场（Watford）和阿森纳球场（Arsenal）就属于这种情况，而在悉尼的康宝树（Homebush）也建起了一个新火车站来为奥运会比赛场地服务。

从车站的下车点到体育场座席的整条路线，都应当易于残障人士使用，包括那些使用轮椅的人。因此不应当设置路牙石或阶梯，它们会阻断轮椅使用者的前行。

4.2.3　道路系统

对于一个重要的体育综合体来说，道路系统的布局必须使进入、环绕及离开的通路顺畅。不但要有足够的道路，而且要有足够的电子监视和控制系统，以确保任何通路上的交通堵塞都可以预先被发现，并由警察和交通管理人员做出处理。

4.2.4　信息系统

在大型体育盛事到来前，可以将一些建议信息附随门票和停车通行证邮寄给观众；其中一些信息可以直接印刷在门票上。在赛事的预备阶段，应该通过本地的、地区的或国家的媒体充分宣传关于路线选择和最便利交通方式的信息。

在英国，《残疾人歧视法案》（Disability Discrimination Act）对赛事管理者提出了一定的法律义务规定，要求对残疾人——包括具有视力、听力、智力残疾的人士——提供他们可以较容易读、听以及理解的信息。赛前和赛中分发的印刷信息、网页信息、电话信息服务以及所有其他信息形式，都应遵守这一规定。

在重要比赛的当天，应想方设法确保交通顺畅有序。可以利用当地的广播电台和报纸来宣传较佳路线，并警示可能存在问题的区域。应当从体育场一定距离外就开始设置专门的路标，可以是临时的或者永久的，游客越接近赛场，路标就应当设置得越频繁、越详细。来到体育场附近时，信息和方向指引应当尤其充分和清晰，可提供信息显示停车场是否已满，并可提供标志以便辨识会合地点以及轨道车站和公共汽车站。同样也要想方设法确保人流顺畅和赛后小汽车顺利离开。不能假设人们可以自寻出路。

4.3　停车位的供给
4.3.1　停车类型

停车场最便利的布置地点是毗邻体育场的周边区域，并应处于出入口的相同标高。但是这种做法往往导致土地利用的低效——土地在城区内是稀缺且昂贵的——而且，除非处理得特别有技巧，否则大面积的宽阔平地会使周边环境变得死气沉沉。下文介绍了四种解决办法。

多层停车场

像蒙特卡罗的路易四世体育场（Louis IV Stadium）那样，将体育场建造在有屋顶的停车场上，有助于减少所需的土地量并避免宽阔乏味的停车场。但是这种解决方案十分昂贵，而其持续生存能力需要取决于下一个方法。

与其他设施共用停车场

体育场可以同相邻的办公或工业建筑共享停车，这在乌得勒支有相似的实例，甚至可与大型超市或购物综合体共享停车［英国伯明翰的阿斯顿维拉足球俱乐部（Aston Villa Football Club）的做法正是如此］。但是如果两种设施同时需要停车空间，就会出现问题。如果共享设施是商店和超市，这种情况就很可能发生，因为它们在夜晚和周末也会一直营业。在阿斯顿维拉，协议中规定在第一场主场比赛期间商店不能营业。因此这需要认真的规划。

沿街停车

这种方式是官方所不鼓励的。然而，当体育场坐落于满是绿地的公园时，可以允许停车分布在整个大的区域内。

停车换乘

这一名词是指停车场设在距离赛场较远的地点，并以某种穿梭设施在停车区和体育场之间运送观众。这种方式在欧洲大陆特别是德国被广泛采用。在英国，银石赛车场（Silverstone Motor Racing Circuit）和切尔滕纳姆赛马场（Cheltenham Racecourse）拥有直升机停放和搭乘服务，这两者通常都是被预订满的。

残疾人设施

英国的项目可参考《无障碍体育场》（见参考文献）第26～28页以及《BS8300》（见参考文献）中的第4节，它们为残疾人专用停车场提供了官方指引。

美国的项目则请参考《美国残疾人法案（ADA）和建筑障碍法（ABA）之建筑和设施的无障碍设计导则》（ADA and ABA Accessibility Guidelines for Buildings and Facilities）（见参考文献）的第502条。

4.3.2 通路

提供恰当数量的停车空间，并确保能够高效地到达停车场是十分重要的，因为没有什么比赛前赛后长长的塞车更能阻碍游客的再次光临。必须有一个从公路通过支路一直进入停车区的清晰的路线系统，出路也要同样清晰。到达的过程很可能是相当轻松愉快的，也许在赛事开始前两小时或更多时间不等，但在赛后大多数观众都会试图尽快离开。必须预见到这样的交通模式并做好规划。改变这种使用模式也是可能的。例如，可以提供餐馆及其他社交设施，或于赛前赛后在大屏幕上播放娱乐节目，吸引观众在赛后逗留更长时间，并有序地逐渐离开，这样便可以减少交通堵塞（见第13章、第15章和21.2.2节）。

停车空间及其服务路线不应当侵占体育场紧急疏散、消防车、救护车、警车等所需的区域。

4.3.3 观众停车

机动车停车场可以占据总用地面积的一半以上，停车位的数量和质量取决于前来观赛的观众类型。这里列出了许多现有体育场的相关数据，不是作为要遵循的导则，而仅仅是就各种情况下所需的停车空间给出一点感性认识。

在美国，人们已经从公共交通转向私人小汽车出行，现在这种趋势又更进一步，位于城郊的体育场没有任何庞大的公共交通网络支持，而是被巨大的停车空间所环绕。

相比之下，欧洲多数体育场都有完善的公共交通服务。要获得土地以建设大面积的停车场是不容易的，而绝大部分的欧洲体育场仍位于城区，它们只提供少数停车空间给官员，并不为球迷提供场地内停车位，这种情况在欧洲相当普遍。

位于乡村地区的设施无疑是个例外，例如98000座的英国银石赛车场就提供了5万个停车位。

在设计一座新的体育场时，应通过以下因素的分析来评估观众的停车需求量：

体育场座席容量

体育场很少是满座的，因此为每个座位都配备一个停车位是一种浪费。应通过评估每季度一般的赛事安排、并估算每种赛事的一般观众数量来计算"设计容量"。

赛程安排和比赛类型

每种比赛产生自身特定的停车需求模式。有些观众将乘坐公交车到达，有些则乘坐私家车，另一些则乘坐专门租用的大客车；他们之间的比率将随着不同的赛事类型而变化。例如在英国，全国足球俱乐部决赛就很可能会吸引更高比例的观众乘坐大客车到来。因此，所需的停车位数量是基于：

- 不同类型赛事之间的比率。
- 大客车和小汽车的占有率。例如，可以估计平均每辆小车乘坐2.5人，而平均每辆大客车搭载50人或更多。
- 每辆小车或每辆大客车所需的停车面积。小

车停车需要约每50辆车一公顷，大客车需要约每10辆车一公顷，这在下文中将做更加充分的说明。

为某个特定的体育场设计时，通过研究以上的数据，乘以各种系数，就可以推导出一个合理的"设计容量"和停车面积。

对停车位的占用需求

一些空置停车位偶尔也会拿出来作其他用途，例如被电视转播车所占用，因为它们必须紧靠体育场停放（见18.2.1节）。他们可能需要多达十辆车，并一连工作数天，每辆车需要12m×4m的空间，还要加上一定的工作空间。这会大大减少体育场附近规划的停车容量。

小汽车：公共停车

为了做出初步估算，并符合上述的计算，以下列出的标准或许会有所帮助：

- 最少每10～15个观众一个停车位；
- 如果按照FIFA推荐的标准，每6个观众一个停车位；
- 如果按照近期德国推荐的标准，每4个观众要有一个停车位。必须说明的是，这个标准在欧洲城市市区用地内几乎是不可能实现的。

在英国和欧洲大陆，可以采用每小汽车停车位25m²（包括交通空间）的标准。具体尺寸将取决于国家的执行规范。

小汽车：私人停车

私人包厢所有者及其宾客、贵宾和诸如此类的私人访客应该有专门的、标识清晰的停车区，要跟一般的公众停车分开，并靠近通往私

人套间的入口（见第13章）。

公共汽车和大客车

FIFA建议每120名观众应有一个大客车位，但这是个相当难达到的标准，并且在任何情形下都将取决于其他因素——例如预期小汽车数量以及乘坐公交的便利性。为了做初步估算，我们建议每240名观众对应一个大客车位，这样会比较合理。

在英国和欧洲大陆可以采用每辆大客车60m²（包括交通空间）的面积标准。

摩托车和自行车

该方式所需停车量将很大程度上取决于该国和当地的特点，并必须作为任务书的一部分确定下来。自行车的停放要求可能在亚洲国家最大，而在英国和欧洲大陆就少得多，北美和澳大利亚是最少的。

残疾人观众

在英国，《无障碍体育场》第27页以及《BS8300》（见参考书目）的4.1.2.3节建议总小汽车停车容量中至少6%或更多应当分配给残疾人。在其他国家则应查阅当地规范。在缺乏更多特殊要求的情况下，为残疾观众留出百分之一的小汽车停车位是可以接受的比率。在任何条件下，这些空间都应该最靠近体育场的入口，也应易于到达步行坡道。

4.3.4　其他停车

运动员

应当为每支球队提供球队大巴的停车位。这通常需要2～6个大巴停车位。但是FIFA建议至少应有2个大巴位外加10个小汽车位：具体的数字将取决于涉及的赛事并经研究后决定。

这些停车位应当一直保证安全并同其他停车区分离，彼此间也要分开，由此应能直接通往运动员更衣室，不可与公众区接触（见20.2节）。

官员

高层管理者、赞助商和体育场工作人员应当有独立的停车场，该区应标识清晰并保证安全，应使用包括闭路电视在内的手段严密监控（见21.2.1节）。有时候这个区域设在场地外围屏障以内，如果这个围栏内的区域足够大，且与公众路线没有接触时，这也是可以接受的。但这通常是不可能的，这样的话建议所有的官方车辆（除了急救和重要服务车辆）都应停放在外围屏障之外。

媒体

必须为日益增加的电视和广播车辆提供宽阔的场地。一场比赛需要多达10个转播车位，需要考虑的因素不仅包括它们停放的位置，还要考虑出入通道的宽度和这些大型车辆的转弯半径。它们的停车空间可以跟一般的停车区合并，条件是该区要临近缆线接入口（见18.2节）并能够承受重型技术支持卡车的重量。由于媒体工作人员赛前赛后将在体育场内长时间逗留，必须提供餐饮、卫生间以及类似的配套设施车辆与技术车辆相邻。这些区域必须围闭或受到保护。

暂定每车需要一个24m×4m的空间，水平表面的承重能力应达到15吨。

服务及卸货

一座现代的体育场综合体需要许多运输重货的通道，通往许多卸货点和服务点（餐饮、卫生等），这些必须在任务书阶段就确定下来，这样在方案的最初阶段就能够设好直接而又畅通无阻的通道。

4.3.5　停车场布局及服务设施

尺寸

停车位的尺寸应当符合国家标准，但对于初步规划来说，一个停车位的尺寸长4.8m、宽2.4m也是恰当的。而残疾人停车位的港湾长度应当为6.0m而非4.8m，每一对停车位之间应有1.2m宽的通道区分隔，这样两个停车位就有6.0m的总宽度而非4.8m，该尺寸可见《BS8300》的图2（见参考文献）。

分区

在停车场内，所有不同的使用者群体都应当拥有独立并容易识别的区域，其中每500～1000个停车位应分为一个区块。应当利用标识、编号系统——例如彩色编码门票和与之相对应的彩色编码标志等设施——以及从远处就能看到并轻易识别的、引人注目的地标元素，使这些区块能够即时被识别出来。变换地表的处理手法也有助于将停车场分割成隔开的区块。

还有一个重要的问题，就是要记住观众一般会在白天到达，却常常在天黑后才开始寻找他们的车子，这时所有东西看起来都十分不一样了。夜晚泛光灯下进行的赛事，意味着观众是在黑暗之中到达和离去的，这就要求所有的停车区都要有良好的照明。

步行路线

离开他们的车子后，观众应能直接到达一个安全的步行通道，该通道需要穿过停车场直接连接到体育场入口大门。这段距离最好不要超过500m，或者说绝对最大距离为1500m。如果距离太遥远，就应当有内部的常规穿梭车交通系统，在这种情况下就要设置候车区，并提供十分清晰的标志，让观众不会感到困惑。

标识

标识的重要性在上文已经得到体现，这里再对其要点做一个总结，也许会对大家有用。

在每个停车区的入口应当设置指示牌，指引客人通往他们自己的停车位置。当他们停车并离开小汽车或大客车后，那里应当有更详尽的指示牌，告诉他们身处何处，并指引他们通往观赛点。场地周边出入点必须能够清晰识别。还应当设置类似的设施来引导观众，使之在离开体育场后能迅速回到自己的汽车上。

公共交通候车区

一个高效的、环绕停车场的内部交通系统，可以减少体育场周边空间的过度拥挤，并让访客更加方便、迅速地离开停车区。候车区应当具有高度可见性，带有顶棚，并设置信息牌和良好的照明。如果可能的话，应安装连接交通控制中心的通信设备。

亭子

在访客下了汽车走向体育场的路线上，沿途应当设置亭子以提供食物、饮料和节目，甚至可以在到达入口大门之前买到门票。在停车区内布置这样的分散售卖点，有助于减少入口大门的堵塞；它们的设计应该抢眼，确保可引起人们的注意。如果设计得当，这样的亭子能够增添休闲的气氛，甚至帮助人们记忆汽车的停放位置。

照明

所有的停车区应当统一照明，不可有无照明的黑暗地块，停车区应便于进出并创造一个安全的环境。可以选择高杆灯照明来达到此目的，条件是它能够符合审美要求，并且不会产生令人讨厌的多余光照影响邻近的住区。

停车场布局中特别设计的独立步行道，是

为了在体育场大门和偏远的停车位之间建立清晰的步行路线，它们应当有良好的照明，这时往往会选用低照度的局部照明设备。

电话

沿着停车区外边界应当配备完善的公共电话设施，以防机动车发生故障。

车辆过剩

如果用地不能容纳所要求的汽车总量，或是某个特定的赛事要求更多的停车空间，就应该在当地确定另外的停车设施。它们可能包括田野、公园和游戏场。应当考虑停车对这些场地面层的影响，特别是在冬季或潮湿季节的露天场地条件下。

4.3.6　停车场景观

如果不经过特别用心的照料，停车场会成为一个看起来毫无生气的地方，使周边环境变得荒芜萧瑟，令来此的观众扫兴。必须制定一个综合性的景观规划，来减少这些巨大的开阔地对视觉的冲击，并使之变得人性化。同时，一个经过深思熟虑的方案也有利于界定停车区域以及穿插其间的机动车和步行路线。

成功的关键是内心的态度：不再将停车场看成一块沥青覆盖的场地，而更应将它视作一大块室外地板，其规划和设计必须跟体育场本身一样仔细。以下的建议也许有助于达到这一目的：

- 经过铺装的地面可以细分成为数个区域，如果从鸟瞰的角度欣赏，它们会形成整洁美观的图案——可能会是以体育场为中心的放射状构图。这种图案构成的其中一个元素可以是经过铺装的车行道和步行道的几何式布局，它们穿插在主要表面之间并与之形成对

比，比方说，采用砖铺地或互锁砖铺地穿插在沥青地面之间。另外一种方法是，可以在相邻的停车地块之间种植一行行规则而浓密的、与车高度接近的灌木或树木，这样当从人眼高度观察时，该空间就显得被柔化了。第三种方法是，可以沿着主要的放射状通路种植一行行高大、纤细的树木，这也便于驾驶员确定位置。在气候条件允许的地方，草地同这样的地面构图相结合更为有利。

- 这样细分形成的铺装区域应当是平整的，通过整齐美观的坡道和挡土墙进行分隔（如果场地包含不同的标高）；而不应如我们经常所见的那样，成为一个随着自然地面等高线而起伏的、设计凌乱的巨大地坪。

- 为了雨水的排泄，每个铺装的区域都应该设集水口或排水沟。排水找坡的坡脊线和坡谷线应当跟随上述第一个建议所形成的图案，而不是沿着最小阻力线曲曲折折地穿越场地。

- 标高的变化应该按照步行标准而非车行标准设计。应当避免由于地面不平坦或是高差突然变化而被绊倒的风险，特别是在集水口或排水沟这样危险的地点。残疾人使用的路线必须避免使用步级。

- 边界和边缘处的细部应该进行特别仔细的设计，并使用高质量的材料。

- 材料和构造方式的选择应当尽可能减少日常维护开支、提供良好的步行路面且形成美观的面貌。柏油地面造价低廉，被普遍采用，但是除非在边缘处仔细划分、清晰地交接和修整，否则效果难以令人接受。砖铺地和互锁形铺地的路面效果出色，但造价较为昂贵，且如果不经过认真设计，其效果也不会特别理想。

- 一些机动车路面采用了部分混凝土部分草地的方式，这可以将草地形象较好和道路承载能力强的优点结合在一起。其中一种类型是使用

预制混凝土块，块体中间留有大的缝隙供草生长，它们采用一般的地砖铺设方法即可。另外一种是由轻质的加气混凝土建成，铺地时在聚苯乙烯模板周边现场灌浇，然后将这些模板燃烧掉留下供草生长的孔隙。在不经常使用的区域（例如出入通道），通常用这种铺地是最好的，但对需要连续使用的区域则效果不佳，因为油滴和高负荷的使用会令小草死亡。

4.4 体育场景观设计

4.4.1 体育场与周边环境

体育场是重要的建设项目，它能强化其周边环境，也能使之凋亡。世界各地对于这种环境影响的态度各不相同，欧洲的做法是最环保的——部分原因无疑是绿地有限的缘故。

大部分国家现在都有针对城镇和乡村的环境保护法。同时社区环保意识也逐渐升温，但也存在某些武断的行为，他们会叫嚣着反对外观庞大的新建筑（特别是在它们可能会产生交通和噪音问题的情况下），甚至会阻挠该建筑的修建，或至少强迫该设计方案作出修改，即使花费昂贵也在所不惜。因此，不仅要十分注意体育场的形态及其与景观结合的形式，而且要从早期的设计阶段开始就要另外咨询官方和社区代表，并随着方案的深入不断跟进，用非专业的语言向他们解释问题的所在和更好的解决方法。如果不这样做的话，就会冒着规划方案遭到否决的风险，而蒙受重大的时间和金钱损失。

4.4.2 植栽

一些体育场，特别是在美国，实际上有意识地将无植栽作为整体基地设计观点的一部分。密歇根的庞提纳克银穹体育场（Pontiac Siiverdome）就是其中一例。

但另一方面，植被有时可以大大改善体育场的尺度和不友好的面貌，又可以使得几乎任何体育场都变得更好看。在德国，35000座的科隆体育场（Cologne Stadium）（现已拆毁）是一个特别好的案例，它坐落于一个大型的体育公园内，并完全为浓密的树叶所环绕，因此我们可能看不见该建筑，事实上却就在它旁边。更近期的实例还有2000年悉尼奥运会体育场，它部分地被一个由桉树组成的城市森林所环绕。这样的措施可以使往往十分庞大的混凝土建筑产生一种柔化的效果，非常令人愉快。香港体育场（Hong Kong Stadium）（图4.4）周边环境一片葱翠，这是十分幸运的。

然而，植栽从最初成本到维护都是比较昂贵的，特别是在一些常常发生破坏性行为的地方。仅仅是植物保养，就很少有体育场可以负担它高额的维护费用。为了减少负担，可以采取的措施包括：

- 种植成熟的树木和灌木，用框架尽可能久地保护起来；
- 在基地内建立一个植物养护场（假设有足够的用地），公众无法到达那里，植物可以不受阻碍的生长，直至它们足够强壮，可以承受人群对它的注意。
- 将植栽集中在效果最佳的地方，正如下文所讨论的那样。

最重要的是，景观设计和植栽设计不应当留到设计的最后阶段才被想起，而这种情况却经常发生。他们应该是总体规划的一部分，从一开始就应对其进行规划并作出充分预算。理想的做法是制定一个充分考虑景观的总体规划，在这个规划中，要求将需要若干年才能够长成的树木马上种植，在它们幼小脆弱的年份给予保护，当体育场投入使用时就会生机盎然。也可以从其他养护场购买成熟的树木，将其运输到用地内并种植，但这种做法是比较昂贵的。

总之，要在体育场用地上种植很多的树木是很困难的，但是我们经常所见的案例中树木确实太少了。在某些情况下，植栽成为了我们注意的焦点：例如，如果温布尔登大满贯赛场没有绿色的弗吉尼亚爬行植物覆盖建筑的主立面会怎么样呢？有谁可以想象得出这种情景吗？他们跟单打比赛决赛一样，都是温布尔登同等重要的一部分，而赛场的发展规划中也很有意识地保留了建筑的这种风貌，并在此基础上继续发展建设。

下列地点对植物来说是特别显效的位置：

用地边界绿化

用地边界的植栽可以柔化大型体育场建设对其环境的视觉影响，使建筑看起来较小并不至于那么荒凉。这样的植栽还有助于保护体育场和周边街区，防止它们互相干扰，并形成了体育场与外界之间的过渡及其周边界限，而同时也突出了入口的所在。

小汽车停车场绿化

当驾车者接近停车场时，沿着主要放射状道路种植的高大纤细的树木，能够帮助他们找到入口通路；一旦他们进入场地内，在步行前往体育场时，高大的成行树木一样能够帮助他们找到步行的路线。较低矮浓密的植栽可用于分隔相邻的停车地块，柔化人们瞭望所见的数英亩硬质、空旷的景观。这些高矮植被的组合将形成一个实用的、令人愉快的总体设计。

缓冲区绿化

主要的缓冲区是体育场建筑和停车场之间的过渡区域——区域4，正如3.3.3节所述。缓冲区至少一半应当为硬质铺地或者草坪，以便在必要时作为聚集场所，但是剩余的部分可以种植树木、灌木甚至是开花植物，开花植物主要种植在主入口附近。

环形广场区绿化

环形广场区的绿化用于体育场外围屏障以内，它有助于明确人行流线模式并遮蔽建筑物。因为这些区域将满是拥挤的人群，我们建议植栽要强壮，并且在两米以下应没有枝叶。树木或灌木仅在较高的地方有枝叶，除了可以减少破坏的机会，还不会阻挡视线，这对人行交通区域来说是有利的。

第5章　形态和结构

5.1　作为建筑的体育场

5.1.1　理想

正如在前文中所提到的，体育场实质上是大型的娱乐剧场，来体育场观赛应当是一件令人愉快的事，就像到电影院、歌剧院或剧院看戏一样，同时它也是所在城镇和城市中的社会和建筑地标。在现代之前，体育场设计师以令人惊叹的技巧应对了这种挑战。罗马的圆形大剧场和马车竞赛场、维罗纳的古罗马圆形剧场以及遍布罗马帝国的类似建筑，都在他们社区的市民生活中扮演了核心的角色。基于圆形和椭圆形的平面，它们也相当成功地将功能要求和当时所知的建筑技术转化成为杰出的建筑形态。罗马圆形大剧场（图1.2）的平剖面处理一气呵成地解决了各种问题，包括清晰的观赛视野、结构的稳定性和高效的流线，成功的流线设计使得成千上万的观众可以在几分钟内成功离场，同时通过拱廊的组合，外立面也十分符合人体的尺度。这一无与伦比的立面如此有震撼力和创造性，以至于它在14个世纪之后仍是文艺复兴建筑师的一个主要灵感源泉。

虽然现代体育场的基本形态跟古代的十分相似（一行行的阶梯式座席面对着中央比赛区），但砖石已大部分被混凝土和钢材所取代，而且必须说建筑的水准已经降低了：当今许多体育场至多只能算是平庸的建筑，而其中最差的甚至与人性相悖。

当结构、围护和饰面表达了统一且有效的概念，丰富并具有表现力，同时又避免因各种冲突而显得不和谐的时候，该体育场就能成为一个优秀的设计。这必须体现在所有尺度上——从总体形态直到最微小的细部。当今也有一些优秀的实例，例如意大利的巴里体育场（Bari Stadium），其建筑设计师为伦佐·皮亚诺（Renzo Piano）；但完全成功的例子是罕见的。要达到更高建筑标准的第一步，就必须要明确到底存在哪些具体问题，使如今的体育场设计难以达到实用而美观的标准的。

5.1.2　问题

由于体育场是与繁琐的功能需求紧紧相扣的（包括清晰的视线、高效而大容量的交通流线等等），因此说这是一种形态十分直接地追随功能的建筑类型。但不幸的是，"令人愉快"的特质是更加令人难以捉摸的，这是由于以下的原因：

为1972年奥运会而建的慕尼黑奥林匹克公园。钢索支撑的透明屋盖漂浮在与周围景观融为一体的场馆上空，这一创新性的设计再也未能被复制。

建筑设计：甘特·贝尼斯（Gunter Behnisch）

结构工程：弗莱·奥托（Frei Otto）

内向的形态

体育场天然就是向内观看，面对着比赛而背对着周边环境。面对街道或者周围景观的立面必须避免显得拒人千里，但由于设置了安全围栏或其他人群管制措施，它们常常令人难以亲近。

小汽车停车场

通常他们周边必须环绕着数英亩的小车和大客车停车场，这些停车场不仅自身缺乏吸引力，也会造成体育场及其周边环境的隔离。

巨大的尺度

虽然重要体育场的巨大形体尺度对城郊的环境不会造成什么问题，但要与城区环境和谐共处就难得多了。调和体育场的尺度及其周边环境是一个艰巨的挑战。

不可变的元素

一座体育场是由可变性很小的元素（阶梯座席、楼梯和坡道、入口和屋盖形态）组成的，有时很难将它们融合到传统的立面或者组合型的方案中去。即便是抛弃传统的构成原则，而采用革新性的建筑形式，这些呆板的元素却不愿变得弯曲、柔滑或隐匿以获得优雅、协调以及明显轻简的形态从而创造好的建筑。它们往往顽固地表达自我，导致建筑形态常常一看起来就不对劲。

强硬的饰面

让我们从形态转向饰面，体育场必须具有强韧的、适应力强的的面层，可以在没有太多维护的条件下依然耸立，以应付最坏的情况，包括糟糕的天气、没有同情心的人群和蓄意的破坏。这样的结果是，饰面虽然是因应"适应力强"的要求而设计的，却常常很容易被视为

"强硬"、"粗暴"和"违反人性"。

长时间不使用

体育场往往会被空置长达数周，使周边环境呈现出一种萧瑟和了无生气的气息，而后在一个短时期内，它们又会被频密地使用，以至于给环境带来过重的负荷。这种使用模式在各种建筑类型中几乎是仅有的，无论是使用不足还是使用过度，它都对体育场建筑及其环境造成了最坏的影响。

5.2 结构和形态
5.2.1 简介

要保证做出良好的体育场建筑设计，仅靠制定一系列简洁的设计规则是不可能的，但以下三个关于建筑形态的建议也许会有所帮助：

- 首先，设计师们应该真正地认真思考上述的每一个问题，那些是关键的建筑问题。
- 其次，他们应当参考已经成功解决了这些问题（或其他问题）的现有体育场，并努力辨别其中与自己的项目相关的设计先例。建筑史上很少有完全原创的建筑概念：很多优秀设计都是以现有案例为原型的巧妙变体，这些原型已经被证实是有效的，而向历史学习也并不可耻。
- 再次，下面概括的方法也许会有所帮助，它们并不一定要作为规定性的法则，而只是作为建议，意在使设计者能迅速理清自己的想法。

5.2.2 永久或临时

虽然本书主要讨论的是永久性的体育场，但设计师应当考虑清楚，将体育场以临时的结构建造——包括短时临时结构和赛时临时结构——是否是一种更好的选择。短时临时

结构是指一种永久类型的结构，将存在一段短暂的时间。而赛时临时结构是指为单个赛事或活动而租用的座席或建筑。短时临时结构的一个实例是悉尼ANZ体育场的南北上层看台（见案例研究），它们是为2000年奥运会搭建的，赛后被拆除，将体育场的容量从11万减少至8万。这些看台是由钢和混凝土建造的，设计寿命很短。而赛时临时结构的一个实例是一座16000座的沙滩排球体育场，它是为举办2012年伦敦奥运会而在皇家骑兵卫队阅兵场（Horse Guards Parade）的基础上建造的，它只存在了赛事进行的那几个星期。

在一次性的大型赛事活动中，其需求常大于体育场的固有容量，此时临时装置也常常得到应用，因为建造永久性的设施在经济上或其他方面都不太合算。如果在设计之初并不了解这些赛事活动的要求，那么保留充足的空间以容纳短期装置就十分重要了。临时用房和座席的设计要遵循一些规则，它与永久性建筑的设计有些不同，在设计的初始阶段就应对其进行了解。

5.2.3　低矮的外形

如果尽可能将外形轮廓降低的话，许多体育场看起来会更舒服。有两个技巧有助于达到此目的：降低比赛场地，使之低于室外地坪标高，同时通过植被覆盖的土墩抬升周边的景观。

实际上，将比赛场地降低至室外地坪标高以下对节省资金是很有好处的，这样就有一定比例的阶梯座席可以直接使用地基承载。这不仅能够减少用钢量，也可减少垂直交通的长度和成本（见23章）。

5.2.4　屋盖和立面

有屋盖的体育场变得越来越普遍（特别是在欧洲），要取得一个令人满意且协调的建筑解决方案，最重要的一步是避免出现过分自我的立面与同等自我的屋顶而相互抗争。如果其中的一个元素具有主导性，其他元素较弱或者完全不可见，这样的构成也就马上变得更加容易处理了。

屋盖主导型

"屋盖主导型"设计的一个成功实例是慕尼黑奥林匹克公园内甘特·贝尼斯（Gunter Behnisch）设计的体育综合体。在这些建筑中，墙体事实上被消解了，而体育场在视觉上被减弱成为一系列优雅的屋盖，在绿色的景观之上盘旋（见本章卷首对页图）。比赛场地则陷入室外地坪标高之下。

在墙体不能够被完全消除的地方，"屋盖主导型"设计有利于让它们成为"人造景观"中谦恭的水平元素，其上漂浮着与之分离的优雅屋盖。

立面主导型

"立面主导型"的一个成功范例就是位于伦敦罗德板球场（Lord's Cricket Ground）的芒德看台（Mound Stand），该看台由迈克·霍普金斯建筑设计事务所（Michael Hopkins & Partners）设计。这座体育场的立面确实可称为成功之作。它保持着城市的尺度，服从着街道的界面，包含着多样和优雅，从稳重、固着于大地的底层到顶部轻盈的帐篷式屋盖之间，形成了令人满意的过渡。

结构主导型

大型的体育场还可以采取第三种方式：让结构占主导地位。例如，在视觉上，立面和屋顶都可以被笼罩在占主导的竖向结构肋形成的"笼子"里面。相关实例有首尔的蚕室奥林匹克主体育场（Chamsil Olympic Main Stadium）

和巴黎的王子公园球场（Parc des Princes）。这种方法运用在大型的开敞基地上最为有效，在此情况下从远处就可以看见建筑的大部分。

丹下健三（Kenzo Tange）为1964年东京奥运会设计建造的双子体育馆是另一种类型的结构表现主义的一个伟大实例。两者的屋顶都呈有机形状，悬挂在钢缆上，而钢缆则依次锚固在块状的混凝土支撑上。水平伸展的成行座椅和向上弯曲的螺旋形悬挂屋盖几乎没有遵从传统的建筑构成原则，但看起来仍然非常壮丽——但是据说很少有设计师能够成功地掌控如此非正统的形式。

圣地亚哥·卡特拉特瓦（Santiago Calatrava）设计的2004年雅典奥林匹克体育场，是近期的一个优秀实例。

恰当的选择：开敞用地

在体育场位于开敞用地的条件下，如果在地面上矗立的建筑形态确实具有吸引力并有良好的构成，就能够对环境产生积极的影响。无论如何，如果无法做到这些，那么将体育场完全隐藏在景观之后也是无可厚非的。

对于一座露天体育场来说，要获得与环境融合的形态并不十分困难。有屋顶的体育场则会面对更大的挑战。将比赛场地下沉到室外地坪标高以下，或者环绕体育场布置由植被覆盖的土墩，从而将可见高度降低，这些都是很实用的措施，通过这些做法，体育场就能大部分地融入景观之中。

恰当的选择：市区用地

在体育场位于城镇市区用地的条件下，其立面就很可能占主导地位，一方面要让基地在所有的标高面上都沿周边边界开发，另一方面要在体育场的各边保持成排立面以形成街景，而不是去破坏它。然后，最好能弱化巨大的楼梯坡道以及呈水平或斜坡状的阶梯座席背面，从而与周边街景相融合，它们的特征是空间紧凑并强调竖向的建筑立面。

以伦敦的芒德看台为例，其中一种途径就是让体育场立面采用一种结构性的构图，使其节奏韵律、比例、材质和细部都与周边环境相协调，并确保立面能沿着街道界面控制线柔和地延伸。

以蒙特卡洛的路易四世体育场（Louis IV Stadium）为例，另外一种途径就是在体育场和街道之间设置一排商店、餐馆、一间酒店或一些其他的"传统"建筑类型，作为多功能开发的一部分。除了它在建筑方面的作用之外，这种解决途径将有助于提高街道的活力，并能够为体育场带来经济利益，正如第23.4节所述。

5.2.5　转角处理

当看台设置在赛场的三边或四周时，在它们交接的地方就会出现如何优雅地"转角"的问题，这个问题已经击败了许多设计师，特别是带屋盖的体育场。每个独立的座席看台自身或许是优美的，并安装了同样优美的屋盖——但是怎样让这些顽固的形态在转角处改变方向呢？

有一些体育场，例如分别位于德国多特蒙德和英国埃布罗斯科公园（Ibrox Park）的两座体育场，它们选择了简单地回避问题：四个矩形的"棚"被设置在赛场的四边，而转角处则留出缺口。这样可以节约资金，并有利于避免棘手的结构和规划问题，在体育场使用天然草皮赛场的情况下，开敞的转角可提供自然通风，对草皮也是有利的；但其视觉效果仍然不令人满意，这种平直的几何形状也牺牲了可能创造收入的转角座席，正如在11.3.4节所指出的那样。一种解决方案是在转角处填充塔楼，侧边和端部看台都架在它们之间。热那亚的一座处于高密度城市环境中的体育场［建筑设计：维托利奥·格雷高蒂（Vittorio Gregotti）］，就是采用这种解决方法的实例。这种塔楼可以用作办公室或者其他功能。

采用看台和屋盖都以某种形式环绕赛场的设计，同样能够获得令人满意的结果。相关案例有都灵的阿尔卑斯山体育场（the Stadium of the Alps）。在密集的城市地块上，采用这种解决方式或许会有些困难，一方面是因为空间不足，部分也是由于体育场要遵从街道的界面，还有时是由于环绕的形式在某些城市肌理中会显得不协调。但由菲利浦·考克斯（Philip Cox）所设计的优雅的悉尼橄榄球场（Sydney Football Stadium）证明了这种方法是可以成功的。跟许多成功的设计一样，该体育场的比赛场地下沉至室外地坪标高以下（在这个案例中为下沉5m），有效地降低了体育场的形体轮廓。最初的设计具有流动形的屋盖，在座席结构体上空自由漂浮——沿着赛场侧边高高飞扬，大多数人都希望坐在此处，这里的座席看台向后伸展得最深最高；在赛场的末端突然降下至地面，此处的阶梯式座席较少且较窄。同时，这样急促下降到地面的做法减少了体育场与周边居住区相邻处的外形尺度。但是屋顶与观众席后部之间的缝隙确实是太大了，无法在恶劣天气中提供充分的防护，以至于后来又动用了数百万美元来修补这一缝隙。

由阿勒普联合设计事务所（Arup Associates）和Populous事务所联合设计的曼彻斯特英联邦运动会体育场（Manchester Commonwealth Games Stadium）（现曼彻斯特城足球俱乐部球场），是采用同样设计思想的另一个例子。

5.2.6　融合交通坡道

比起楼梯来说，坡道有时候是更好的疏散方式，在14.7.3节中将会充分指出其原因，但是它们巨大的尺度（一个圆形的坡道，其内径很可能达到12m）使它们很难被处理得优雅。相对成功的例子包括米兰的圣西罗体育场（San Siro Stadium）和美国迈阿密的永明体育场［Sun life stadium，即从前的乔罗比体育场（Joe Robbie Stadium）］。

5.2.7　融合结构

格状结构

密集的柱子、梁和悬臂梁经常难以融合进一个统一的设计概念之中，近些年来出现了一种十分有效的趋势，就是越来越多地使用更加精巧的格状结构或张拉结构，以取代（完全地或部分地）这些过分自我的结构元素。

这些概念并不会自动地解决所有的问题或保证美学上的成功，但是它们确实有助于形成美观优雅的结构，而这样的结构是符合人体尺度的。较好的案例包括：

- 维也纳普拉特体育场（Prater Stadium）的屋盖。
- Populous事务所和百瀚年建筑设计事务所（Bligh Voller Nield）合作设计的悉尼的ANZ体育场（即悉尼奥林匹克体育场）。

厚重的结构

另外一种方法是"野兽派"的，即强烈地表现大尺度的结构元素，这种方法令建筑师们着迷，但是，在每座混凝土雕塑般的大师杰作背后，总有一堆粗制滥造的作品为公众所深恶痛绝。现代体育场的绝对尺度是问题之一。一个可以说明问题的例子是，110m长的钢桁架横跨在埃布罗斯科公园体育场（Ibrox Park stadium）的北部看台上，大得足以容纳四辆双层巴士。

如果要采用厚重的混凝土形式，就应当种植大量的植栽环绕建筑或攀援于建筑之上，通过这种方法加以"柔化"，这些植栽可以包括树木、灌木或更小型的植物。

5.3　材质
5.3.1　外观

饰面

未加饰面的清水混凝土表面有着许多功能上的优点，因而在体育场设计中被广泛采用。但是一般的公众不喜欢它，经过风吹雨打之后它就变得很难看，所以应当十分谨慎地采用。下列建议或许会有所帮助：

- 在多雨气候地区最好避免采用清水混凝土表面，尤其是在城市中或者是工业区，在那里雨水会受到污染，当雨水沿着建筑表面流下时就会使混凝土产生污渍。理论上污渍可以通过表面的处理、设计良好的滴水线和类似的方法来避免，但是在实际的操作中，这些措施很少完全有效。同时从理论上说，混凝土上的污渍可以通过仔细的计划引导水流形成图案，从而积极地加以利用，制造一种预设计的效果，但是难以找到任何操作效果良好的实例。
- 如果在这些情况下必须采用清水混凝土，那么就应该征求专家的意见，并尽最大努力（在设计和工艺上）避免表面的污渍。混凝土骨料、沙子和水泥的配料应该尤其仔细、高质量地完成。预制混凝土被越来越多地采用，它的制造条件比现场浇筑更容易受到控制，这将有助于获得更高质量的表面效果。
- 给混凝土上漆也是有效的方法，若干现有的体育场［包括首尔奥林匹克体育场（Seoul Olympic stadium）］就是这样处理的。但是

这样做会增加巨额的维护费用。

上述问题在某些地方会没那么严重，如空气未被污染的地方（因而当地的雨水会比较干净，减少了弄脏混凝土的可能性），以及降雨较少或间歇性有雨的气候干燥地区。一个成功的例子就是伦佐·皮亚诺设计的意大利巴里体育场（Bari Stadium）。

最后，靠近人群的混凝土表面最好应铺上面砖、木材或其他宜人的材料。这将花费不少金钱，但可以使体育场更受欢迎。

色彩

有时候设计师会落入俗套，设计出色彩俗艳的体育场。目前有大范围的色彩可以用于体育场座椅、表面覆盖层和人工合成赛场面层，他们难免地受到了引诱，试图利用多种色彩克服一般体育场的乏味暗淡，尤其是在半满座、没有人群为看台带来色彩和变化的时候。通过最严格的规则来控制想象力，或许会得到最佳的结果。

5.3.2　技术

体育场的建造已经使用了所有可以想到的材料。古罗马人用砖石建造他们的体育场，而为举办1990年的世界杯足球赛，现代罗马人用混凝土、钢材、铝材和塑料织物屋顶翻新他们现有的奥林匹克体育场。

成本是一个主要的因素，因为比起其他大多数的建筑类型，结构占了体育场总投资的很大比重，正如在23章所讨论的那样。因而，所有可选结构材料之间的成本比较是至关重要的，尤其要关注的就是屋顶，这点在后文5.8节将进行讨论。

其他性能特征，例如耐久性、防火性等等，也必须进行全面研究，然后再与人性化、

优雅感和美观性等特性做比较衡量。只有在能吸引观众的条件下，体育场才能够兴旺，反之如果设施粗糙或者面貌肮脏，观众就将敬而远之——无论它的技术指标有多么正确合理。

5.3.3　混凝土

　　钢筋混凝土和钢材一样是体育场最常用的结构材料。它天然具有耐火的优点，在某些国家也比钢材廉价，但其缺点是，如果不加饰面就不太受欢迎（这通常也是实情）。基本上它是体育场座席结构仅有的可用材料。混凝土既可以现浇也可使用预制单元，这两种类型也常常一起使用。

现浇混凝土

　　现浇混凝土的可塑性已在一些引人注目的体育场中得到了利用，例如马德里附近萨苏埃拉赛马场（Zarzuede racetrack）大看台的壳体顶棚 [埃杜阿尔多·托罗哈（Eduardo Torroja），1935]；罗马小体育宫（Palazzetto dello Sport）[阿尼巴里·维特洛齐（Annibale Vitellozzi）和皮埃尔·路易吉·奈尔维（Pier Luigi Nervi），1957] 和罗马体育宫（Palazzo dello Sport）[皮埃尔·路易吉·奈尔维和马尔切罗·皮亚森蒂尼（Marcello Piacentini），1960]；美国康涅狄格州耶鲁大学冰球场 [Hockey Rink at Yale University，埃罗·沙里宁（Eero Saarinen），1958] 和东京的国家奥林匹克体育馆（National Olympic Gymnasia）的混合结构。近来，由于普遍采用了更加轻巧的结构，这种用法有所减少。

预制混凝土

　　预制混凝土拥有与钢材类似的优势，相比现浇混凝土，其结构组件可以在远离现场的地点预先制造好，再运至现场组装，这样就大大地节约了建造时间。在必须做好建设计划以最大程度地减少对时间固定的各赛季的影响时，这种方法就尤其重要了。这种情况在英国的体育场中常常出现，他们往往必须赶在赛季之间的几个月内分阶段建设，但在美国倒是还不算普遍，因为那里的体育场经常是一次性完成建设的。但即使是在美国，体育场业主也开始经历欧洲同行们数十年来的苦恼了。原因是在要进行必需的重建或升级改造时，那里的俱乐部却不愿意搬离体育场。

先张法和后张法预应力混凝土

　　预制混凝土广泛应用于阶梯状座席看台的竖面和踏面构件。这些阶梯构件往往是先张法预应力的，这样它们可以做得比较轻薄，但是其接合处节点可能会出现问题。材料的选择和节点细部在这里与屋顶构造同样重要，特别是在下部空间需要作为可使用的房间时。这里的防水构造也特别重要。

　　当使用预制框架时，还应当思考体育场的赛后利用问题。如果体育场要举办流行音乐会，观众可能会不时地跟着音乐打起节拍，这可能会影响到结构稳定性。为应对这一问题必须进行特殊的设计。

　　在体育场的建造中，不管先张法还是后张法预应力都是十分有用的技术——先张法预应力可以使结构更轻盈，而后张法预应力可以在整个结构中减少（甚至撤销）变形缝。这是一个非常重要的优势，因为许多体育场的长度都有100m或者更长，而且通常这种长度的混凝土结构在建造时应当被分为两个独立的单元，中间用一条明确的伸缩缝隔开。在后张式预应力结构中仍然会出现膨胀和收缩，但由于钢筋上加入了极大的张拉力，这种情况已经被很大程度地减少了。整体结构被连接在一起，就像一串珠子被一根线连接起来一样——在这里钢筋就是这根线，它受力可达一百吨甚至更多。

5.3.4　钢材

在世界上某些地方，钢材比混凝土要便宜，而且它还可以在现场之外制作，这是一个很大的优势，原因如前所述。

不管从体型方面看，还是从审美方面看，钢材都当然地要比混凝土轻。这在功能方面是有优势的，比如，若不幸地要在劣质土壤上建设基础，使用钢材就会更节约资金，并且更有可能建造出纤细、优雅的建筑结构。就屋盖结构来说，显然应该选择钢材，罗马奥林匹克体育场（Olympic Stadium）和维也纳普拉特体育场（Prater Stadium）是现有体育场中两个优秀的案例。

防火规范很可能会要求屋盖下的钢构件要做好防火处理，其方法包括包裹、喷涂矿物纤维或蛭石水泥，或覆以薄膜状发泡涂层，后者对钢构件的外形影响最小。这使得钢材可能失去对混凝土的成本优势。但防火安全规范也正在发生变化，因为重点正向着"防火工程型"的解决方法转变，如果采取了某些额外措施的话，未加防火保护的钢构件有可能得到更广泛的接受。这些措施包括：

- 确保人们能够在一个限定时间内从体育场内疏散出去——如14.6.2节所述，并恰好在结构性衰竭开始之前到达安全位置。这应当不会成为一个主要的问题，因为在体育场火灾中，最大的危险不是来自于结构垮塌，而是来自于烟雾导致的窒息。1985年发生大火、导致56人死亡及多人严重受伤的布拉德福德山谷阅兵球场（Valley Parade Stadium）拥有一个老旧的坡屋顶，它有效地遏制了烟雾和火焰。
- 安装喷淋系统。新的英国防火规范规定，如果安装了喷淋系统，可以允许未加防火保护的钢结构。这是一个让步，某些情况下会让经济的天平从混凝土向钢材倾斜。但另一方面，这种措施会让喷头喷出的水雾洒在业已

惊慌失措的人群身上，其效果还有待观察。

5.3.5　砖

在一个大型体育场中，砖更可能被用作表面覆层材料，而不是结构材料。应用砖饰面特别合适的地方是在整个体育场内人体高度之下的部分，它可以使原本冷酷的表面变得更人性化，也可以应用在建筑的街道层上，以促进体育场与周边城市景观的融合。

5.4　比赛场地面层

5.4.1　标高

赛场表面标高通常被降低到地面线以下，这样有部分前排阶梯座席就可以直接建造在天然地基上。这样可以节省建造成本，并可降低建筑的可见高度，从而使建筑更加美观。但是在地面上直接建造看台并不总是像听上去那么轻松：恶劣的土壤条件（见5.5.1节）会制造一系列问题，并抵消掉设想节约的成本。

5.4.2　面层

第7章将具体讨论比赛场地面层的细节：这里我们仅仅希望指出，某种体育场形式与某类赛场面层是不相容的（或者至少对其有负面的影响）。

天然草皮面层

天然草皮对于许多体育运动来说是最好的面层，但是采用该面层的可行性将取决于体育场的围合程度。目前的情况如下：

完全露天体育场：这些体育场可以采用任何赛场面层，包括草地。

部分遮盖的体育场：这些体育场可以采用天然草皮的赛场面层，但是场地上的阴影和气流的减少会破坏草地。因此，必须征求专家的指导意见，可以使用计算机模拟方法来测定建

筑的阴影效果，还可利用模型和风洞实验来研究风效应——因为至今仍然没有可靠的数学公式用于预测风况。

完全固定封闭式体育场：在这种体育场采用天然草皮赛场，其维护成本要比露天体育场高得多，因此必须研究人工合成草皮的使用。可参见第7章。

世界各地都研究了一些完全封闭体育场内采用天然草皮的方法：

- 在场外开敞地方维护草地，然后在需要时将它滑入体育场。这种方法的实例是德国盖尔森基兴的Veltins Arena和亚利桑那州的红雀球场（Cardinals Stadium）（见案例研究）。这种系统需要占用大量用地，其初始建造成本和运营成本都十分高昂。不过，当草皮球场被置于体育场外部时，体育场内部留下的硬地可以用于举办其他活动。
- 使用可开合屋盖结构来提供充足的光线——见5.8.4节。
- 在自然光基础上补充人工照明。这一系统正越来越多地为寒冷地区的大型体育场所使用，在这些地方，座席看台与屋顶会遮蔽球场，以至于高质量的球场无法生存。在赛事或音乐会等活动日程过于密集，在各活动之间草皮无法完全恢复的情况下，这也用于提升草皮生长的质量。
- 设计享有充足光线和空气流通的体育场，从而使草皮健康生长。新西兰达尼丁市的福塞斯巴尔体育场（Forsyth Barr Stadium）（见案例研究）设有半透明的屋盖。设于球场层面的通风口使气流可以穿堂而过，让自然草皮得以在场内生长。

人工合成材料面层

所选择的体育场形式对人工合成材料的赛场不太可能产生不利的影响。选择时应依据表7.1，而铺装时应当遵循7.1.4节和7.1.5节的建议。

5.5　基础
5.5.1　劣质土壤

体育场基础设计中的唯一特别之处，在于体育设施用地往往土壤过差而无法用于其他任何类型的开发——如回收的尖角荒地、旧矿场、干涸的沼泽等等。在这些情况下，多数建造预算会因为振冲密实、抗沼气处理和垃圾移除等地基加强措施而提高。

由于承重能力较低或不稳定的土壤常常会导致地基的建造十分昂贵，因此在通过最终的建造预算前，应委托专人制作一份完整的、涉及所有可能情况的岩土勘察报告。

5.6　座席看台
5.6.1　形态

这个问题的细节在后面的章节中再行论述。在此我们仅仅希望就座席对体育场整体形态和结构的主要影响给设计者一个清晰的认识。

- 观众更希望在观看比赛时不要直视阳光。可参见3.2节中关于朝向的论述。
- 观众应当靠赛场足够近，以便观察球的移动。对于大容量的看台来说，这或许相当困难，甚至是不可能的，尤其是当球很小并快速移动时（例如网球），在这种情况下必须进行折中处理。可参见11.3节。
- 所有观众都应当能越过前排观众的头顶清晰地看到球场，这就意味着看台必须倾斜一定的角度，这个角度必须经过十分仔细的计算。可参见11.4.2节。
- 同时，看台不能够太陡以至造成危险和眩晕；最大角度通常约为34°。可参见11.4.3节。

- 不应该有障碍物干扰观众看往赛场的视线，例如柱子或特别低的屋顶边缘等。可参见11.5节。

5.6.2　结构

正如5.3.3所述，阶梯式座席最常以预制混凝土的方法建造。在某些国家，使用钢材更加便宜，但在要给钢构件做防火处理的情况下，其成本就未必比混凝土低廉了。

5.7　公共大厅、楼梯和坡道
5.7.1　形态

与座席看台一样，这部分的细节也在后面的章节中有所论述。在此我们仅仅希望就它们对体育场整体形态和结构的主要影响给设计者一个清晰的认识。

- 公共大厅、楼梯和坡道的形式应当形成流畅的观众入场流线，观众不会迷路或感到困惑，正如14.5节所述；同样的，它们也应当使观众在赛后能流畅地从场馆中疏散，正如14.6.1节所述。
- 最关键的是，该布局必须能够使体育场在发生混乱的情况下迅速、安全地清空；见14.6.3节。
- 该设计还必须有助于人们寻找卫生间（如16章所述）和餐饮设施（如15章所述）。根据通用的规则，所有座位距离卫生间都不应超过60m，且最好位于同层。
- 应该利用交通流线规划，将体育场观众座席划分为若干部分，每部分容纳约2500～3000人，这样更有利于控制人群，卫生间、酒吧和餐厅的分布也可以更加均匀，见14.2.2节。
- 每个座席区内的交通路线包括一些主走道，用于收集从横向座间过道（与赛场边界平行）以及放射状过道（需要设置踏步）出来

的人流。如果采用长过道连接较少的主走道的模式，通常留下的座席空间较少，但如果采用较短的过道连接较多的主走道的模式，就会形成更便于使用的空间，在恐慌的情况下疏散也更加容易。需要寻求一个平衡各因素的解决方式。

5.7.2　饰面

如果光顾体育场的游客举止端正庄重，就不会对建筑造成破坏，体育场就可以使用与任何其他公共建筑一样的方式进行面层装饰，这里不需要做特别的提醒。在目前的英国和北美体育场，这是一种潮流，在付费更多的观众所使用的区域，大厅可能会铺上光滑的大理石地板，卫生间装修可达到酒店标准，社交活动区也可以装饰得十分豪华。

在英国，关于体育场装饰的一个近期实例是理查德·豪顿（Richard Horden）设计的爱普森汤斯赛马场（Epsom Downs racecourse）王后看台（Queen's Stand），该赛马场位于萨里，容量为5000座，它的装饰经久耐用且十分优雅。这座建筑建成使用于1992年，与其说它是个看台，还不如说是个私人包厢的观赛区，因此说它比较特别——但也反映了体育场装修可以达到的水准。英国另一个实例是位于伦敦北部的阿森纳足球俱乐部的中间看台层，它建成于2006年。所有的座位都有坐垫和扶手；交通走道、卫生间和娱乐设施的装修都达到了电影院的标准。

但如果进入体育场的人群拥有举止粗鲁、行为恶劣的不良记录，或者建筑的大部分都暴露在风雨之中，则饰面必须足够强韧，以经受住剧烈的磨损和撕扯、磨损式的日常清洁以及日照雨淋和温度变化产生的影响。

混凝土表面使用广泛，并且相对比较便宜，如果利用添加剂和密封固化剂做一定的处

理,可以十分耐久,但不幸的是,它会造成粗糙、简陋的观感,以至于观众不愿多做停留,这恰恰是现代这些以顾客为本的体育场所想要避免的。同时与光滑的面层相比,它们也较难保持清洁,这更增加了它们给人的负面印象。比较令人鼓舞的是,像在欧洲迪斯尼乐园所使用的那些颜色添加剂和抗污添加剂有可能在未来受到欢迎。

带有防涂写涂层的清水混凝土块表面十分耐用,但在公众的印象中,它们与未加装饰的混凝土一样,虽然实用但并不宜人。可以考虑使用抛光混凝土块。

清水砖墙表面比混凝土的观感要好,并可以采用防涂写涂料做处理。

使用陶瓷马赛克墙砖和地砖一开始是比较昂贵的,但它们很耐用,并且如果使用得当,能形成令人愉悦的外观和触感。

使用带涂层的钢材作为覆盖层的做法在近年来已经得到了很大的改进,现在这种覆盖层可以非常耐久。它们易于清洗,颜色和形式的选择也十分多样,也为建造既美观又异常实用的公共大厅墙体表面提供了可能性。

颗粒橡胶地砖和饰面板通过改进形态,已经可以在体育场使用了,虽然它们在建造之初相对昂贵,但胜在实用,同时也可以采用漂亮的颜色。在欧洲的许多体育场它们已经得到了成功的应用。

液体涂层包括多种饰面,例如表面带砂的环氧树脂面层。它们可以形成耐用、色彩艳丽、防滑的地面。目前许多这类涂料都得到了应用。

5.7.3　细部

在任何情况下,恰当的细部都与恰当的材料选择同等重要:

- 仔细安排门和开口的位置,可以减少混乱并有助于人流通畅。
- 沿着墙壁设置扶手,可以将人群控制在一个安全距离外,从而保护墙面不被破坏。
- 沿楼梯平台和公共大厅边缘后退一定距离设置栏杆,有助于减少物体突然掉落砸到下面人群的危险。类似的,这些位置的地面边缘应当向上翻起,以阻止物体从边缘滚落。
- 扶手和栏杆的顶面应当有一定倾斜角度,以防球迷在上面站立,并避免因将物体放置在上面而发生物体滚落砸到下面人群的事件。
- 通过安装金属护角或倒圆角的设计,可以预防转角被食品推车和其他服务性车辆撞伤。
- 高高的天花板有助于形成一种开敞、通透的氛围,同时也可以避免蓄意的破坏。
- 卫生间应做面层和边缘细部设计等,可以容许彻底的墙壁和地板冲洗。
- 应避免所有危险的突出物和尖锐边缘。

5.8　屋盖
5.8.1　封闭的程度

露天或部分盖顶的看台在较不发达地区仍然比较普遍,例如中南美洲和非洲,甚至在加拿大和俄罗斯等气候比较稳定的国家也存在。但观众越来越需要有某种形式的保护性遮盖,而在较寒冷地区,特别是欧洲北部、北美地区和日本,体育赛事会在冬季举行,在那里屋顶正成为一种标准要求。在美国和日本这种封闭的趋向更加明显,许多新体育场都是完全遮盖的。设计师还应当注意到,这个问题会极大地影响到比赛场地的面层,正如5.4.2节所指出的。

遮蔽阳光

对于体育场来说,大多数的赛事在下午举行,因此应将主看台面朝东面布置,尽可能避免绝大多数的观众因处于向西的看台而直视

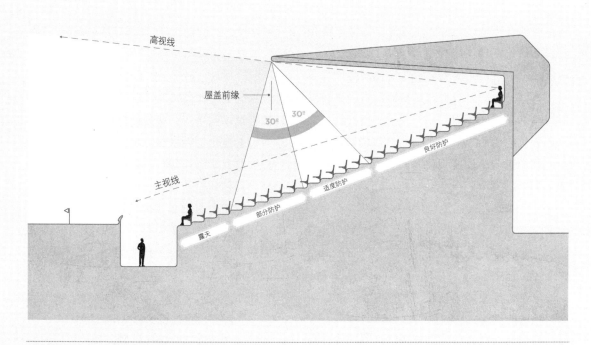

图5.1
关于体育场雨棚所能提供的防护程度的简单模型。对于实际设计来说，需要进行更多细节性的研究，同时考虑诸如朝向、主导风向和局部湍流模式等因素。

阳光。在任何情况下，都必须通过仔细的计算机模拟实验，研究屋顶为使用者遮蔽阳光的效果，以及一天及一年内不同时间里屋顶投射在比赛场地上的阴影范围。还应当进行风洞实验，特别是在赛场面层为天然草皮的情况下。引用英国足球场设计咨询委员会（Britain's Football Stadia Advisory Design Council）的说法，这是因为"现在普遍认为，在比赛场地层面如果阳光的遮蔽与气流的减少相结合，会对草地的耐久性和质量产生负面影响。"

遮蔽风雨

就形状而言，设计师应当留意鲁道夫·伯吉曼（Rudolf Bergermann）的建议，即与中间有缝隙的分离式屋盖相比，布置成圆形或椭圆形的连续屋盖通常会对体育场内的气流有镇定的作用。这为观众们提供了更加舒适的条件，在英国的实践实际上表明，这种条件的改善可以明显地提高运动员的表现。但其缺陷在于太少的气流能够进入体育场，在潮湿的气候条件下，这会导致雨后的草地球场难以充分干燥。在这种情况下，开敞的看台转角设计也许更为有利。必须在这些因素之间寻找平衡。

关于剖面的形状，图5.1给出了约略的经验法则。这些简单的参数只是设计的一个起始点，还应通过比例模型和风洞试验做深化的研究。研究中需要考虑的因素包括：

- 主导风向与风速；
- 一般气温，以及在比赛期间，风中是否可能会夹带雨雪；
- 由周边建筑，当然还有体育场自身所引起的局部湍流模式；
- 观众需要遮蔽风雨和阳光与对天然草皮赛场的希求之间的矛盾；

视线阻碍

屋盖边缘应当足够高，以便于在球高高升起时，绝大部分的观众仍然可以看到它，观众看向赛场的视线不应被屋顶支撑柱所遮挡。

5.8.2 生命周期设计

不同的部件有不同的生命周期。承重结构（柱子、梁和桁架）的置换周期通常是最长的，除非有别的考虑，否则一般都是50年；屋盖为15～20年；饰面的周期最短，实际时间长度要看饰面的类型和质量以及维护的标准。这些周期时长应当在任务书阶段就作为体育场"全生命周期成本"的一部分与造价咨询师进行讨论决定。

比承重结构生命周期要短的部件，例如覆面层，必须通过设计使之易于更换；在业主手册中必须确定并明确说明屋顶的维护周期，可参见21.1.1节。

5.8.3 风浮力设计

当选择屋盖结构形式时，必须要牢记，将屋顶支撑起来不是唯一的结构问题。屋盖下的风压有时会催生一个更为严重的问题，即需要将屋盖向下拉——值得注意的是，更多大看台的屋盖是因为破坏性的风浮力而失效的，而不是因为结构崩塌。屋盖受浮力抬升的状况通常只是一瞬间，但它会造成屋顶梁振动，从而形成更加错综复杂的情况，必须通过结构消除这种振动。

这种问题在轻质结构中尤为严重，它们没有足够的重量以自然消除这种"弹跳"的情况。虽然这些情况是偶然性的，还是可以特别地增加结构的重量以阻止这种风浮力的发生，但这种方式比较昂贵。另一种方法是充分加强轻质结构的坚固性，某些情况下可用特殊的支架，另一些情况下可强化通常为非承重构件（覆盖层面板、封檐板以及类似的构件）的结构能力，这样他们就能够起一定的承重作用，将荷载传递到更加结实的构件，并帮助控制结构振动。

在这些情况下，建议使用风洞试验，即使这可能会需要花两三个月的时间建立复杂的模型，并花费不少金钱。要使得这项开支获取最大效益，结构稳定性试验可以与环境影响试验相结合（例如风对草皮赛场的影响、或使周围建筑形成不舒适的狂风环境）。无论如何，环境影响试验正成为一个常规的要求。

5.8.4 屋盖类型

以下是我们总结的八种基本结构形式，可以利用它们应对多种体育场屋盖的受力情况，其中一些布置成整体碗形可以取得最佳效果，另一些则最好用于独立的看台，具体如下所述。但这一清单并非包含全部：还存在其他一些形式以及基本形式的许多变体及结合体。

i 梁柱结构

这种结构系统包括一排与赛场平行的柱子，支撑着一系列梁或桁架，后者再支撑屋盖的重量。

优点

梁柱结构比较便宜且简单。然而这些特点往往被高估了。比起有柱屋盖来说，目前新的无柱看台屋盖可能只会使体育场总造价增加2%～4%。

缺点

沿着赛场设置的一排柱子对观众视线的阻碍已经达到了不可接受的程度。我们相信现在不可能会再建议使用这种过时的屋盖结构形式了。

如果某些情况下梁柱结构屋盖真的是唯一可行的方案，其原因可能在于空间限制或现有结构的自身特点，那么值得注意的是，柱子越靠后，它们所造成的视线阻碍就越少。在这些障碍物后面设置的座席可以空置或者降低票价出售。

ii 门柱结构

这种形式与梁柱结构有些类似，但只在两端有柱子，中间无柱，整个屋盖横跨在单一的大梁上。大梁的高度大约是跨度的1/12，这样一般是比较经济的（即跨度120m的梁应为10m高）。对于这种结构体系来说，常规的检查和维护特别重要，因为整个屋盖结构都依靠唯一的大梁支撑。

这种形式的一个变体是将柱子和梁结合成为一个拱体，沿着屋盖前侧布置，相关实例包括香港体育场（Hong Kong stadium）和哈德斯菲尔德的基尔岩球场（Galpharm Stadium），两者均由Populous事务所设计。

优点

* 其优势在于视线不受阻碍，将两个竖直的构件置于比赛场地的端部，整个场地长度内就不再有柱子遮挡了；
* 成本适中。

缺点

* 在不要求或要求很少角部座席的时候，这一结构体系是最有效的，但正如10.3节中所讨论的，这样就限制了座席的布局；
* 从美观的角度看，门柱结构体系往往会形成一种"四方棚子"的形象，不能通过巧妙的处理来优雅地转角或转弯，也很难与毗邻的看台进行流畅地连接。

因此，当需要在比赛场地各边独立布置看台，且屋盖只会以直线的形态伸展的时候，使用这种结构体系可能是最恰当的。

实例

门柱体系在英国得到了广泛的应用，格拉斯哥的埃布罗斯克公园球场（Ibrox Park Stadium）就是其中一个实例。

iii 悬挑结构

悬挑屋盖可以靠重力稳固，或者用其他方法在一端牢牢地固定，而面向赛场的另外一边则悬挑着不受支撑。上述形式的一种变体是加撑悬臂结构。

优点

* 这样一种结构可以形成完全不受阻碍的视线，适用于任何长度的看台，悬挑深度可达45m或更多，其限制因素一般是造价而非技术。实例包括位于伦敦的特威克纳姆橄榄球场（Twickenham Rugby Football Ground）、悬挑净深度达43米的爱丁堡默里菲尔德橄榄球场（Murrayfield Rugby Stadium）以及悬挑净深度达48米的西雅图哈士奇球场（Husky Stadium）。
* 悬挑屋盖可以非常出众，结构上没有明显的支撑措施，形成了激动人心的效果（图5.10）。
* 悬挑结构既适合连续的碗形看台屋盖，也同样适用于独立看台。在碗形体育场中，独立的构架可以沿着圆形或椭圆形平面，被流畅地布置成间隔紧凑的一系列竖向元素，如巴黎的王子公园球场（Parc des Princes）。

缺点

* 在末排座席与比赛场地的距离必须非常远的

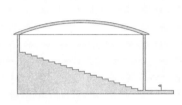 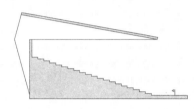 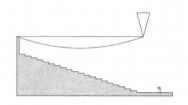

图5.2
体育场屋盖的三种一般形式
1 屋盖跨在看台前部和后部的柱子之间，这种体系于20世纪早期得到应用，但由于前柱阻碍了观众的视线，现在已经不再受欢迎。
2 屋盖从看台后部开始向前悬挑。
3 屋盖跨在看台前部的一根大跨度梁与后部结构之间。

条件下，悬挑结构的造价明显较高，人们会发现可以以更低的成本建造其他结构类型，比如说门柱结构。成本因素是否重要得超过了其他考虑因素（例如美观），这是一个需要认真评估的问题。

- 如果采用悬挑屋盖，风浮力所导致的逆向力会特别具有破坏性（不过如果是在一个碗形体育场里，曲线的平面可以加强结构的整体强度，这种情况就会少见一些）。如果想要在悬挑结构的后部设置一些纤细的支撑，以造成"向下拉"的效果，同时创造轻盈优雅的结构，但你也许会发现这些支撑必须十分粗壮，以应对屋盖上浮形成的压力，虽然原本希望建造轻盈的结构，结果它却变得十分沉重。
- 悬挑屋盖的最高点在看台的后部——正是面向街道的一侧——因此比起可容纳类似座席容量的其他结构类型来说，其外观会更加高大，对路人更有压迫感。位于伦敦的斯坦福桥足球场（Stamford Bridge football stadium）的东看台，虽然是一个值得赞叹的、雄伟而令人兴奋的设计，但也跟其他大型悬挑结构一样表现出庞大的视觉效果。并不是所有场地都能接纳这样引人注目的建筑体量，特别是在临街面，体育场的尺度必须与其他许多

普通的建筑相协调。
- 悬挑屋盖在没有经过任何视觉协调的条件下大胆地插入一个空间，在审美方面不仅是一种机遇，也同时存在风险。如果要避免建筑过分炫耀和失去尺度，需要细心处理和一定的自我限制。

实例

伦敦斯坦福桥足球场（Stanford Bridge football stadium）的东看台并非不存在问题：它造价高昂，高层的座席看起来离比赛场地过远，低层座席又因暴露在风雨中而很不舒适，在清洁方面也有困难。但它的设计有一种"在场感"和建筑艺术的力量。其他实例包括意大利的巴里体育场（Bari Stadium）、特威克纳姆橄榄球足球场（Twickenham Rugby Football Ground）和首尔奥林匹克体育场（Seoul Olympic Stadium）。

iv 混凝土壳体结构

壳体是在一个或两个方向上发生弯曲的轻薄曲面结构，其强度来自于几何形态而非材料的厚度或坚固度（就像一张薄纸，如果经过适当的弯曲，就可以承受一定的负荷）。这种结构有圆柱形、穹顶形、圆锥形和双曲面形，可

以形成十分优雅美观的屋顶形态。薄至75mm或100mm的壳体，其跨度可以很容易地达到100m。

优点

- 壳体结构具有创造极度优雅外观的潜力。然而它是不会自动地发生的。创造这样革新性的形态需要通过计算机模拟试验和按比例制作的实体模型，针对建筑特性做非常充分的试验。
- 如果仔细地进行细部处理，壳体结构自身就能形成美观的外部和内部表面，而无需另外装饰。外部表面需要足够的排水倾斜度以保证快速和完全排除雨水。

缺点

- 需要专门领域的设计师，因为会涉及很高深的数学问题。
- 如果要用现浇混凝土，模板成本将非常高昂，因为需要搭建一种"鸟笼式"或近似类型的脚手架。可以考虑使用预制混凝土的方案，或者采用现浇与预制混凝土结合的方式。

实例

体育建筑中最著名的壳体结构实例包括位于马德里附近的扎祖拉跑马场（Zarzuela racecourse）（1935年），其大看台是由埃杜阿尔多·托罗哈（Eduardo Torroja）设计的，还有阿尼巴里·维特洛齐（Annibale Vitellozzi）和皮埃尔·路易吉·奈尔维（Pier Luigi Nervi）设计的罗马小体育宫（Palazzetto dello Sport）（1957年），以及马尔切罗·皮亚森蒂尼（Marcello Piacentini）和皮埃尔·路易吉·奈尔维（Pier Luigi Nervi）设计的罗马体育宫（Palazzo dello Sport）（1960年）。

v 压力环和张力环结构

这种屋盖由一个内部张力环梁和外部压力环梁组成，两者由放射状排列的组件连接起来，它们可以保持整体圆环形结构的图形并承载屋盖。

优点

采用这种结构可以覆盖很大的看台深度，而且相对容易：维也纳普拉特体育场（Prater Stadium）的新屋盖内环和外环间的纵向跨度为48m，新近加建的罗马奥林匹克体育场（Olympic Stadium）新屋盖纵向跨度则达到52m。

- 正如从上述实例中所看到的，如果要为现有的碗形体育场加装新屋盖，这种屋盖类型从技术和艺术两方面看都是非常适合的。
- 内圈是完全无柱的，这样在观众和赛场间就没有什么视线障碍了。
- 当从体育馆内部看去的时候，屋盖看起来有一种轻盈、无重量的感觉，而从外部看则显得十分谦和，甚至根本无法察觉。正如5.2.3节所讨论过的，这种谦和的特征在许多条件下都是一种特别突出的优势。
- 整体屋盖形态和结构细部都具有一种与生俱来的和谐与优美，不会妨碍设计师想要创造优美建筑的努力。这与其他一些虽然技术上经济但难以处理得美观的结构类型形成了对比。
- 适用透明或半透明屋盖，例如罗马的奥林匹克体育场。
- 某些类型可以允许在比赛场地上方加建永久或临时的屋盖。

缺点

这种结构体系只能用于碗形体育场。

实例

　　维也纳普拉特体育场（Prater Stadium）建于1928~1931年间，1956年又进行了扩建，而新屋盖加建于1986年，加建时不需要对现有混凝土结构做出任何额外加固措施。比赛场地本身仍保持为露天，然而容量为63000座的周边看台被一个连续的椭圆形屋顶完全遮盖了，其外圈形成一个270m×215m的椭圆形。屋面板是由镀锌涂塑波形钢板构成的，而结构则包含一个内圈张力环和一个外圈压力环（两者均为箱梁），两者间由一个钢管框架相连。钢管框架具有结构性功能，它们也支撑着屋盖钢板。在轻质结构遭受风浮力的时候，这种特殊的连接可以起下拉屋盖的作用。屋盖纵深从前至后共48m，整个屋顶面积达32000m²。泛光灯被安装在内环和电视摄像机位处，屋盖上还设有公共有线广播系统和其他服务性设施。

　　一个更新、规模更大的实例是罗马的一个露天体育场，它在1960年奥运会中得到使用，后来为了迎接1990年足球世界杯赛，又加建了屋顶。在这个案例中，屋盖纵深从前至后共有

52m，屋面板是由半透明的特氟纶材料构成，这样阳光就可以透过屋顶照射在下面的座席上。

vi 张力结构

　　这种结构的屋盖通过仅仅受拉的构件——例如缆索——来抵抗所有主要荷载。他们在材料方面（但并不一定是在造价方面）往往比其他结构形式更经济，但是必须仔细地处理使之保持稳定和受控，以应对任何可能导致体系部分受压的变形。它包括三种基本形式——悬索结构、索网结构和膜结构。

悬索结构

　　这种结构形式是由一个或数个受压拱支撑一个或更多缆索，缆索以悬曲线形式悬挂，并支撑屋盖结构。

　　埃罗·沙里宁（Eero Saarinen）设计的纽黑文耶鲁大学冰球场（Hockey Rink at Yale University）（1958年），其悬索悬挂在一个刚性拱架上，形成了优美的屋盖。七年后在东京1964年奥运会，丹下健三为一对体育馆设计了

屋面板材料特性比较　　　　　　　　　　　　　　　　　　　　　表5.1

| | 异形金属板 | | 混凝土 | PVC | | 丙烯酸 | 玻璃钢（GRP） | 聚碳酸酯 | | 织物 | | |
	钢	铝		单釉面	双釉面			单釉面	双釉面	PVC涂层	PTFE涂层	ETFE气枕
1992年英国相对造价系数（供给和安装）	1.2		4~8.0	2.5~4	3~5	2.5~4	1~2.5	3~7	6~8	3~5	5~8	10~15
耐久性	好	好	好	中等	中等	中等	中等	好	好	中等	好	中等
阻燃性	不燃	不燃	不燃	自熄性		1级（边缘受保护时）	1级	自熄性		约等同于1级	0级	较低可燃性
透光性	不透光		不透光	透明：70%~80%透光率，会随时间显著减少。		透明或半透明：可能有50%~70%透光率，会随时间慢慢减少。	不透光或半透明	透明：80%~90%可见光透光率，会随时间轻微地减少。		半透明		透明：95%可见光透光率

屋盖，混凝土板悬挂在有力的钢索上，使这两个体育馆成为20世纪最动人的建筑形态之一。

与下述其他类型相比，这种形式是张力结构之中比较沉重的。

索网结构

跟上一种形式一样，它的支撑结构是与屋面板分离的。这种结构是由钢索组成的三维网面，屋面材料则多数采用塑料（丙烯酸、PVC或聚碳酸酯）。玻璃钢在这种结构中已经得到应用，但它往往容易破碎，随着使用年份的增加，透光性也会降低。我们在表5.1中列出了适合做屋面板的塑料材料，在此感谢足球体育场设计咨询委员会（Football Stadia Advisory Design Council）和体育理事会（Sports Council）的许可。

索网结构的一个优秀实例是慕尼黑奥林匹克体育场综合体（Olympic Stadium complex）（见本章卷首插画），在该建筑中，透明丙烯酸板组成的屋面由钢索网进行支撑。由于在这个实例中，屋面板刚性被设计得相对较大，必须通过非常强的预张拉应力来尽量减少钢索系统的变形，这就导致杆柱和其他锚固构件造价偏高。

膜结构

与前两种类型不同，在这种结构体系中，结构和围护都是由屋面材料整体形成的。合适的织物材料包括：

- 聚氯乙烯（PVC）涂层聚酯纤维织物。这种材料初始成本比下一种类型便宜，也易于处理。但其寿命仅有15年，随着时间流逝，这种织物容易松弛下垂，表面也会变得黏糊糊的，需要频繁的清洁。
- 特氟纶涂层玻璃纤维织物（也叫PTFE涂层玻璃纤维织物）。这是一种不论任何规格都比较昂贵的屋面材料，但它的寿命比上一种

类型要长，而且作为特氟纶材料，它有一定的自洁能力。这种材料的使用受到一些地方当局的限制或禁止，因为在着火时它会产生有毒的烟雾。但是由于在体育场屋顶的位置不常遭受火灾的危险，这种材料应该还是可以接受的。应该咨询在此方面内行的设计师，这是很重要的，还要采取一定的防火工程措施。

葡萄牙的法罗体育场（Faro Stadium）和日本的大分体育场（Oita Stadium）（见案例研究）都是优雅的实例。英国的实例有1987年建造的伦敦罗德板球场（Lord's Cricket Ground）芒德看台（Mound Stand），其屋盖是半透明的PVC涂层聚酯纤维织布，最上层的涂层是聚偏氟乙烯（PVDF）；还有建于1990年的古德伍德赛马场（Goodwood Racecourse）苏塞克斯看台（Sussex Stand）；以及建于1991年的谢菲尔德山谷体育场（Don Valley Stadium）。沙特阿拉伯的利雅得体育场（Riyadh Stadium）是一个完全使用织物屋盖的体育场案例。

优点

- 采用索网或织物屋盖，可以形成轻盈、欢乐的体育场外观设计，特别是从一定距离外观看的时候。考虑到5.1节和5.2节所讨论过的审美问题，这种特性就显得很有价值了。
- 与不透光屋盖相比，如果采用透光膜，下部的观众空间可以让人感觉更加明亮、开敞。它还可以减少投射在比赛场地上的阴影，而正如5.4.2节所讨论的，这些阴影会为草地生长带来问题，也正如18.1.3节将要提到的，阴影也会对电视报道产生影响。
- 张力结构可以适用于多种体育场平面布局，并不一定要匹配某种特定的平面形式。

缺点

- 全张力结构的设计非常复杂精细，最好邀请有经验且有成功案例的结构工程师进行设计。
- 比起其他结构形式需要更具系统性且密集的维护。
- 对于织物屋盖，需要十分仔细地进行排水槽的细部设计。

vii 充气结构屋盖

充气结构屋盖由塑料膜构成，该膜形成了一种封闭结构，它可以单靠其本身形成，也可以与墙结构结合形成，并由风机造成内部正压而作出支撑。这些膜一般都是PVC聚酯纤维，在屋盖规模较大时，有时候会采用钢索加固。

优点

充气结构屋盖的建设成本相对低廉。

缺点

- 全封闭结构易受破坏；
- 设计寿命相对较短；
- 这种体系需要不断地充气以保持内部足够的加压；
- 它们并不被视为环境友好型或可持续发展型的结构。

实例

最先进的充气屋顶实例大多位于北美地区。美国的实例有印第安纳波利斯的RCA穹顶体育场［前身为印第安纳人穹顶体育场（Hoosier Dome）］（1972年），座席容量为61000人，以及庞蒂亚克的银穹体育场（Silver dome）（1973年），座席容量达8万人。后者在图5.12中有所展现。加拿大顶尖的实例是温哥华的不列颠哥伦比亚广场体育场（BC Place）

（1983年），其座席容量为6万人。所有这些屋盖都是由玻璃纤维制成的。日本最著名的实例则是人们所说的东京"巨蛋"。

viii 空间网架

空间网架是一个由结构组件构成的网格，它在形状上是三维的，同时在三维方向上也都是稳定的，不像其他结构只是在自身平面上保持稳定，例如屋顶桁架。这种网架可以用任何材料建造，但一般都是用钢材。

优点

- 跨度很大；
- 适合只有外边支撑的全屋盖。

缺点

- 空间网架只有在横跨两个方向的时候才能高效合理。因此平面的形状最好是方形，且长宽比例最好在1.5~1之间。所以这种结构形式不适用于普通的看台屋顶，除非在屋盖结构支撑之间的部分可以达到这样的比例。
- 空间网架往往比较昂贵。

实例

米兰的圣西罗球场（San Siro Stadium）由以钢格构梁支撑的铝制承板形成屋盖。屋面材料则是半透明的聚碳酸酯板。必须说这种解决方案十分昂贵，其使用效果也并不如想象中好，主要失败之处在于球场上的草生存状况不佳，很可能是因为阴影过多，虽然也不能凭这点来批评空间网架屋盖。

ix 可开合屋盖

越来越多的体育场屋盖被设计成可开合的形式，可关闭的屋盖能够保护体育场免遭恶劣天气的影响，从而使得各种室内赛事和活动得

69

以进行。可参阅第8章。

可移动屋盖的形状和机械装置可以采用多种形式。一个早期的创新实例是建于1976年的蒙特利尔奥林匹克体育场（Montreal Olympic Stadium），设计师原本设计了一个巨大的织物屋盖，覆盖在中央比赛区上方，由悬挂在高高的钢筋混凝土塔楼上的钢索来支撑。它可以拉高放低，更像一把雨伞。不幸的是，这一方案太过前卫，建成后的屋盖最终是不可移动的。

从那以后，可开合屋盖的技术得到了很大的发展。

一个特别优雅的实例是日本的大分体育场（Oita Stadium），它是黑川纪章集团（KT Group）和竹中公司（Takenaka Corporation）设计的。该场馆最大容量可达43000名观众。为举办2002年世界杯足球赛，它于2001年建成使用。屋盖的固定部分用钛材覆盖，而可移动屋面板则是轻质的特氟龙膜材。通过一个拉线牵引系统的拖拉，这些板可以在主拱梁上滑动，并恰好在场地中心上方合拢。这种动作类似于合上眼皮，因此该体育场也被大众昵称为"大眼睛"。

加的夫的千禧球场（Millennium Stadium）由Populous事务所和阿特金斯集团（WS Atkins）设计，是一个规模较大的实例。该体育场可以容纳74500名观众就座，它于1999年建成使用并主办了世界杯橄榄球赛。屋盖外圈固定部分面积约为27000m²，而在中央的可移

图5.3
温布尔登的中央球场，现在已安装了可滑动的屋盖

动部分面积为9500m²。可移动部分包括位于比赛场地上方的两块屋面板，它们可以滑动分开，从而形成一个105m × 80m的开口。要用绞盘将可移动部分沿轨道拉到合并位置需要20分钟，轨道则安装在220m长的大型主桁架上。其形状和操作都很简单，并不复杂——这是关于其生命期内维护工作的一个有利因素。

另外还有一些可开合屋盖的实例，包括：

- 于1996年建成使用的阿姆斯特丹体育馆（Amsterdam Arena）（见案例研究），可容纳51000名观众就座。它的主要功能是一座足球场，但也广泛地用于流行音乐会及其他娱乐活动。
- 63000座的亚利桑那红雀队橄榄球场（Arizona Cardinals football stadium）（见案例研究）。
- 密尔沃基的米勒公园（酿酒人队）棒球场[Miller Park（Brewer）baseball stadium]，七块屋面板打开或合上的时候就像个风扇，据称合上屋面只需要约10分钟。
- 休斯敦的瑞兰特橄榄球场（Reliant football stadium）（见案例研究）。
- 墨尔本的罗德拉沃球场（Rod Laver Arena）。
- 47000座的塞弗科棒球场（Safeco Field baseball stadium），位于西雅图。
- 位于墨尔本的澳大利亚电信穹顶体育场（Telstra Dome）（见案例研究）。
- 多伦多天穹体育场。
- 伦敦温布尔登的全英草地网球和门球俱乐部（All England Lawn Tennis and Croquet Club）中央球场，人们已经为它安装了一个新的滑动式屋顶（见案例研究）。关闭屋顶后必须对场内空气进行精细的调节控制，以保证无论屋顶开合，天然草皮面层性能都不会有差异。

5.8.5　屋面板

用于屋面板的材料应当轻质、坚韧、密封防水、不可燃、美观、成本效益高并且耐用，可以经受住自然侵蚀的影响，包括紫外线光。由于必须跨在主要和次要结构构件之间，并抵抗包括雪压、风力在内的其他附加荷载，它们也应当足够坚固且坚硬。在附属设施区，例如私人包厢、厨房、餐厅和卫生间处，屋盖结构需要附加的隔热层和隔音层。

不透光屋面板

压型金属板很便宜，也易于安装，其使用十分广泛。钢板通常以镀锌塑料涂层或上漆的形式使用。铝板更加轻质，且天然具有可抵抗气候侵袭的特征，但它抗冲击性较差，在与其他金属或混凝土接触时容易遭受电解腐蚀，并且在与潮湿的木材相接触时会受到化学腐蚀：在这两种情况下，必须在接触点使用隔离膜。

混凝土十分沉重，一般很少用作这样的屋面板，但如果屋盖结构也同时是屋面板的话（例如壳体或整体结构板），选择混凝土作为屋面材料是很合适的。但屋盖过重的问题可能会随之而来（可以通过使用轻质骨料来减轻这一问题），还会出现令人讨厌的老化情况，这会影响混凝土的外观。硅树脂处理有助于减轻老化问题，但如果体育场的建设地点气候多雨且污染严重，最好还是给混凝土覆盖饰面，例如贴面砖。

透光屋面板

刚性塑料包括丙烯酸（有机玻璃是它的一个变种）、PVC和聚碳酸酯板。这些材料防水且坚固，可以抵抗适度的较大变形而不受破坏，抗冲击性也不错。使用刚性透光屋面板的实例包括：1972年慕尼黑奥运会的体育场，它使用了丙烯酸板；位于克罗地亚斯普利特的体育场，它使用了染色的"莱克桑（聚碳酸酯）"板；以及2000年悉尼奥运会体育场，它采用了染色不同的聚碳酸酯中空板，其前边沿部分透光性更高。

非刚性塑料包括PVC涂层的聚酯板和PTFE涂层玻璃纤维板。上文已经讨论过不少相关实例：伦敦罗德板球场（Lord's Cricket Ground）的芒德看台（Mound Stand）；古德伍德赛马场（Goodwood Racecourse）的苏塞克斯看台（Sussex Stand）；以及谢菲尔德的山谷体育场（Don Valley Stadium）。ETFE板具有很强的透光性，有助于底下的草皮生长。然而它较为轻薄，因此常被以气枕的形式使用，需要永久的充气装置以维持膨胀状态。

表5.1为各类刚性和非刚性的透光屋面板提供了指引。

5.8.6　全封闭体育场

一些体育场的比赛场地上方带有固定屋盖，特别在美国我们能找到这样的实例，它们被称为"穹顶"体育场。实例包括新奥尔良的路易斯安那超级穹顶体育场（Louisiana Superdome）、庞蒂亚克的银穹体育场（Silver dome）、休斯敦的亚斯特罗穹顶体育场（Astrodome）、明尼阿波利斯的休伯特.H.汉弗瑞大都会穹顶体育场（Hubert H. Humphrey Metrodome）以及印第安纳波利斯的RCS穹顶体育场［前身为印第安纳人穹顶体育场（Hoosier Dome）］。

这些建筑中有许多使用了透光屋面板。这种屋面板会造成一种受欢迎的、明亮的视觉效果，还形成了令人愉快的开敞气氛，并且它确实对电视转播有帮助，因为它可以减轻受日光照射区域和阴影区域的对比。

但只有某些透光屋盖才能让下方比赛场地内的草皮生长。如果这个问题并不重要（在美国往往就是这样，主要的国家性运动赛事不需要天然草皮面层，而为了频繁的多功能使用，人们宁愿选择耐用的合成面层），体育场是选择露天还是封闭，这个决策就成为一个相对直接的问题了，只要比较两种方案的收支平衡即可。但是在英国和欧洲大陆，最高级联赛的足球和橄榄球都需要天然草皮球场，如果考虑建设全封闭体育场，需要征求专家的意见。

第6章　安保和反恐措施

6.1　介绍

安保在这篇文章中是指保护一幢建筑或者是它的使用者，防止他们受到各种外部威胁。这种威胁可能导致用户的危险或者扰乱建筑的正常运作。这些危险可以是犯罪、自然灾害或者人为错误，应对措施包括了从建筑设计要素到管理者或外部机构的运营程序等一系列的方法。近年来，来自恐怖主义的威胁已经成为筹办重大体育赛事的一个必须考虑的因素，本章将集中讨论这种威胁。

应对这种威胁并没有绝对的方法，本章只能针对一些重要问题作出简要讨论。阅读时应联系14.6.2节火灾时紧急出口的内容。作者要强调的是，反恐措施是高度专业性的，因此专家的意见至关重要。威胁的级别由警察部门判定，在整个设计过程中都应当就此方面咨询警察部门的意见。

6.2　来自恐怖主义的危险

下面总结了恐怖分子可以用来攻击重大赛事的一些方法。这些方法是从过去的一些恐怖事件经验中推断出来的。要注意到恐怖分子的目标可能是伤害人群、胁迫人群作为人质或者是引起恐慌。

爆炸性装置

可能使用的手段很多，比如停泊的车辆、由一名自杀式炸弹袭击者驾驶的大型车辆、个人携带的设备以及含有炸药的投射物。这些可能包括使用放射性材料的设备。在以往的事件中，在袭击当天它们已经被带到建筑之中，或提前递送至此，并且会在重要的时机引爆。

枪械

枪械可能被带进体育场馆，在狙击时也会用于长距离射击。

化学武器，生物武器，放射剂

它们包含有多种媒介。这些媒介通过不同的方式作用于身体，并且可以以粉末、液体或者气体的方式传播。

燃烧弹

它们可能对环形广场和体育场内部空间造成最大程度的危险。

电子设备

现代建筑大量地依靠计算机系统，包括从大楼管理系统、票务系统到各种形式的通信系统。其中一些系统会因为互联网的黑客行为受到干扰，并且所有系统都可能通过对电力供应的干涉而受到干扰。

6.3　机构

正如前面所介绍，重要的是联系相关的公共机构，他们能够评定可能感知到的恐怖袭击，并且可以提出应对策略。可以处理恐怖分子威胁的权威机构包括警察、当地政府、国家安全组织和紧急服务机构。体育场设计方案应与这些机构协商，他们将提供宝贵的专业意见。

6.4　对管理和运营的影响
6.4.1　管理方面的应对措施

了解威胁及其处理措施的公认正式方法是"风险评估"。它说明了潜在袭击的已知信息，然后分析怎样做可以减少这种袭击成功的可能性，以及如何在袭击发生时确保建筑使用者的安全。体育场馆管理者应该预备应急计划，说明在各种可能发生的事故中他们应如何行动。即使是在同一个场地，不同的活动与赛事会受到的威胁层次及其受到伤害的方式也不尽相同。

应该注意到，对抗恐怖分子和其他各种危险是一个团队工作。这通常由体育场馆管理者主导，除非是在一些备受瞩目的情况下，这时它可能由政府安保机构主导。

6.5　建筑设计应对措施

相关设施的设计可以影响管理者和安保机构处理紧急事件的方式以及群众的行为方式。下面概括了一些关键的问题，这部分应结合图3.4所示体育场规划分区来阅读。

首先恐怖威胁是不断变化的，而对抗恐怖威胁的方法也是在不断进步的。因此，一个建筑如果能够保留一些灵活的活动空间将会更加有利。

6.5.1　停车和访问
- 停车车辆必须与体育场外围屏障保持一定距离。
- 必须确保车辆不构成任何威胁，即使它们是贵宾车辆，也无论它们是在赛事或活动举办前或举办当日进入建筑。
- 必须确保在任何恐怖事件中，应急车辆可以无阻碍地进出体育场。在协调这样的预留通道与计划安全措施的关系时可能会有些困难，解决这个难题需要与安全顾问和地方当局进行讨论。

防止车辆攻击的建筑保护措施，例如护柱和其他形式的障碍，经常会与人流、应急车辆通道以及周边环境的城市设计冲突。为了保障安全，需要仔细地作出平衡，而不是让体育场越来越像一个监狱。

6.5.2　观众和职员穿过外围屏障进入球场的通道

这是一个最初的防线，以防止潜在的犯罪人进入现场。在有可能出现恐怖威胁的位置，实际操作方面将发生重大变革。例如使用类似机场的搜查设备。应当预留搜查空间，它通常设在主要检票线的外面，但有时也会设在里面。

6.5.3　体育场内部流线

在整体规划阶段，设计团队应该尽可能地通过设计避免产生任何可能隐蔽处，例如应确保体育场有明确、简单的空间，没有可以藏匿的角落和缝隙。

在详细设计阶段，也应通过设计避免较高

的空间，危险包裹会被放在那里而人们却无法看见。举例来说，可以让所有高窗窗台采用倾斜的上表面，这是一种合理的预防措施。

6.5.4 结构性倒塌

我们的目标是尽量延迟建筑倒塌的时间，以便在发生爆炸时给人们足够的时间逃离。

延迟倒塌的关键因素包括结构牢固性、结构延性和结构冗余。牢固性本质上是指总体的坚实。延性是指建筑构件伸展、弯曲和变形而不会断裂的能力，尤其是节点和交接处。冗余是指结构将荷载从一组构件传递到另一组构件的能力，这样即使移除一个柱子，这种结构也可以继续使用。根据这些条件，钢或现浇钢筋混凝土框架是最适宜的。承重砖石砌体结构的相关能力最差，预制混凝土框架结构也是一样，除非能够针对构件之间的连接进行十分仔细的设计。

设计策略还可以包括连续性倒塌设计、牺牲外立面等。然而工程解决方案往往并不够，必须探索其他缓解方法。

再次强调这些高度专业化的问题必须咨询有信誉的专家。

6.5.5 进风口

所有人工或自然通风的通风进风口必须设置在不受干扰并且不会引入化学气体等有害物进入体育场馆的位置。此外也要考虑设置控制系统，它们在紧急情况下能够密封关闭外部进风口。

6.5.6 控制室

所有控制室（更详细的内容参见19.2.4节）在任何紧急情况下都能够继续运转是至关重要的。其设计可以结合以下措施。

- 在体育场发生爆炸或其他严重的安全问题

时，控制室设计应能保持完好无损和正常运行。为增强安全性，它也可以设在不易遭受此类攻击的位置，例如用地之外；并且常常会设置一个备用控制房间，以防主要控制室失去功能。
- 在任何紧急情况下必须始终保持电力供应。
- 安装一定的设备，使指挥和通信设施（CCTV、PA、BMS等）可以场外远程控制或与国家安全服务系统结合。

6.5.7 玻璃

首要任务是必须采取有效措施消除来自飞行的玻璃的可怕伤害，在一次爆炸中通常约有95%的伤害都是由它引起的。玻璃（尤其是大片的）绝不能是未经处理的退火玻璃，并且应通过以下三个方法加强安全性：

- 使用夹层安全玻璃。这包含数层退火玻璃（为了增加安全性可以钢化，见下文），与极其坚硬的塑料夹层粘在一起，从而产生一个三明治结构的材料，它对爆炸和子弹具有很高的抵抗力。如果玻璃确实被打破了，复合材料板仍然会挂在一起，像是一个幕帘，并不会崩解成致命的飞行碎片。这个方法是最为昂贵的。
- 使用钢化安全玻璃。它的强度是常规退火玻璃的五倍，并且如果玻璃被打碎了，它会分解为像面包屑一样的碎片。碎片既不大也不会很锋利，不会造成严重的伤害。一般其成本可能比夹层安全玻璃少约五分之一。
- 采用透明安全薄膜的普通退火玻璃。尽管它们像纸一样薄，但如果玻璃粉碎，这样的薄膜会将碎片控制在一起，阻碍飞行碎片的形成。一般其成本可能是夹层安全玻璃的三分之一或四分之一。
- 也可用更复杂精细的爆炸吸收和钢丝捕捉

系统。

- 应当将各种新型塑料考虑入内。

应该将边框和防弹玻璃结合在一起设计，作为整体来抵抗爆炸加载。这个边框可能需要加强以承受拉力，玻璃也应安全地固定在凹入的深槽内。

抵抗爆炸加载并不意味着需要将建筑物外部加强至爆炸加载无法消解的程度。现在，一些外立面通过设计来抵御外部爆炸对结构的影响，却没有适当考虑内部爆炸对防爆表皮可能产生的影响。在这些情况下，必须考虑压力波去向的问题。

6.6　结论

没有任何设想中的安全措施可以对一幢建筑或它的使用者提供100%的安全。其目的是减轻威胁。场馆管理者必须在已知的安全威胁和在体育场设计和管理中采取的反恐措施之间找到恰当的平衡。同时这些措施不会过分干扰建筑物的运营，或造成观众的不便。所有的系统必须结合起来才能顺利开展工作：建筑的结构和材料、信息技术和管理策略。与本章所提到的相关机构进行咨询协商将是至关重要的。

第7章 比赛区

7.1 比赛场地面层

7.1.1 历史

数百年来，非正式的体育运动在草地、城市广场或者开敞的地方进行，直到19世纪中期，体育运动才变得有组织，比赛条件也被确定下来，体育运动才能在这些条件下公平地进行。这些早期的、相当松散的条件，后来成为了规则，最终体育运动的法则诞生了。一个著名的例外是网球，它原本是一项室内的运动，只是后来才被请到了户外。比赛所用场地面层常常已经在这些规则中指定了，因为人们认识到当场地面层改变时，体育比赛的本质特征也会发生改变。

直到1966年休斯敦亚斯特罗穹顶体育场（the Houston Astrodome）投入使用时，球类运动在天然面层上进行的规则才被修改。这是世界上第一座被设计成完全盖顶式的体育场，它采用了当时最好的技术，拥有透明的屋盖和天然草皮场地面层。不幸的是，由于种种原因，草皮在透明的屋盖下不会生长，原因之一就是支撑实体屋盖的钢结构阻挡了自然光线渗透到赛场表面。

为了避免上述体育场转变成一场灾难，一种用绿色塑料编织而成的人造合成草皮被铺设在了原有的比赛场地上。后来这种产品便根据其所在体育场的名字"亚斯特罗穹顶"而被称为"亚斯特罗草皮"（Astroturf）了，而随后这种原始的合成草皮又出现了许多变种，现在它们已经覆盖了世界上许多其他运动场。

自此之后，合成的运动地面已经发展出更多精密复杂的构造形式，这对体育场的管理有巨大的优势，在同样的场地上可以一场接一场的举办不同的比赛和活动。尽管运动员和球队教练更喜爱天然的草地，因为它适宜于竞技，但人造面层还是获准用于美式橄榄球，并很快就遍及美国。现在它已正式被国际足联（FIFA）接受用于足球比赛，并且已经开始在世界各地的俱乐部进行安装，尽管它们还没有被国家单项体育组织的主要比赛所接受。

7.1.2 现行要求

表7.1说明了网球场面层的特征，经过草地网球联合会（Lawn Tennis Association）同意，我们在此复制一份与大家共享。

伦敦温布利体育场的设计可以容许足球、橄榄球、音乐会和其他活动的举办。建筑设计：Populous事务所与福斯特及合伙人事务所（Foster+Parteners）。

面层	球与面层的相互作用			旋转		运动员与面层的相互作用		
	球场速度	弹跳高度	弹跳均匀度	上旋	左旋球	滑行/稳固立足	摩擦力（滑或不滑）	弹性（硬度）
草地	快	低	多变	很少	有	立足稳有部分滑行	滑	软
合成草皮	快	中到低	多变	很少	有	立足稳但在填充沙子的地方有部分滑行	基本不滑	中等柔软
不渗水丙烯酸	中等	中等	均匀	有	有	立足稳	不滑	中等坚硬
多孔隙碎石	慢	高	基本均匀	有	很少	立足稳	不滑	坚硬
页岩	中等	中等	多变	有	有	滑行	滑	中等柔软
陆相黏土	慢	中等	基本均匀	有	有	滑行	不滑	中等柔软

网球场地面层的特征　　　　　　　　　　　　　　　　　　　　表7.1

来源：《网球场（Tennis Courts）》，LTA球场咨询服务公司（LTA Court Advisory Service）出版，经克里斯托弗·特里基（Christopher Trickey）同意而复制。

7.1.3　天然草皮面层
优点

天然草皮仍然是最好用的面层，并且是一些运动唯一允许的选择。天然草地的优点有：

- 美观；
- 为多数球类运动提供了恰当的反弹速度和一定程度的抗回旋能力；
- 无论干湿，都为运动员的脚提供了恰当（虽然易变）的紧握力；
- 为舒适的奔跑提供了既不过分坚硬又不过分柔软的表面；
- 相比其他大多数的面层，运动员跌倒时草地对他们的伤害较少；
- 在炎热天气里，灌溉后的草地是相对凉爽的地面；
- 它会不断地自我修复和再生。

缺点

使用草地的主要限制是他们不能够用于有屋盖的体育场，并且即便是在局部盖顶的情况下也难以保持健康生长。其原因在于，真正能健康生长的草需要充足的光线和空气的流动，湿度和温度水平必须保持在相当严格的范围内。直至最近，屋盖材料和体育馆设计有了长足的发展，才使得天然草皮能够在有盖顶的条件下生长。

即使在局部屋盖式的体育场，屋顶开口的尺寸、周边结构的阴影效果和其他诸如此类的因素将会导致令人失望的结果。其中一个失败的例子就是米兰的圣西罗体育场（San Siro Stadium），为了举办1990年的世界杯足球赛，它被改造成为一座能容纳8万名观众的体育场。只有观众座席区是有屋盖的，在中央比赛区域留有一个开口。即便这个开口将近足球场的大小，下面的草地也只是勉强存活。但是这个教训应当引起设计者们的注意。

人工照明作为补充光源以促进草皮的生长，这种方式也越来越多地得到了应用，虽然这会给运营带来能源成本。再结合布满整个草皮表面的通风口以促进空气流通，不需要很多的自然光线就能维持高品质的草皮球场了。在这种情况下，需要对球场进行仔细的管理。

第二个限制是，同人工表面相比，在同样强度和频率的踩踏下天然草不能生存。这种相对脆弱性将不可避免地与体育场希望有尽可能多的比赛日以获得盈利的需要发生冲突。

"场地替换"概念

对于上述问题，其中一个解决办法就是在系统性的基础上实行"场地替换"的概念。其原则就是不需要草地时将它移走，让其他比赛在下面的人造面层上进行。有许多的移动技术：（i）加拿大的方法是在一个大型的盒子里种植草皮，这个盒子可以通过轨道被移出体育场；（ii）德国的方法是在4m见方的草床上种植草皮，这些草床之后可以利用气垫船原理移动；（iii）荷兰的概念是留下天然草皮，在其上建造一个新的平台，由可遥控的液压支架支撑；在英国，布拉德福德的欧赛体育场（Odsal Stadium）采用了一个简单的系统，将被球场周边的一条赛车道切断的足球场的边角复原：草生长在木质的草床上，其下是一个塑料固土网垫基层，在赛跑前利用铲车将其移到贮藏库。

对此将在5.4.2节作进一步的说明。

安装

种植和维护一个草地球场是专业人士的任务。以下所给出的所有建议只是为了读者了解一般的背景：从一开始就应当聘请一位专业顾问以获取建议、草拟详细的说明、公开招标并监督工作的进行。

图7.1说明了一个典型的草皮面层的组成元素，该图还应当结合下文要求进行研究：

草地滚球球场和草地槌球要求草地面层上表面必须光滑、规则均匀并为绝对水平面，必须有很好的下层土壤排水设施。其他运动草地的表面可以不必如此严格，但是也应该光滑并避免表面的不平坦，可以轻微地倾斜以利于排水。所允许的最大坡度必须在设计向前向相关的管理部门核查，因为这些规则是不断更新的，理想的情况下主要起坡应当从球场中心向两边倾斜，并且不要跟比赛的方向相同。

草坪草的品种必须仔细挑选，以符合相应的比赛场地性征。它应当可以抵抗磨损和疾病，并适应当地气候以及比赛的季节。适当

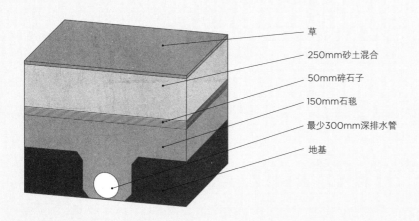

草
250mm砂土混合
50mm碎石子
150mm石毯
最少300mm深排水管
地基

图7.1
典型的天然草皮球场面层组成元素

的栽培品种或混合栽培品种将由顾问来确定，并由专门的培植者供应。"羊茅草"和"长绿草"是常用的品种。著名的温布尔登中心球场（Wimbledon Centre Court）的草地每年都补种66%的抒情诗人多年生黑麦草（Troubadour perennial rye grass），17%的宾狗邱氏羊茅（Bingo chewings fescue）和17%的摄政王匍匐紫羊茅（Regent creeping red fescue）。对于温布尔登特定的土壤、排水和其他条件来说，这是最佳的组合，但是其他情况下需要采用不同的规格。

紧接草皮面层的下面是一层表层土，通常含有大量的沙子，其厚度不少于100mm，一般平均值是150mm。这一层绝不能含有石头或会造成伤害的材料，必须有足够的渗透性以利于排水，必须不被污染并施以充分的肥料以供草地健康生长。使用本地的土壤并不够好：材料几乎都将按照顾问提供的细目从专业供应商那里获得，并很可能会包含大量的级配砂。

在表层土之下是由细小的材料（灰、碎石或诸如此类）组成的碎石子层，它们可填补下层的空隙并为表层土提供平坦的基础。

碎石子层之下是级配石子层，以确保所有多余的水分能够无阻碍地排到下面管沟内的管道中。在基础层和地基面层之间将有坚硬的透水膜，以防止土壤被压迫上升进入到基础层，并阻断水的自由流动。是否采取这一措施以及级配石子层的深度和排水的布局及起坡完全取决于下层土的状况。需要咨询专家的建议。

排水

充分的排水是必要的，上述的方法也许需要补充，以避免在大雨之后表面产生滞留水坑，并尽可能减少潮湿天气中昂贵的"停业期"。排水的基本方式有两个——被动式和主动式。

被动式的方法是依靠重力来排尽积水，一种可增强上述基本系统的途径就是用专门的机器在地基中开挖深深的"裂缝排水沟"，并用沙子或细砾石填充，以助表面水迅速向下流入排水系统。这样设计相当昂贵，在决定这样做之前，需要仔细计算成本。

主动式的方法是使用水泵，一般可以通过场地中的水感电子设备控制，精确吸收球场上的水并存入地下的储水舱，从而十分迅速地清理表面的积水，尽量地增加球场举办营利性活动的可能性。可以为此目的而铺设专门的排水管，或者可以选择蜂窝技术，它会使用同样的地下管网，管网既可作为灌溉又可作为排水系统，仅仅需要通过计算机控制颠倒水流的方向。

灌溉

传统上草地球场要使用洒水器进行浇灌，通常是自动弹起式的，但是地下送水系统也正日益兴起。它采用特别的多孔渗水低压供水管，或者可能是通过计算机控制颠倒流向的地下排水系统，如上文所述。沿整条管道长度"渗流率"是统一的，从而供应稳定的水流——也许会混合肥料及除杂草的添加剂，使之直接渗透到草地的根部。据称，地表下灌溉有以下优点：

- 空中喷灌往往会造成干旱与水涝交替出现，相比之下，使用地下灌溉可以使草地更加茂盛、顽强地生长。
- 形成深埋的根部系统，而非浅埋。
- 更少产生土壤压缩下陷的现象，而这是使用率频高的球场会产生的主要问题。
- 比起地表灌溉更能减少蒸发产生的水损失。
- 类似的优点还有可以更好保持肥料、杀虫剂和除草剂等。

地下灌溉管道一般铺设在距地表下150～350mm之间，间距为450～900mm；但是必须寻求专家建议。

供暖

许多重要体育场在寒冷的气候条件下使用某种形式的球场下部供暖，最常见的类型就是基于热水管道的系统，它由燃气锅炉和温度感应控制器运作。

根据电热毯的原理运作的电流加热是另一种常用的方法。

这类设备最重要的特征就是铺设管线，这些管线必须铺设得足够高以便为球场供暖，但是又要足够低以避免球场通风和其他地面工作对其造成损坏。

维护

日常的维护工作将在22.2.1节中讨论。

7.1.4　人造草皮地面

由于7.1.3节中所给出的原因，在完全封闭的体育场内，总是选择人造草皮而不是天然草皮。

在其他情况下，虽然人造草皮具有更大的优势，而且无疑将被更加广泛地采用，但绝不能将它们看作可以解决所有问题的、无需维护的永恒方案。它的建设成本很高，这意味着这样的球场需要相当频繁地使用以补偿初始成本；面层不是永久的，一般的平均寿命是6～8年；比赛前面层或许需要洒水来降尘，并且在夏季需要降温；填沙草皮需要定期补充沙子；标记线如果是油漆的，需要一年更新2～4次；而有规律的清洁和修理是最基本的。

不过必须说人工合成草皮具有很多的优点，可以承受任何天气条件下的频繁使用。固定面层铺设有以下三种基本类别。

非填充型草皮

它由尼龙、聚丙烯或聚乙烯制成，适用于渗水或不渗水的地面类型，样子就像是草皮地毯，下面铺设有吸震层，吸震层可采用各种密度和厚度。草皮和防震垫可以采用已经合成的成品，也可以分别供应材料，并在现场合成。草地和防震垫由专业人员铺设在一个光滑的沥青基底上，其下依次铺有碎石、沙子和卵石层，其设计要符合特定的条件。可以选用各种类型和长度的草面（一般为10～13mm）以适应特定体育运动和环境。自1972年以来，这种面层在高级别的曲棍球比赛中一直是首选。

过去人们认为相比天然草皮，人造草皮会造成更多的皮肤灼伤，例如在英式橄榄球运动中那样，但是制造商声称这种说法不再可信。因此草皮选择、基底设计和整体安装都必须寻求专家的最新建议。

填沙草皮

这是前一类型的变种，大多数是由聚丙烯或聚乙烯制成，其纤维比非填充草皮更长、更开放。这种草皮需要在表面下回填2～3mm的沙子。就像这里所说的，这种草皮在俱乐部的网球场变得十分流行，因为其场地运动特性比起天然草皮没有什么不同，但是球场却可以整年保持使用状态，包括冬季。要铺设好这种草皮需要2～3个月，并需要一周刷洗2～3次外加有规律的敷面料以保持场地状态。这种人造草皮特别适合户外使用，并通常有5年的保质期，如保护得当其寿命可能超过10年。

正如上述的非填充系统，填沙草皮通常会加入一个吸震垫来提高运动员的舒适度，并减少球的弹跳和滚动。

填沙草皮有个会伤害跌倒运动员的坏名声，但如果设计得当，加以适当的草纤维高度和吸震垫厚度，这种情况就不会出现：如果有疑问可以寻求相关的体育管理部门的意见。如遇长期的干旱天气可以偶尔洒水，这将有助于降低摩擦燃烧的危险。

混合填充草皮

不是所有的球鞋都适于在填沙草皮或者非填充面层上使用。从球员的舒适度和对表面的潜在伤害来说，足球和橄榄球的鞋钉都不适合。这个问题导致了人工合成草皮的发展，特别是在足球和橄榄球运动中。

这个技术的特点是草纤维特别长，达到50~70mm，并由硅砂和橡胶颗粒混合填充。这种面层的好处是运动员可以穿一般的鞋，橡胶填充可以作为进一步的缓冲，球的弹跳和滚动得到减少，这与天然草皮相比更为有利。

在2005年，国际足联（FIFA）宣布人工草皮场地建造如果达到他们的"两星"标准，就可以被用于国际足联（FIFA）最高级别的比赛。

天然和人工合成混合草皮

天然和人造的面层开始混合使用，这种系统可使用塑料对草皮根部结构进行加固。例如采用某种形式的塑料网，天然草可以穿过它生长出来，或者采用将合成纤维编织到天然草皮中的体系。通过这种方式，可以将使用者对天然草皮地面的亲切感与人造草皮出众的耐用性结合到一起。

随着这种混合系统的实际应用经验不断积累，技术日趋完美，它们提供了一种成本效益高、多功能的天然运动场地面层，很可能会成为未来的折中方案。在这种情况下，体育机构将很快不得不面对一些有趣的抉择，这些系统应该分类成"天然"还是"人造"的呢？由于气候条件的困阻，挪威的乌尔勒瓦球场（Ulleval Stadium）已经使用了这样一个系统许多年了。

临时人工草皮面层

一些实验性的工程采用了可拆卸的人造草皮，它短期内可以覆盖在固定天然草皮上，使用后移去邻近的库房中。这将使得诸如曲棍球这样的运动可以在英式橄榄球场进行。同样的原理，也可以在一个足球场或者英式橄榄球场内安装顶级的板球三柱门球场。

7.1.5　人工合成非草皮面层

铺设人工合成面层十分昂贵，但是它提供了全天候高强度使用的可能性，并大大减少了维护。因此它经常用于田径跑道。用于这类面层的材料被称为聚合系统，聚合物主要有两类，即不透水的和多孔透水的。

不透水面层

这些聚合物面层可以现场浇铸，湿灌入连续层，完成时带有颗粒感的表面形成了一个耐磨层。也可以通过安装预制的、工厂生产的板材形成这样的面层，这些板材都预先制作成跑道宽度，并黏附在结构性基底上。这种形式的聚合面层最常用于室内跑道。不透水面层的基础通常是沥青，以很小的偏差铺设在标准路面建设用的碎石垫层上。为了排除表面积水，不透水田径跑道向内侧跑道倾斜，并且倾斜度不应超过1∶120。地表水通常由路缘石内的排水沟收集，并通向一个适当的地表水出口。聚合田径运动面层一般的设计完成厚度是13mm，以对抗跑鞋的鞋钉，不过在田赛的起跳和落地区通常面层会更厚一些。

多孔透水面层

这种类型的聚合物面层同样是湿灌入连续层，但该构造运用了橡胶颗粒基底层，没有细骨料，并通过聚氨酯粘合剂接合。耐磨面层是喷涂形成的，由聚合物粘合剂粘合彩色橡胶颗粒组成。因为这一系统必须可渗透，所以基底构造是在多孔透水基层上采用了松散结构的填充沥青碎石层。尽管当时这个系统新建时是可渗透的，但跑道横截面通常会有坡度，因为污染有可能导致它最终变成密封而不透水的面层。

7.1.6 场地标记线

天然草地球场上的标记线可能会临时由含石灰的粉末划成。对于合成草皮，标记线通常会在球场铺设时就嵌入场地面层，同一草皮用相同的色带。标记线同样也可以通过在合成草皮上涂漆画成，但是这绝不是永久的，并且还会定期要求补画标记线。对于非草皮面层，通常是在表面涂漆画成标记线，并采用特殊制成的聚合物漆料和填料以减少打滑。尽管这种漆料十分耐久，在跑道的整个使用期限内仍可能会要求重新划线。

管理部门会就正确的线宽和色彩给出指引，并说明线宽是包括在比赛区内还是排除在比赛区外——这是一个重要的问题。

7.1.7 保护性遮盖物

如果面层不可以移动并且易于受损，就需要在体育场举办音乐会或其他活动时使用保护性覆盖物以保护面层。天然草皮特别需要保护，但是在下面的草地遭受破坏前，覆盖物通常只能放置大约两天。也有赛场草皮被覆盖达两周还能幸存的实例，草地只是变了色，但天然草皮在经历过这种情况之后是不能马上进行比赛的。

为了保护草地，伦敦的温布利球场过去曾经使用一种有弹性的衬垫物，上面盖一层坚硬的耐磨橡胶层，这些材料被卷起储存在体育场外，并用专门的车辆运输到场地上。最近，温布利体育场已经协助开发了一种新的系统，该系统由半透明的方块砖组成（实际为表面

1m×1m，深50mm的盒子），这些方块被紧密地接合在一起，为举办音乐会提供了一个良好的平坦地面，但下面的草地仍可以生长并幸存下来。

7.2 比赛场地尺寸、布局和边界
7.2.1 尺寸和布局

表7.2～表7.3列举了主要体育运动比赛场地外加周围安全地带的基本尺寸。其中一些是官方复杂规程的简化版，官方的要求过于详细，在这里不能完全复述，并且许多可能已经过时了。因此，在最终设计前这些图表必须与相关部门进行核查。

以下针对特定体育运动的建议概要是来于《体育及康乐建筑设计手册（the Handbook of Sports and Recreational Building Design）》（详见参考书目）第一卷，对此我们表示衷心的感谢。

英式足球

图7.2显示了英式足球（通常被称为足球）的球场尺寸，周边安全缓冲区应为球门线后6m宽，沿边线旁3m宽，并且草皮应该分别延伸到两个边线外至少3m和2m。天然草皮场地为主管部门所推荐，并且也是某些比赛唯一允许使用的场地面层，但人工草皮的使用会得到更广泛的接受。

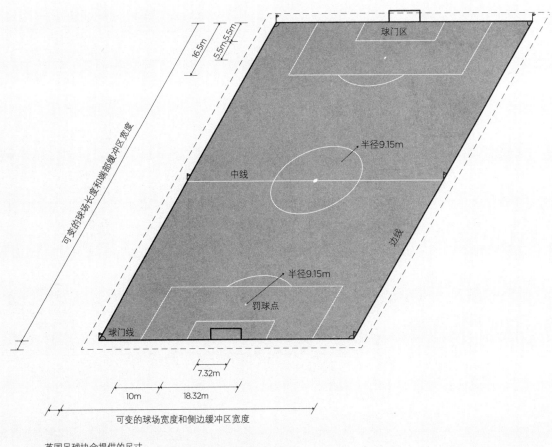

英国足球协会提供的尺寸
注：FIFA/UEFA（国际足联/欧洲足联）比赛场地尺寸是105m×68m

图7.2
英式足球场的大小和布局

联合式橄榄球

　　球场尺寸如图7.3所示。球场两端安全缓冲区至少是6m宽，两侧安全缓冲区至少2m宽，但最好宽6m。天然草皮是目前唯一接受的面层。标记线为白色，76mm宽，并且不包括在比赛区内。

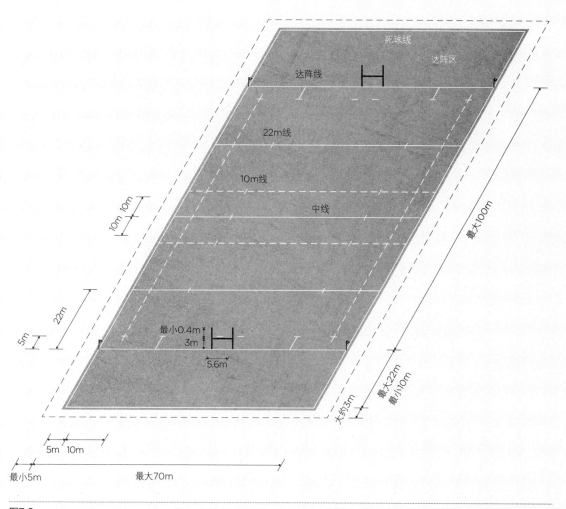

图7.3
联合式橄榄球球场大小和布局

联盟式橄榄球

球场尺寸如图7.4所示。在边线外5m之内决不能有障碍物，例如栅栏。天然草皮是目前唯一接受的表面，只有在训练中可以接受使用橡胶或者人工合成草皮。标记线为白色，76mm宽，并且不包括在比赛区内。

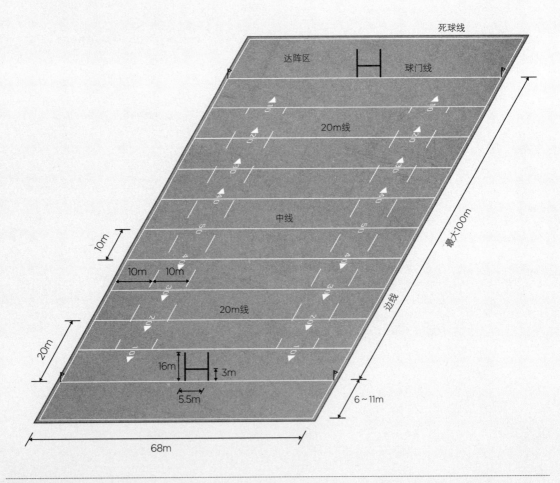

图7.4
联盟式橄榄球球场大小和布局

美式橄榄球

　　球场尺寸如图7.5所示。必须有至少1.83m宽的安全缓冲区，但最好场地四周安全缓冲区都是这一数值的两倍。天然草皮和人工草皮都可以采用。标记线为白色，如果无法做到也可以使用黄色，线宽100mm，比赛区不包括边线但是包括底线。

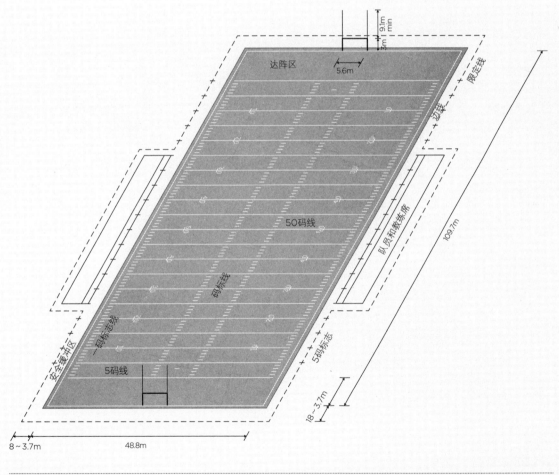

图7.5
美式橄榄球球场大小和布局

澳式橄榄球

　　球场尺寸如图7.6所示。一般建议在观众和椭圆形边界线之间留有3m的环绕间距。这项运动只能在草地上进行。标记线为白色，线宽100mm，且包括在比赛区内。

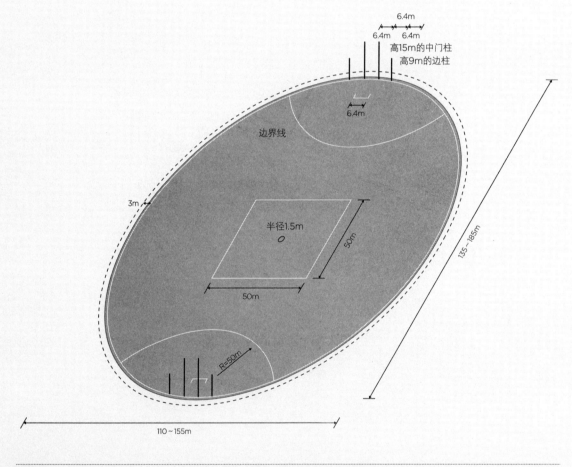

图7.6
澳式橄榄球球场大小和布局

盖尔式足球

球场尺寸如图7.7所示。全部四边必须留有 1.5m宽的缓冲区。场地面层可以是天然草皮、人工合成草皮（填沙）或者是页岩。标记线为白色，线宽50mm，并且包括在比赛区内。

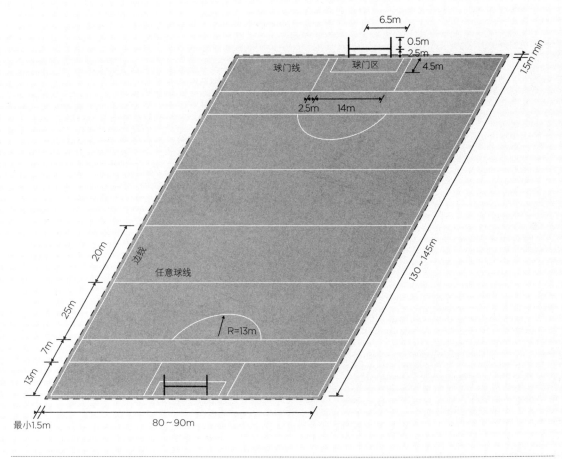

图7.7
盖尔式足球场大小和布局

曲棍球

球场尺寸如图7.8所示。场地面层可以是天然草皮或人工草皮。标记线为白色或黄色，线宽75mm，并且包括在比赛区内。

目前建议天然草皮球场边界外应有安全缓冲区，沿着两侧边线的缓冲区至少3m宽，沿着两端球门线的缓冲区应有4.57m，若缓冲区更大就更为理想，如此球场可以时常的移动以使磨损减至最少。对于人工合成球场来说，在球门线和任何障碍之间至少要有5m间距，人造草皮至少要向场地四边外侧延展3m。所有的这些规则都是有可能变化的，所以必须要征求建议。

如果使用填沙人工草皮，必须要在球场附近设有两个大容量消防栓用于浇水。

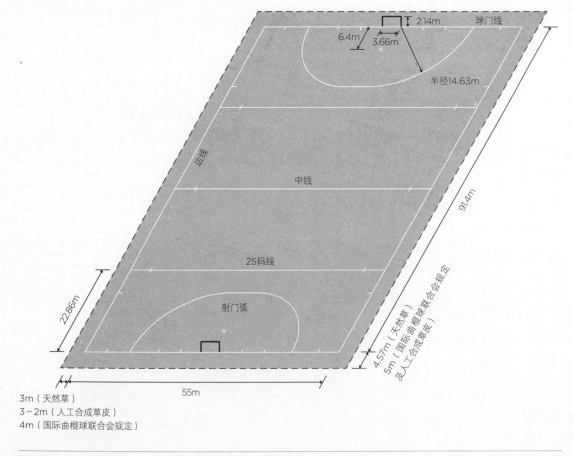

图7.8
曲棍球球场大小和布局

爱尔兰式曲棍球

球场尺寸如图7.9所示。每端底线外侧应有4.57m宽的缓冲区，沿着两侧边线应设有至少3m宽的缓冲区。标记线为白色，线宽50mm，并且包括在比赛区内。

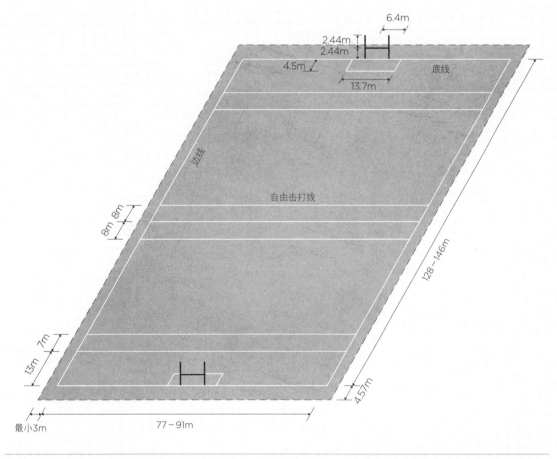

图7.9

爱尔兰式曲棍球球场大小和布局

棒球

　　球场尺寸如图7.10所示。场地面层可以是天然草皮或者人造草皮。强烈建议设置一个棒球练习场。标记线为白色，线宽127mm，并且包括在比赛区内。

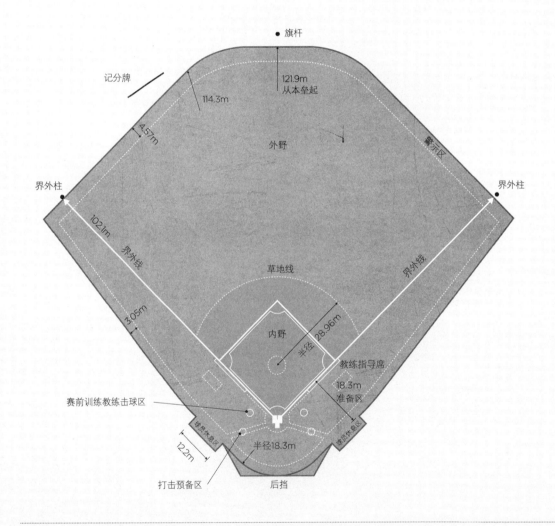

图7.10
棒球场大小和布局

板球

球场尺寸如图7.11所示。相关部门建议球场面层可以使用天然草皮或是任何人工合成面层材料。

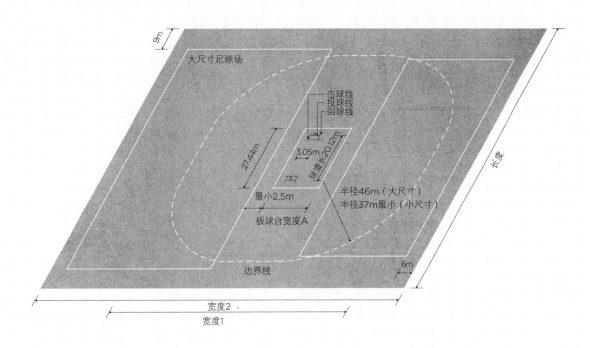

图7.11
板球场大小和布局

田径运动场

如图7.12所示为场地布局指引，但是为适应不同的情况可能有不同的安排。表7.2给出了跑道的规定，在英国普遍选择400m六跑道连同室内训练设施。自标记线中心算起跑道一般为1.22m宽。无论采用什么样的布局，中心区必须使用天然草皮，因为这是田赛投掷项目的强制规定。而另一方面，跑道可以使用各种人工合成材料铺设面层。在这一方面和其他所有方面，田径赛场设计都必须要咨询相关管理部门以获得准确和最新的信息。

田径跑道规则建议		表7.2
使用标准	跑道数建议	
	全天候人工合成面层	硬质多孔（含水）面层
最低标准的国际比赛；英国田径联合会（British Athletic Federation）地区性和区域性比赛或者更低级别的比赛	6跑道	7跑道
国际比赛	8跑道和8直道	8跑道
全标准国际比赛	8跑道和8直道	7跑道和9直道
大型国际比赛	8跑道和10直道	

*所有跑道标记线中心距离1.22m宽

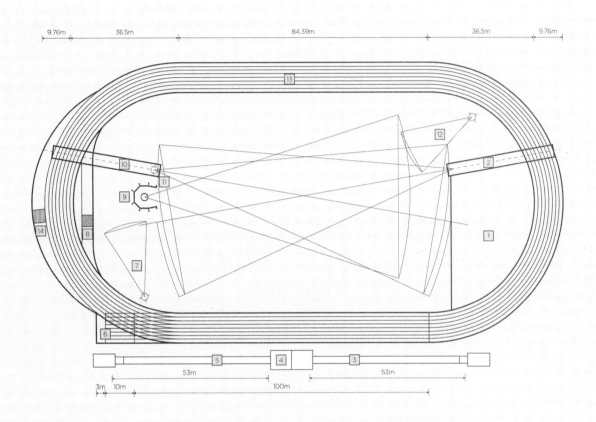

1．跳高区
2．标枪
3．双宽度跳远/三级跳
4．双撑杆跳着陆区
5．双宽度跳远/三级跳

6．10跑道短跑赛道
7．推铅球区
8．障碍赛水池（内部的）
9．投掷围网（英国首选位置）
10．标枪

11．残疾人至围网通道
12．推铅球区
13．8跑道环形赛道
14．障碍赛水池
（可选择的外部水池）

注：田赛位置可以改变

图7.12
田径运动场大小和布局

草地网球

球场尺寸如图7.13和表7.3所示，表7.1则总结了可选用面层的特点。所有标记线为白色，除了发球区中线和底线，其他线宽都在25～50mm之间。发球区中线必须为50mm宽，而底线则可宽达100mm。在这些和其他事项上要咨询国际网球联合会［International Tennis Federation（ITF）］以获取最新的准确信息。

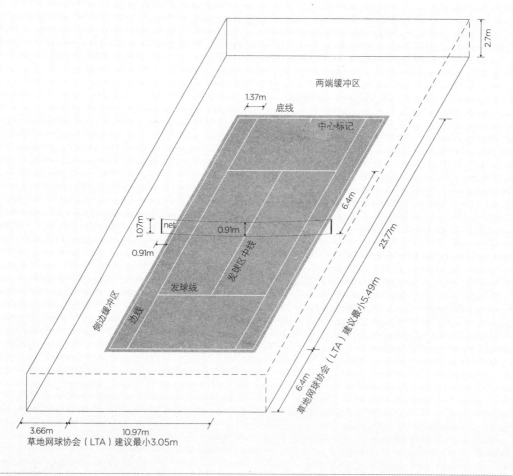

图7.13
草地网球场大小和布局

网球空间要求						表7.3
划定的比赛区	国际性和国家级锦标赛		俱乐部级和郡级比赛		最低的娱乐级标准	
	米（m）	英尺（ft）	米（m）	英尺（ft）	米（m）	英尺（ft）
场地长度	23.77	78	23.77	78	23.77	78
场地宽度	10.97	36	10.97	36	10.97	36
网长（双打）	12.80	42	12.80	42	12.80	42
两端持球跑动进攻区	6.40（1）	21（1）	6.40	21	5.49	18
两侧偏离区	3.66（1）	12（1）	3.66	12	3.05	10
排成一线且没有分隔围网的场地之间的距离	未指定	未指定	4.27	14	3.66	12
围网总体大小						
长度	36.58（1）	120（1）	36.58	120	34.75	114
一个围合场地的宽度	18.29（1）	60（1）	18.29	60	17.07	56
含有两个场地的一个围网的宽度	33.53	110	31.70	104		
每个加入一个球场需要增加的宽度	15.24	50	14.63	48		

注：可能需要为场地裁判、设备和赞助广告牌增加总体尺寸

7.2.2 比赛区周围

比赛区周围地带的详细设计必须通过主管部门和安全机构鉴定。在这里不能确切地给出这方面的要求，因为对于不同的国家和运动它们都会有所区别，且会不断发生改变。下面列出FIFA（国际足联）和UEFA（欧洲足球协会联盟）制定的足球场标准，不过这纯粹是作为一个例子，阐明可能需要的设施：

• 应有两套座位（每队容纳10人），分别放置在中线两边，它们必须设在地面层，并应做好防护措施使之不受天气影响。

• 广告牌必须不阻碍观众视线，在任何情况下都绝不能安装在可能伤害球员的地方，不能以任何可能危害球员的形状和材料建造。它们的高度不能超过900mm，并且必须设在球门后至少6m、边线后至少5m、在角旗后至少3m的地方。

7.2.3 围墙和障碍

所有的运动都需要在比赛场地和观众之间设有某种屏障，制订这些要求的不仅仅是相关运动的主管部门，还有当地安全机构和警察。详细的建议将在第9章给出。

第8章　运动和多功能使用

8.1　简介

正如本书开头所述，按照体育场的经济状况，它是很难（尽管不是不可能）为其所有者营利的。缩小成本和收入之间的差距的一个最关键的方法是，尽可能地减少每年体育场不使用和不赚钱的天数——即最大化活动日天数。对于有屋盖体育场来说，目标应该是每年200天活动日甚至是250天。

为了实现这一点，场馆建筑设计应该允许容纳类型多样的活动安排，包括体育活动和非体育活动。

不幸的是，不是所有的活动都是易于相容的。就体育运动来说，其相容性要取决于类似以下的因素：

- 比赛场地的大小和形状；
- 比赛场地的面层；
- 观众和表演者之间的恰当关系；
- 体育场是盖顶式的还是露天式的；
- 国家体育传统。

本书只涉及体育场（即容纳大型体育运动的建筑，不论是露天的还是有盖顶的）而不涉及体育馆（实际上是室内场馆，通常比体育场小）；但值得注意的是后者常常是多功能用途的建筑，用于体育运动还有音乐会、展览及类似的活动。如果一个体育场设计考虑到音乐会的举办，并且有屋顶覆盖比赛场地——不管该屋顶是固定的还是可以在特定的场合下关闭，它大概就可以定义为一个大型的体育馆了。下文将对以上的因素进行更细致的讨论。

8.2　国家体育传统

欧洲大陆的城市有为居民参与和观看多种体育活动建设"市立"体育场的传统。该设施最初通常是由市政府提供资金，也会得到足球俱乐部的资金支持，俱乐部可以自己发行彩票并再投资于体育场。在体育场内，通常会在球场四周设置径赛跑道，从而形成了一个多功能的设施，尽管该设施对足球来说是一个沉重的财务负担。

在英国，一个典型的俱乐部足球场只为足球比赛而设计，并且除了俱乐部赛季时间表内安排得满满的比赛之外，从来不举办其他任何赛事。这很大程度是因为，使用跑道将观众和运动场隔离的方式——实际上将每个人与球赛之间相隔了10m或12m——从来就没有获得英国球迷的认同。令英国的足球俱乐部引以为豪的是，他们为观看比赛提供了一个紧密的气氛，前提是放弃了同田径俱乐部共享他们场地的可能性。可以通过采用可移动座席和其他装置的方式，将紧密的足球气氛和举办田径比赛结合在一起，但是现在还没有什么强烈的趋势朝这个方向发展。球场构造和技术的进步，意味着足球和橄榄球俱乐部共享场地现在已经成为可能。

在美国已经发展出了几种不同的方法，可以在同一场地将不同功能结合在一起。美国两种主要体育场运动——美式橄榄球和棒球并不能轻易地共存于同一体育场，除非场地的基本平面布局是可以变化的。其解决方法包括配备可移动座席的双用途场馆，或在同一地点设置两个共存的独立体育场，或是附加一个篮球和冰球体育馆。

因为美国的场馆试图举办很多不同类型的活动，每年的时间表内只有极少的体育比赛符合设计时设定的功能——例如，一些美式橄榄球场一赛季只有十二场比赛的计划。业主宁愿将体育场用于主要运动项目以外的其他赛事和活动，而不愿使一座昂贵的资产在一年中大部分时间都闲置着。

8.3　财务生存能力
8.3.1　可共享的类型
一个体育场的多功能使用不一定要依靠容纳两种体育比赛来实现，俱乐部有时可以找到同类运动中可共存的合作伙伴。世界上有许多体育俱乐部共享设施的例子，在澳大利亚，球场共用得到了澳式橄榄球管理者们的支持。

更多休闲产业的商业开发也是可以兼容的。英国布里斯托尔一个看台下的空间成功地

容纳了一个室内保龄球场。谢菲尔德星期三足球俱乐部（Sheffield Wednesday football club）和阿森纳足球俱乐部（Arsenal football club）的体育场扩建部分容纳了一些训练厅，它们可以合起来作为功能厅。其他理念包括加入电视工作室、电影院、康体中心、壁球场、游泳池、美发沙龙和儿童活动空间。

体育场结构本质上是缺乏灵活性的，因为有大量的支撑部件规则地布置在其外围。有时很难在这样的结构中再插入大空间，这就意味着体育场所要包含的功能必须在一开始就设计好。另外一个方法就是将这些设施加建在脱离体育场本身但又有联系的结构中。这样的做法已经在欧洲和美国的一些地方成功实现。荷兰的乌德勒支体育场（Utrecht Stadium）在边上连接了一座坚固的办公楼，而RCA穹顶体育场［前身为印第安纳人穹顶体育场（Hoosier Dome）］和美国的其他一些体育场则拥有庞大的展览和会议中心，它们直接与主体育场连接在一起。

8.3.2　配套功能区共享
很少体育运动可以为体育场获得实质性的盈利，假如空置的体育场要被充分利用并获利，似乎增设的功能应该强调娱乐和商业而不是体育。

例如，如果一个体育场有餐馆、休闲室、包厢或者其他招待室，在没有比赛的那段时间内可以出租这些用房。可容纳的功能有：

用房	二次使用
• 餐厅或休息室	会议，用餐，舞会，婚礼
• 酒吧	聚会
• 公共大厅或礼堂	展览
• 私人包厢	会议

每种功能的要求是不同的，进行设计时应该寻求专家建议。

8.3.3　补充性设施

如果当地需求足够，其他功能就可以作为体育场的一部分一同建造。这些设施常常和体育功能是互补的。补充性设施包括：

附加功能	注释
• 旅馆	观众可以在比赛日住宿
• 零售	可以是体育相关的商店
• 健身俱乐部或运动场馆	可以作为球队更衣区的补充
• 办公	可给相关公司或机构
• 电影院	可用于会议使用和体育场游览

8.3.4　活动日数最大化

活动日数必须最大化，同时也要维持比赛场地的核心功能。这种多功能使用在设计的早期阶段就应当考虑进去，因为每种活动要求的设备和配套设施不同，一些活动比其他活动要求得更多。如果这些设施没有从一开始就设计到建筑的组织中，日后它们再增添进来就会相当昂贵，并且有可能会不适于举办该种活动。

这些专门的额外设施包括流行音乐会要求的电力设施，或是为马戏表演而在屋顶上安装的拉环。体育场的多功能使用是考虑完全盖顶的主要原因。多年以来，体育爱好者们已经习惯冒着恶劣天气的危险去观看比赛，但是当这一开发项目的财务生存力主要依靠良好天气的保证时，盖顶的或是穹顶的体育场就成为一种合理的解决方法了。当今多数主要的户外比赛都为发生恶劣天气的可能投了保险，但是需要支付的保险费用还要来自于举办赛事和活动的收入。

典型体育场活动列表	表8.1
活动类型	每年活动日数
重要足球比赛	6~12
次要足球比赛	14
庆典活动	2
音乐会	6
美式橄榄球	6
摩托车比赛	4
体育节日	2
曲棍球	1
学校活动	2
慈善活动	2
盛装舞步和跳跃马术表演	4
棒球	2
拳击	2
集会和会议	4
展览	10
田径比赛	2
大型聚餐	2
特别活动	3
马戏表演	6

在体育场一年可举办活动数的最大化方面，美国已经处于领先地位。欧洲新建的带屋盖场馆的目标就是每年举办多达250天的赛事和活动，其中只有5%~10%是足球比赛，而这却通常都是欧洲体育场的主要用途。

设施的多功能使用并不局限于球场，也应当包括所有的包含在建筑物内的便利设施。私人或招待包厢能够开放作为宴会厅，或者增加一个小型的淋浴设施和一个折叠床而转变成为酒店客房。运动员更衣室和训练区一周内可以变成健身俱乐部，餐厅和休闲室可以变为会展中心。

在项目的开始就必须准备好表格，列出体育场可能的包含功能，并且依据下列的优先顺序进行理性的选择：

1．多久会举办一次活动？（频率）

2．举办活动所需专业设备的数量和成本？（设施成本）

3．它们能挣多少钱？（收益）

4．它们能跟正在举办或是将要举办的活动相容吗？（兼容性）

5．筹备和用后清理需要多长时间？（安装和拆卸时间）

6．活动会定期再次举办吗？（重复性）

为了帮助人们理解体育场的多功能能够达到何种程度以及可能举办活动的数量，表8.1列出了一个关于英国现代体育场理论上可能举办的典型活动的清单。

同时，拥有尽可能多的活动日程应当成为每个体育场管理者的目标，并以多伦多天穹体育场（图4.2）每年超过200次的活动安排为榜样，但这个目标并非总是能达到的。他们用了四年时间才达到这个水平，1989年还仍为107个活动日，到1990年则达到165天，1991年为188天。

在重建之前，伦敦温布利体育场在财务上是成功的，它拥有8万观众座席的容量和一套世界上最先进的订票系统。然而由于察觉到举办活动对于周边地区的干扰，它每年的活动日被当地政府限制在了35天。这令人感到惊讶，因为温布利体育场已经作为体育场使用超过了60年。无论过去和现在，温布利体育场都是一个大型会议、竞技和展览综合体的一部分，这增加了它的生存能力（见案例研究）。

变成大型综合体的一部分也是另外一种方法，这可以为体育场寻找到更多的功能。为了成功达到这个目的，最理想的是建造有盖顶的体育场，例如印第安纳波利斯的印第安纳人穹顶体育场。它建造在城市的中心地段，旁边是一个12000m²的现有会议中心，体育场有

8000m²的面积被设计成这个中心的延伸部分。它的建设利用了现有的停车和交通基础设施，财务上依靠公共基金和大量的私人赞助。

由于欧洲经常性的恶劣天气以及许多大城市人口的密集，人们正考虑建造这样一些多功能的盖顶体育场，这并不令人惊奇。

8.4　满足不同运动的要求

关于涉及超过一种运动的体育场，对其多功能使用必须考虑以下因素。

8.4.1　比赛场地

特定的几种运动可以更容易地组合安排在一座建筑之内，因为它们比赛和观看的要求相似。例如足球和英式橄榄球，它们在宽度类似但长度不相同的草地球场上进行比赛。一些运动一般在相同的赛场上进行，其主要例子如下表所示：

运动	注释
足球和英式橄榄球	比赛场地具有相似的大小和形状
足球和田径运动	足球场适合设置在标准400m跑道内，但是跑道将观众席和足球场边缘分离，在某些国家不受到球迷的欢迎
澳式橄榄球和板球	比赛场地具有相似的大小和形状
澳式橄榄球和英式橄榄球	英式橄榄球观众席与达阵线的距离比希望的要远

对于其他某些运动比赛场地来说，它们差异过大以至于很难安排在同一建筑物内。例如

美式橄榄球和棒球。图1.10和图1.11所示的美国杜鲁门体育综合体（Truman Sports Complex）就为这两个运动提供了各自独立的场馆。

但是这一困难是可以克服的，迈阿密的永明体育场（Sun Life Stadium）[前身为职业球员体育场（Pro Player stadium）]就是个证明。这种情况下，建筑设计时设定的主要运动应成为主导，次要的运动必须接受这样的安排，这是一种妥协，不论到什么程度。因此在永明体育场，座席看台是矩形的，专为标准的美式橄榄球运动而布置，而当举行棒球比赛时，低层看台的一侧将缩回，为棒球的三角形场地形成足够大的空间。

更多关于体育场尺寸和形状的细节请参见第7章。

8.4.2　观看位置

每一项体育运动（或者其他类型的表演）都有自己最佳的观看位置，如第11章所列，一些体育运动的座席布置差异很大，以至于很难容纳于同一建筑。

为努力实现真正的多功能，在临时安装的基础上，人们已经尝试过各种改变体育场看台形状的方法。移动场地的方法已经得到了尝试，但是使用最普遍和最成功的是可移动座席或者至少是可伸缩座席。更多细节将在下文详述。

8.4.3　可移动座席和可伸缩座席

这个想法是在1960年代发展起来的，人们尝试在一个体育场内容纳在矩形场地比赛的美式橄榄球和在菱形场地比赛的棒球。只有部分取得了成功——即使能够获得高标准的场馆，并且出入通道的问题也得到了解决，但许多人仍然认为兼容所有的体育运动而又无法完全满足各自的要求是无法让人接受的。

1972年密苏里州堪萨斯城的双体育场综

合体投入使用，它表现了对这种妥协方法的反对；这个综合体包括了两个体育场，一个78000座的体育场用于美式橄榄球，另外一个42000座的用于棒球，参见图1.10和图1.11。

不过随后仍然出现了许多体育场设计，它们尝试了重新布置的方法以兼容最多类型的运动，尤其是在北美。最具创新性的实例就是1989年开放使用的多伦多天穹体育场，它可以通过移动座席适应下文所述的功能。应该注意到以下给出的座席数是最初的数据，以后可能会发生改变。

- 会堂配置允许根据需要容纳1万~3万座；
- 冰球或篮球配置为3万座；
- 棒球配置达到了5万座；
- 足球配置达到了54000座；
- 摇滚音乐会或其他娱乐活动中，各种配置允许达到68000座。

多伦多天穹体育场是一个例外，鉴于所涉及的成本，很少体育场能够提供上列的灵活度。但目前可移动座席仍然在全球被广泛采用，不过规模都较为适中。

一个例子是迈阿密的永明体育场，橄榄球是其最主要的运动，而棒球则作为次要的用途，正如上文8.4.1节所述。

另一个例子是墨尔本的伊蒂哈德球场（Etihad Stadium），它可容纳5万名观众观看英式橄榄球（矩形场地）、板球（椭圆形场地）和澳大利亚式橄榄球（椭圆形场地）比赛。预制混凝土制的上层看台固定为椭圆形，但是钢制的低层看台在平面上略微地弯曲，下有轮子可以滑动，可越过板球场向前移动从而接近英式橄榄球场的边线。这个体育场同样有可开合屋顶，使体育运动能够在任何天气条件下进行，并可以举办范围较广的非体育活动。参见

图8.1。

在体育场同时用于足球和田径的情况下，欧洲大陆的观众似乎并不介意由插入的田径跑道而造成的观众席和足球场之间的巨大距离，然而在英国，观众有靠近观看比赛的传统，这是利益相关方最希望保持的。解决的方法是采用可移动或是可伸缩的看台，这些看台冬季可以放置在靠近足球场的地方覆盖田径跑道，然后在夏季向后移动以便于进行田径比赛。巴黎的法兰西大球场（Stade de France）就是一个例子，其设计允许座席越过田径跑道后移。

然而，这样的解决方式是昂贵的，为了体育场的生存，通常需要一定程度的公共资金——可以是直接的或间接的。

8.4.4 可移动座席类型

可移动座席可以是任何数量的，从几百到数千，以适应预期的各种活动类型和配置要求。一般说来，体育场要求承担的活动种类越多，所需的可移动座席或可伸缩座席的数量就越大。最普遍的类型如下：

- 安装在钢轨上的刚性座席看台层；
- 安装有大型活动轮子的座席看台层；
- 在气垫或水垫上移动的刚性座席看台层；
- 安装在折叠或伸缩框架上的可伸缩看台层。
- 可拆卸的座席，可以拆掉并重建。

前面三种是通过人工或机器从一个预先设计好的位置推到另外一个位置，以适应当前的活动，而可伸缩的那一类是当不使用时紧密堆叠或折叠进墙内，并在需要时像拉"风琴"一样伸出到位。总之在任何情况下都最好要预备存储空间，这个空间通常是在上层看台之下，临时座席可以被特殊地储存在这里，并在需要时滚动或展开到正确的位置。

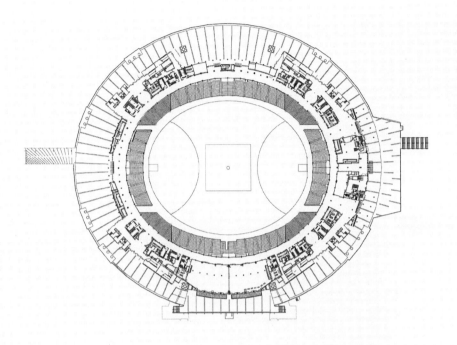

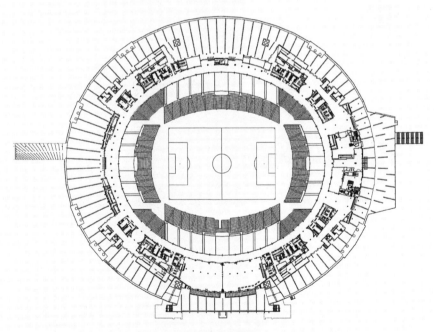

图8.1
澳大利亚伊蒂哈德球场（Etihad Stadium）的平面图，如图中可见，低层看台可缩回环绕着较大的澳式橄榄球场，也可前推进以接近较小的英式橄榄球场

8.4.5　未来可能的发展方向

由于更好且更易于维护的系统正在得到开发，可移动座席的发展潜力正进入一个新纪元。

21世纪的体育场将会由赛场上方不同标高的公共大厅平台组成，在必要时将可伸缩座席拉出，剩余各层可用作各种餐饮功能。如果这个想法实现了，就有必要十分仔细地计算它们对其余观看区域观赛视线的影响。

8.5　满足非体育表演的要求

音乐会在座席布置方面有特殊的要求，如果天气条件允许，许多大型和小型体育场馆都可以举办。最早在体育场表演的团体只能将就可用的建筑，需要自己安装所有临时舞台和用房，但是当音乐巡回演出模式更加确立，体育场就开始因应音乐会功能而特别设计并建造。

为减少临时设施，需要纳入的元素包括：

- 带有平板、适当净空高度和基础的舞台位。
- 电源连接点。
- 更衣室和其他表演者使用的区域。
- 货车的运作和卸货空间。
- 允许人群舞动的看台层设计。

这些临时设施使其他活动得以在体育场举办。这些活动会包括马术比赛、赛车、雪地赛车、摩托车赛、车展、拳击比赛、宗教集会和政治集会等。

第 9 章 人群控制

9.1 概述

自从罗马时期体育场管理者第一次经历真正的困难，人群控制和观众与选手的隔离已经成为设计者所要面临的问题。"人群"即聚集到一起来观看赛事的一群人，必须从他们进入体育场影响区域开始就要对他们进行管理。有时候只要很小的一点刺激就可以让人群变成"暴徒"，最终暴徒引发"骚乱"（参见1.3.4节列出的一系列惨剧）。如果要尽量避免这种负面的刺激，必须从体育场项目的一开始就考虑人群的管理。大部分的人相当看重比赛中工作人员对待他们的方式，在美国的一项调查显示，92%的人表示顾客服务应该是管理中头等优先的事。正是这种"顾客服务"以及体育场馆的建筑设计对维持观众的友好起着推动的作用。

如果公众行为不端，场馆管理人员需要能够迅速地进行干预，以确保一个小事件不会愈演愈烈。如果体育场首先不提供机会给闹事者而是鼓励人们的良好表现；其次装有闭路电视并给予工作人员足够的空间去了解出现的问题，且使之能轻松的到达出事现场处理情况，将会有助于管理人员的工作。

作者的经验是，在某些情况下，体育场已具有高质量的设计，体育迷们会尊重他们使用的建筑；反之，当空间的建造已经预期会被人肆意破坏，他们更可能会这样做。

过去已经出现的一个主要问题是，在不被允许的情况下观众仍然进入比赛场地。看台前面的屏障设计会对处理这一问题具有一定的作用。

古罗马圆形大剧场和类似的其他古罗马圆形剧场发展出了他们自己的隔离方法，即一种环绕的墙体形式——这种设计可能更多的是考虑保护观众，防止他们受到表演区内正在进行的活动的伤害，而并非其他原因。西班牙和法国南部的斗牛场沿着相似的路线发展，第一排座位和斗牛场之间的高度发生了改变，这对于确保观众的安全是必不可少的。到了20世纪的后半叶，两者的角色颠倒了过来，边界被用来保护比赛区不受观众的干扰。

隔离比赛区和观众有三种常用的设计技巧：围栏、壕沟和标高变化。

9.2　围栏

9.2.1　优点

在观众和球场之间设置结实的围栏（图9.1）有两个合理的理由。首先是保护运动员和裁判员不受敌对观众的骚扰。其次是保护天然草皮面层的基层土壤不被观众的脚压实。

9.2.2　缺点

多数围栏阻挡了观看比赛的合理视线，通常也不够美观。

其次是安全的原因。在看台上的人群恐慌或是逃避火灾的情况下，比赛场地显然是一个安全区（见3.3.6节），介于其间的围栏阻挡了人们到达比赛场地，并成为一个致命的罗网。近期在英国发生的两个事件就表明了这一点。第一个事件在3.3.1节中介绍得更加充分，它发生在布拉德福德的山谷阅兵球场（Valley Parade Stadium），由于一些观众能够逃往比赛场地，才阻止了更大的惨剧发生。第二个事件是谢菲尔德的希斯堡球场（Hillsborough Stadium）发生的一次人群拥挤，设在看台和球场之间的围栏是导致其中95人死亡的因素之一。

9.2.3　选择

在各种情况下，都必须仔细平衡围栏的正面和负面影响，应重视与相关主管部门、当地警察和安全机构的讨论，他们的见解是相当重要的。下列的因素应当给予考虑：

- 最需要围栏的情况是足球比赛，尤其是在有人群暴动历史的国家和个别体育场。
- 最成问题的情况，就是那些受到高度尊重的传统习俗与最新的安全趋势之间发生冲突的地方——例如，允许人群在某些比赛

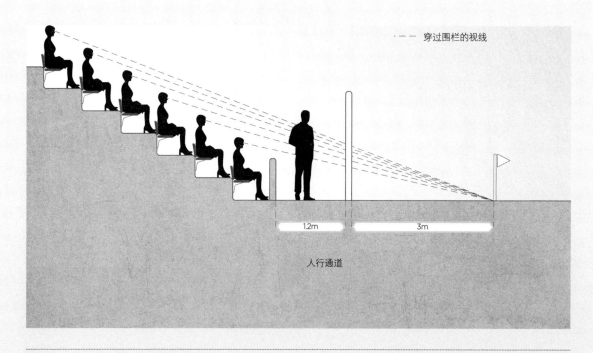

穿过围栏的视线

1.2m　　　3m

人行通道

图9.1
围栏可以防止人群侵入运动场，但也妨碍观看比赛，并且往往不够美观，当紧急事件发生时还会阻碍人们逃离

中进入球场的体育场。都柏林的克罗克公园球场（Croke Park）是盖尔人运动协会（Gaelic Athletic Association）主场，也是盖尔足球和爱尔兰式曲棍球的发源地，它有一个传统，就是允许人群进入球场将获胜队的队长扛在他们的肩上，也允许父母举起小孩越过入闸机，并在看台上将他们放在父母的膝盖上，这些行为正面临安全意识新浪潮的威胁，但是如果控制得当，这并非本质性的危险。在特威克纳姆有一个习俗，就是在橄榄球比赛之后观众可以进入球场，但是现在这样做是不允许的。这些习俗使某些体育场形成了自己的特色，不应该因为无限制地坚持全球通用的安全技术而轻率地破坏。我们的目标应该是在考虑个体情况的条件下作一些修改。例如伦敦的温布利体育场（见案例研究）和都

柏林的克罗克公园球场（Croke Park）都设有一道改进类型的围栏，它被称为"翻线游戏"。这是一个铁丝网的笼子，高度就如低矮的围栏，并不遮挡视线但是难以逾越。

英国大多数的足球场已经完全撤除了围栏。

9.2.4 设计标准

- 2012年版的欧足联（UEFA）体育场指引建议在观众和球场之间不应设有围栏。
- 在英国，一个重要的参考就是《体育运动场地安全指引》（the Guide to Safety at Sports Grounds）（参见参考书目），它也被称为"绿色指引"。在该指引12.6章节中，它建议周边围栏不应该用于运动场，除非是为了保护观众防止受到来自比赛场地的伤害，例如在曲棍球中。已设围栏的球场应当在围栏中

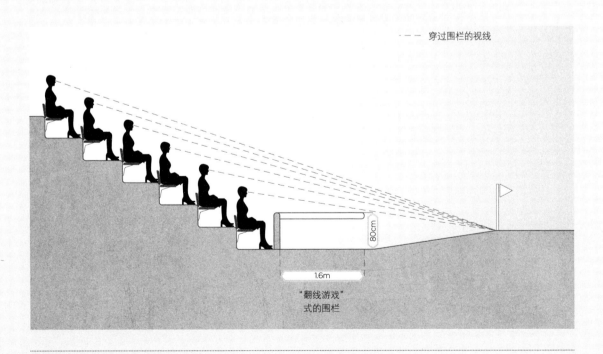

- - - 穿过围栏的视线

80cm

1.6m

"翻线游戏"
式的围栏

图9.2
伦敦温布利体育场的"翻线游戏"式围栏

设门，以便在紧急情况下可以让观众疏散到球场上。

- 围栏必须是结实的，如果设计中没有考虑防撞护栏，那么围栏就要能够承受人群的压力，这相当于突沿上1.1m高的人群护栏预计所承受的力量。
- 围栏必须尽可能不可攀爬。
- 设计应做到围栏"不显眼"并使观众可以获得越过围栏看向比赛区的最佳视线。可以采用透明的材料，例如玻璃和聚碳酸酯，但是污垢、天气、意外的反射以及磨损和破碎都必须考虑在内。
- 必须有穿越围栏逃生的足够设施，其形式可以是门、可开合的板或者是可毁坏的部段。无论使用何种方式疏散，都必须认识到这是设计的一个重要元素，它应当尽可能的简单易用。开口的尺寸应当根据紧急情况下需要通往比赛场地的观众总数来确定。这些开口应当是清晰可辨的。近些年已经发展出几种类型的开口或可毁坏的围栏，尤其是在法国。如果要在体育场设置开口或可毁坏的围栏，它们的设计必须能够抵挡使用时人群压力的巨大负荷。在这些情况下，开启装置必须保持可靠性并设有"防故障"装置。
- 在一座多功能体育场中，围栏应当是可移走的，如果需要某种形式的隔离时才使用它们，例如"高危险"的足球比赛，但是在流行音乐会上却不需要使用。将来在其他的体育比赛中可能也会需要这种隔离措施。
- 无论设计了何种形式的通道以通过围栏通往比赛场地，比赛期间都它必须接受工作人员的持续监督。

9.3　壕沟
9.3.1　优点
　　在球场边缘设计一条不可逾越的壕沟是相对容易的，同时也可以在壕沟内安排维持治安的安保队伍，从而易于控制人群的入侵。壕沟还可以为三类人群提供环绕球场的通道：

- 需要快速、容易进入看台某些部分的官员和安保人员；
- 救护车和应急车辆；
- 媒体。巴塞罗纳的奥林匹克体育场进行了部分的改造以满足这一需求，正如1.2.5节所述。

　　壕沟的主要优势是可以轻易进行人群控制并实现上述其他功能，同时不会阻挡观众朝向球场的视线。它的美学效果因此也远比围栏更好。

9.3.2　缺点
　　采用壕沟会增加比赛场地和观众之间的距离。由于这个原因，壕沟更适合于更大型的体育场，在这些体育场中，增加2.5～3m相对于总体尺寸来说只是一个零头。

9.3.3　设计标准
　　国际足联和欧足联为足球场所制定的规则最为精确：最小宽度为2.5m，最小深度为3m；两边应有足够高度的栏杆防止人跌落到壕沟内；在紧急情况下将比赛场地作为逃生场所的体育场，要提供穿越壕沟的安全逃生路线。壕沟不应该蓄水，但其建造形式应当能够阻止非法闯入球场——例如内设阻碍攀爬的障碍物（图9.3）。

　　对于体育场通常采用下列的标准：

- 在紧急的情况下，应让人能够穿越壕沟到达比赛场地，因此应该通过在裂口上搭桥的方法加以连接，可以是固定式的或临时式的。
- 必须提供服务车辆进入球场的直接通道，要

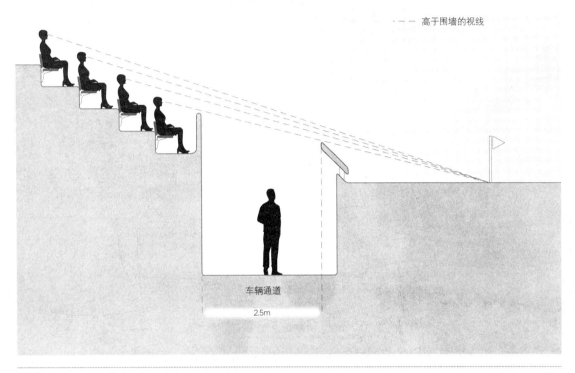

高于围墙的视线

车辆通道
2.5m

图9.3
一条不可进入的壕沟

么是桥梁、坡道，要么是可调节的平台。在某些情况下会需要重型的车辆，尤其是在体育场举办音乐会时，将会使用大量的舞台搭建材料。

- 如果通道被用作公共流通路线，也可以让观众进入壕沟。在这些情况下，必须环绕壕沟周边每隔一定距离设置经过恰当设计的楼梯，以便人们进入壕沟并从壕沟通往体育场外部。这条路线可以设在看台下或转角处（图9.4）。
- 壕沟的宽度应能防止观众从看台的前排跳过，而如果它被用作一种疏散出口，也需要提供一条足够宽的逃生路线。除了上述的要

求之外，如果它被用作警察、救护车和其他服务车辆环绕体育场的通道，其净宽就应至少为2.5m。

- 壕沟可以用于帮助清理观众看台。壕沟内可设置巨型垃圾箱，可将碎片和垃圾向前清扫，使废物直接堆放到垃圾箱里。为适应这一功能，看台前侧栏杆应有开口，也可以设计在底部上。
- 运动员、演员和警察进入比赛场地的通道应当通过隧道或有盖顶的穿越点。例如，可以直接连接到场边供球员休息的地方。
- 食品销售亭可以设置在看台下的壕沟内，观众在中场休息时可以走下楼梯进入壕沟。

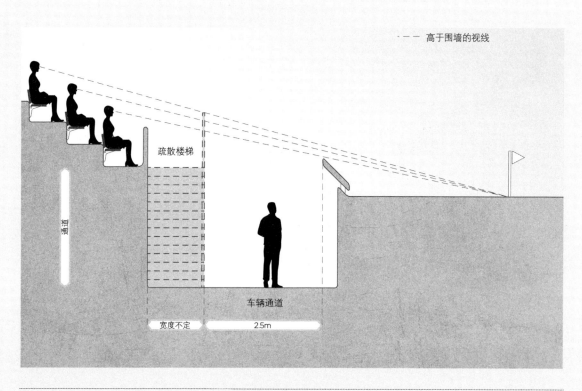

图9.4
典型的可进入壕沟。注意楼梯扶手会干扰观众视线

9.4　标高变化

　　这是一种凹地与屏障的结合，这里的凹地并没有前述的壕沟那样深，屏障也没有9.1.2节中描述的栏杆那样高，却十分有效地阻止了人群对比赛场地的入侵，同时也为官方使用提供了良好的赛场周边通道（图9.5）。或者可以将第一排座席充分提高（图9.6），这将使入侵场地变得困难，但并不能完全杜绝。这就是所谓的"斗牛场"方式，常用于美国。

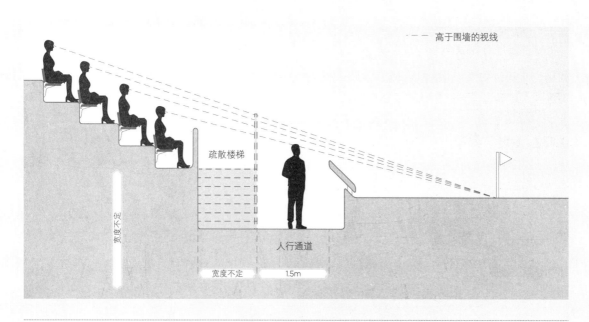

图9.5
"半壕沟"或是低栏杆和浅壕沟的结合。注意楼梯扶手将会干扰观众视线

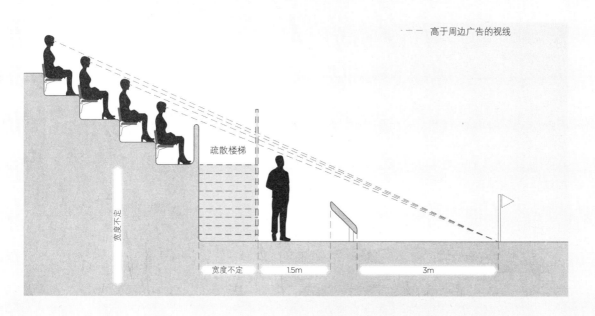

图9.6
斗牛场解决方案，或者说标高变化的方法，在美国广泛用于棒球场和美式橄榄球场。注意楼梯扶手将会干扰观众视线

9.4.1　优点

斗牛场方法的优点是可以在比赛场地侧边容纳大量的运动员、官员和其他人，却并不阻碍观众席的观看视线，因此在美国很普及。

9.4.2　缺点

上述的两种方式只是针对场地侵入的适度有效屏障，只能阻止动机不那么强烈的闹事者。因此他们最适用于观众循规蹈矩以及能提供良好管理的地方。

在斗牛场方式中，提升第一排座位的高度会对后面座席的视线设计形成限制，特别是在大型体育场中。

9.4.3　设计标准

壕沟加屏障方式的典型尺寸是：1.5m深的壕沟外加设在球场边的1m高的栏杆。斗牛场方式的典型尺寸是第一排座席标高高于球场标高1.5m或2m。

第10章　残疾人设施

10.1　平等待遇

10.1.1　基本原则

现在大多数发达国家都认同残疾人能够参加体育赛事、有公平的机会担任官员或裁判员、并且可以作为观众的一员出席，同其他人相比不应有任何可以避免的不利条件。

在为观众而制定的规划中，这意味着残疾人可以发现即将到来的相关活动；计划他们的参与；制定行程；并像其他人一样轻松买票。他们可以选择好的位置观看比赛；像其他观众一样享有同样的视线；平等地使用饮食和零售设施；并平等地使用相匹配的卫生间。

促进这种包容性的原因某种程度上是社会性和商业性的，但是越来越多的法律文件也提出了关于平等待遇的要求。例如：

- 美国以《美国残疾人法案1990（the Americans with Disabilities Act 1990）》作出了示范——若需相关内容请访问www.usdoj.gov/crt/ada/adahom1.htm；
- 澳大利亚随后颁布《残疾人歧视法案1992（Disability Discrimination Act 1992）》——若需相关内容请访问www.hreoc.gov.au/disability rights/；
- 1995年英国制定了自己的《残疾人歧视法案（Disability Discrimination Act）》，自此之后还对其作出了数次修订。若需相关内容请访问www.disability.gov.uk/。

除非另有说明，所有的指引在这一章都基于英国的法律。

在此简要介绍一下英国的立场：《残疾人歧视法案（Disability Discrimination Act）》禁止服务提供者（该用语包括体育赛事的组织者）为残疾人提供的服务差于其他人群。这一法律性要求的影响不但涉及体育场的实体设计——即必须使残疾人像其他人一样方便地使用体育场，也涉及赛事与活动的组织方面。

例如：如果订票表格的字母太小以至于有视力障碍的人没法阅读；如果一个人听力有困难而不能听到售票处的帮助；如果一个轮椅使用者在体育场的各部分不能公平合理地选择一个好座位，并且不能容易的到达座位，或者虽然坐在那个位置上却比健康人获得的视线要差；或者如果一位残疾人士不能容易地进入相匹配的卫生间，那么活

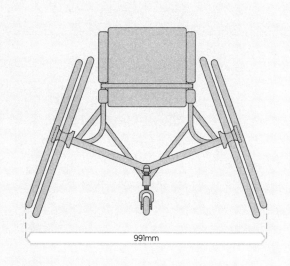

图10.1

比赛用轮椅的宽度。作为对比，标准轮椅宽度通常是700mm

动组织者可能会违反法律并且受到涉嫌歧视的法律诉讼。

10.1.2　残疾的涵义

法律意义上的术语"残疾"是非常宽泛的，并且远远超出了轮椅使用者的范围——尽管就实体建筑设计而言，轮椅使用者可能是需要满足的人群中最困难的一类，但他们也因此而成为至关重要的使用团体。

根据英国《残疾人歧视法案》（Disability Discrimination Act），《无障碍体育场》（参见参考书目）的14页到19页概括了被确认为残疾的身体和精神状态。包括以下方面：

- 行动障碍。有行动障碍的人包括不能离开轮椅的轮椅使用者；用轮椅到达场地随后转移到座位上的轮椅使用者；以及可走动的伤残人士，他们不需要轮椅但是行动困难，可能使用手杖或者助行架。
- 视力障碍。这是指有视力问题的人，这种问题不能简单地通过佩戴眼镜而纠正。他们在阅读订票表格、门票、赛事指南或导向及其他标识时可能存在困难。
- 听力障碍。这些人是有听觉困难或者耳聋的人。他们可能很难或者不能同售票处协助人员沟通，难以听到体育场的广播公告或者听清解说播报。
- 理解障碍。这些人可能有学习障碍或者智力障碍。他们比其他人更依赖于简单和清晰的建筑布局、清晰的路标和乐于助人并且友善的员工。事实上这些特征对所有的体育场使用者都有帮助，对于活动组织者来说它们应该是高度优先考虑的事项。

根据官方估计，在2006年《残疾人歧视法案》可能涉及整个英国人口的五分之一或更多，还有一些提议预备更进一步扩大定义的范围。在英国，必须为所有人安排充分而平等的设施，不论他们在体育场的身份是观众、球员和运动员（例如在残奥会这样的赛事中）、官员或者是体育场工作人员。在美国，澳大利亚和其他发达国家也存在类似的趋势。

10.2　资料来源
10.2.1　符合英国法规的指引

由足球体育场发展基金（Football Stadia Improvement Fund）和足球证照管理局（Football Licensing Authority）编著出版的《无障碍体育场》一书是英国关于无障碍体育场设计最权威的指引。

《无障碍的设计》由无障碍环境中心（Centre for Accessible Environments）出版，它是关于一般公共建筑设计的一个具有同样权威性的指引。它比下列官方文件要简单得多，非常有助于设计师作出正确的基本设计决策。

建筑条例《核准文件M》（Approved Document M）具有法律效力，在英格兰和威尔士必须遵从它的规定（北爱尔兰和苏格兰有它们自己的法规，但是这些基本上同ADM很相似）。

　　《英国标准BS 8300（British Standard BS 8300）》比ADM要详细得多，并且是英国关于一般建筑包容性设计的主导标准。它是建议性的，不具有法律效力，但是符合其建议将会有助于证明建筑已符合《残疾人歧视法案》的要求。

　　《包容性行人交通设计：关于行人和交通基础设施通路的最佳实践指引》（Inclusive Mobility：a Guide to Best Practice on Access to Pedestrian and Transport Infrastructure）是英国最权威的参考书，其内容是关于人行道和其他人行区域的设计；汽车停车场、公共汽车站和计程车停靠处设计；可触知铺地的正确使用；以及公共建筑的引导标识和其他信息系统的正确使用。

　　参考书目中给出了上述所有出版物的详细信息。

10.2.2　符合美国法规的指引

　　《美国残疾人法案（ADA）和建筑障碍法（ABA）之建筑和设施的无障碍设计导则》是美国官方的关于残疾人的设计指引。整份文件都应该翻阅，不过其中的802节是特别与体育场设计相关的。参考书目中给出了该书的更详细信息。

10.3　设计流程
10.3.1　简化策略

　　无障碍规程可以是极其复杂的，只要看看上述文件就知道，但是以下建议也许可以帮助设计师把握整个设计过程：

- 不要在开始阶段就只为"一般"使用者作

体育场规划，然后查阅诸如《无障碍体育场（Accessible Stadia）》之类的参考书之后为"残疾"使用者添加特殊部件。相反，应从最开始就设计一个拥有最清晰的进入通道和紧急疏散路线、极佳的标识牌、宽敞的空间、良好的音响效果和极佳视线的体育场馆，以至于每个人（包括那些移动困难、视力不佳、听力不佳或反应迟钝的人）都发现它的环境是安全且易于使用的。

- 之后采用"行程序列"的方法想象每种类型的观众（或是运动员和官员）参与活动的整个序列，例如，他（她）查看即将举办赛事或活动的资料；计划行程；开始去往体育场；从公共汽车、大客车或者小汽车下来走到主要入口；买票；到达座位；观看比赛；上卫生间；喝饮料或者吃饭；离开体育场。只要在合理范围内，不管身体或精神是否健康，没有人应当在这样的行程序列中在任何时刻遇到任何困难。

　　在英国，《无障碍体育场》中25~66页给出了权威的指引，其内容从残疾观众到达体育场入口开始，连续经过大多数上述阶段，并以必须设置的紧急疏散设施结束。下文将遵循类似顺序介绍。

10.3.2　预报

　　残疾人比其他潜在观众更加依赖关于即将到来的活动的良好信息——"好"的意义有两方面：（a）提供什么样的信息；（b）该信息以什么形式供其使用。

　　关于（a）的例子：有行动障碍的人（最重要的是使用轮椅的人，但他们并非唯一重要的）必须能提前得知相关信息，确认他们到达体育场的行程以及体育场自身将是无障碍的，并且当需要的时候能够较容易地通往无障碍卫生间。如果他们不能确保这些事项，那么就不会敢于冒险开始这样的行程。

关于（b）的例子：视力不佳的人无法阅读较小的或者正常大小的字体，可能需要用大号的字体或者以音频的形式为他们传递信息。

对于英国的体育场，《无障碍体育场》（参见参考书目）72页和73页列出的清单将帮助活动组织者处理以上事项。

对于美国的体育场，关于这些特殊事项并无国家认可的现有指引。

10.3.3　到达体育场

从铁路车站、公共汽车站和大客车下客点通往体育场入口的路径表面应该坚实平滑（但是应防滑），例如采用沥青、混凝土、均匀铺设的铺地材料或者砾石。松散的砾石或泥土是不可接受的。路口路缘石应该降至车道平面，使轮椅使用者没有障碍。

英国的体育场使用改装的大客车运送残疾人观众，其下客点与体育场入口距离应该不超过50m，这条路径上最好能有盖顶。

对于美国体育场，《美国残疾人法案（ADA）和建筑障碍法（ABA）之建筑和设施的无障碍设计导则》（参见参考书目）的第4章提供了无障碍路线指引，而第5章则涉及停车空间和相关事项。

汽车停车场

对于英国的体育场，《英国标准BS 8300（British Standard BS 8300）》（参见参考书目）第4.1.2.3段说明，除了为每个残疾人司机员工指定的空间，娱乐和休闲设施总停车容量的6%应该分配给残疾人。但是它又补充说，这个数字在"专门容纳残疾人团体"的体育场中可能需要增加。在所有的体育场，为残疾人指定的停车场应该尽可能靠近主要入口，从停车场到

体育场入口的路线应该与上述安全和便利使用标准相一致。

对于美国的体育场，《美国残疾人法案（ADA）和建筑障碍法（ABA）之建筑和设施的无障碍设计导则》（参见参考书目）第5章提供了关于停车空间、乘客下车区和相关事项的指引。

通道路线

在英国，如果两个方向的观众均高强度地使用的话，到达和环绕体育场的通道路线应该有至少1.8m的净宽，如果路线没有这样忙碌则可以宽1.5m（可以每隔一段距离设置1.8m宽通过空间）。面层应如上所述。

陡于1：20的通道应该设计为坡道，带有扶手和路缘石，并每隔一定距离设置休息平台。如果坡道的全部升起大于300mm，那么应该另加台阶。

从体育场大门到每个座位的一路上都应该有良好的引导标识——参见下文10.3.11节。

对于英国的体育场，以上所有事项应参考《无障碍体育场（Accessible Stadia）》的2.1～2.3段和73页的清单。

对于美国的体育场，《美国残疾人法案（ADA）和建筑障碍法（ABA）之建筑和设施的无障碍设计导则》（参见参考书目）的第4章提供了通道路线指引，而第7章则涉及关于标识的事项。

10.3.4　买票

售票处应该为有听力困难的人设一个感应线圈助听设备，并且柜台中的一段应该为轮椅使用者降低到760mm。这个部分应该有一个膝下空间，该空间至少500mm深和1500mm宽，从柜台下面算起至少应有700mm的净高。

对于英国的体育场，《英国标准BS 8300》

（British Standard BS 8300）第11.1节给出了关于一般的柜台和接待处设计的详细设计建议。

对于美国的体育场，《美国残疾人法案（ADA）和建筑障碍法（ABA）之建筑和设施的无障碍设计导则》（见参考书目）第9章提供了柜台设计指引，第7章则涉及助听系统。

10.3.5　通过入闸机

残疾人观众不能通过主要的入闸机进入体育场，但应有专门为他们设计和管理的单独入口。它们最好应配有经过专门训练的工作人员。为残疾人提供专门入口的一个原因是，他们自己似乎更喜欢这样的安排，另一个原因则是这使得管理者可以精确地把轮椅使用者"计算在内"。在英国这是一个安全规定，更多细节在《体育运动场地安全指引》（见参考书目）7.1～7.3段有所说明。

在英格兰和威尔士，建筑条例《核准文件M（Approved Document M）》表2中说明，一般公众使用的建筑入口门洞的最小净宽是1000mm。

对于英国的体育场，应该参考《无障碍体育场》中2.4～2.7段和73页所列清单。也可参阅《体育运动场地安全指引》（Guide to Safety at Sports Grounds）第中第6节。

对于美国的体育场，《美国残疾人法案（ADA）和建筑障碍法（ABA）之建筑和设施的无障碍设计导则》中第四章提供了关于门、门道和入场栅门的导则。

10.3.6　体育场内的交通流线

对于英国的体育场，轮椅使用者可以使用的水平路线——例如环形大厅和廊道——应至少1.8m的净宽。如果不可避免地要设置柱子和管道，应留有至少1m的走廊净宽。在英格兰和威尔士，建筑条例《核准文件M》第3节中

对水平移动的各个方面都作出了规定，《体育运动场地安全指引》（Guide to Safety at Sports Grounds）第8节为体育运动设施提出了明确的建议。

在有楼梯入口的地方，常常伴有乘客电梯和坡道，以方便无法使用楼梯的观众。所有这些的设计标准由国家规范和建筑法规制定。在英格兰和威尔士，建筑条例《核准文件M》第3节为垂直移动的各个方面都作出了规定，《体育运动场地安全指引》第8章为体育运动设施中的楼梯和坡道提出了明确的建议。

对于美国的体育场，《美国残疾人法案（ADA）和建筑障碍法（ABA）之建筑和设施的无障碍设计导则》（见参考书目）第4章提供了关于包括坡道和电梯在内的无障碍路线的导则，而第5章则涉及楼梯和扶手。

10.3.7　观看比赛或表演

包括残疾人和健全人在内的所有观众都应该能够在体育场的各个部分选择理想的观看位置。他们应该享有舒适的座位（正如12.7节所述）；并应该享有良好的视线（正如11.4节所述）。以前，残疾人被集中在一个或两个贫民窟式的封闭观众席，与他们的朋友和其他人群分离，每当前面的观众兴奋得站起来的时候，他们就被遮挡住了视线，但这种日子已经一去不返了。

这些事项在本书的第11章和第12章将详细论述。

对于英国的体育场，应该参考《无障碍体育场》中2.13～2.25段和73～74页所列清单。也可参阅《体育运动场地安全指引》的第12～14节。

对于美国的体育场，《美国残疾人法案（ADA）和建筑障碍法（ABA）之建筑和设施的无障碍设计导则》（见参考书目）中第8章为

轮椅空间提供了设计导则，并且针对轮椅观众的视线给出了具体建议。

10.3.8　使用餐饮设施

残疾人应该像其他观众一样能够便利地享受酒吧和餐馆，不管是自己单独一人还是和朋友一起。相应设施应尽可能地接近观看区域。因为交通区域往往是十分拥挤的，残疾人观众可能无法在短暂的中场休息时间既使用卫生间又享用餐饮设施，俱乐部提供专用的订餐服务是个明智的做法，这应该由经过训练的工作人员或者志愿者完成。

酒吧和服务台（包括自助式服务台）应该有一个部分为轮椅使用者降低至不超过地面以上850mm。这样的部分应该有一个膝下空间，到台面下部的净高应至少700mm。

对于英国的体育场，应该参考《无障碍体育场》中2.30～2.31段。

对于美国的体育场，《美国残疾人法案（ADA）和建筑障碍法（ABA）之建筑和设施的无障碍设计导则》（见参考书目）中第9章提供了关于餐厅外观和服务台的设计导则。

10.3.9　使用卫生间

残疾人应该像健全人一样能容易找到卫生间。适用于残疾人的卫生间应该分散于整个体育场，并且从他（她）的座位到最近的残障人士卫生间，轮椅使用者的水平移动距离不应大于40m。

在不同的地方，其规定和详细设计标准各不相同，必须针对特定国家对这个问题作出核查。如需英国和美国的残疾人卫生间规范细节请参阅第16章。

10.3.10　离开体育场

观众往往在一长段时间内三五成群地到达体育场，但是却大都会同时离开，所以安全出口的设计和管理要求比安全入口设计要更加仔细。尤其是要关注紧急出口的设计，因为数万惊慌失措的人可能会无序地奔向出口。

残疾人观众，特别是那些轮椅使用者，应该像其他人一样容易进入和离开，在上述情况中他们是特别容易受伤害的。这一论题过于专业，在此无法深入讨论。但残疾人观众的座席区域最好有自己的进出路线，以便尽可能减少紧急事件中残疾人和健全人的冲突。

对于英国的体育场，应该参考《无障碍体育场》的2.35～2.44段。也可参考《体育运动场地安全指引》第9和15节。

对于美国的体育场，《美国残疾人法案（ADA）和建筑障碍法（ABA）之建筑和设施的无障碍设计导则》（见参考书目）第4章提供了无障碍路线的设计导则。

10.3.11　标识

残疾人比其他人要更为依赖良好的标识。整个体育场应该使用协调一致的标识系统，可以通过音频信息和触摸式标识（例如凸起文字、数字和符号）去帮助那些视力不好的人。

英国

《包容性行人交通设计》（Inclusive Mobility）（参见参考书目）的第10节就字母和符号的大小、字体、颜色对比和视觉符号的位置给出了全面和详细的指引。它同样也针对公共场所内的触摸式标识和音频信息提供了简要的指引。

美国

对于美国的体育场，《美国残疾人法案（ADA）和建筑障碍法（ABA）之建筑和设施的无障碍设计导则》（见参考书目）的第7章提供了关于标识和其他信息系统的导则。

第11章　观众视线

11.1　简介
11.1.1　设计目标

设计团队的任务就是为设计任务书要求数量的观众提供座席或站席，并且使观众（包括行动不便的人和残疾人）有一个清晰地观看比赛的视野，同时既舒适又安全。这一章概括了所有的视线设计因素。

11.1.2　决策顺序

设计的出发点是比赛场地的尺寸和朝向，这些都受到所设定的体育功能的限定。请参考第3章的球场朝向和第7章的球场尺寸等相关内容。

下一步是为球场周边的观众区制定一个概念性的"框架图"。其内侧边缘将尽可能靠近球场，还要为安全屏障留有空间，如第9章所述；而外侧边缘将由以下因素所决定：

- 要求的观众容量（11.2节）。
- 球场到最远端座位最大可接受的距离（11.3.1节），以及该运动的最佳观看区域（11.3.3节）。

最后，这个示意性的方案必须转化成为完全深化的三维体育场设计，应充分考虑到良好的视角和视线（11.4.2节）和起坡陡度的安全限值（11.4.3节），且设计中不应有不可接受的障碍物来干扰视线，例如屋盖支撑等（11.5节）。

11.2　场地容量
11.2.1　现实的需要

规划一座新的体育场或扩建现有体育场中最重要的决定就是观众的容量。

当制定一个设计任务书时，设计团队和甲方的组织机构常常高估了这个数字。天生的乐观情绪在这起了作用。体育俱乐部总是认为他们的顾客将会显著增长，即使统计证据可能表明这个数字已经稳定了几年甚至正在下滑；体育场业主更乐意相信如果他们有更大的比赛场地，那么更多的人将前来观看比赛，即便他们现有的较小体育场仍有很多空位；设计顾问们会发现参与大型的规划要比小型

2000年奥运会比赛中的悉尼ANZ体育场［前身为澳大利亚体育场（Stadium Australia）］。建筑设计：Populous事务所和百瀚年建筑设计事务所（Bligh Voller Nield）。

的更令他们兴奋，因为大型的规划往往更鼓励开阔的思维。

在有些情况下规划良好的新设施可以吸引更多的观众。例如，俱乐部也许能够通过有组织的招兵买马增加它的"观众人数"，在欧洲足球中，如果俱乐部在联赛中的成绩得到了提高，观众人数也会增加。当然，如果新的体育场舒适、安全且设计良好，本身就可以吸引更多的观众。但是经验显示，在新鲜感退却后，观众将趋于恢复到更早期的数字，除非新的人群能够被有效的营销或球队的表现所吸引而留下来。

其中的一条金科玉律就是，绝对不要将体育场容量增加至超过已知必要的容量，并且要证明建设成本和运营成本都在能够承担的范围内。下列是场馆容量初步估算的相关因素：

- 可容纳的体育运动和其他活动；
- 建设项目集客区规模；
- 赞助商、公共机构和业主的愿望；
- 该用地或体育俱乐部的过去历史；
- 实际的用地限制。

这一关于容量的决定只能是临时的：不可能在提供需要的座位数量的同时还能提供足够的视觉质量、充分的遮盖或将体育场成功融入场地及其周边环境。因此座席数量的推断必须根据以下的考虑因素给予认真核对：

- 观看的质量和距离；
- 可用的屋盖类型，然后是遮盖的程度；
- 体育场内部和外部的美学特征；
- 结构和支撑设施的造价，以及它的运作成本；
- 赛事活动日和非赛事活动日的安全管理和职工安排；
- 可维持的配套设施的程度和范围。

11.2.2　官方要求

最小座席容量可以根据在场馆中举行的赛事与活动类型来确定，并且可更详细地分为以下几个类别。

- 最小的容量总额；
- 观看空间中分配给官员、贵宾和主管的比例；
- 观看空间中分配给（a）轮椅使用者和（b）可走动的残疾人观众的比例；
- 站席与座席的比例。

在某些情况下，管理部门将就一个或者更多以上类别制定标准。如果某种特定类型比赛要在那里进行，这些标准必须得到满足。

关于普通观众、官员、贵宾和主管人员的规定

各类型运动赛事的建议座席容量总是在不断地修订，设计人员应联系相关的主管部门以获取最新的资料。站席的许可比例应该进行特别的查证，因为大部分这样的空间都会被逐步淘汰。

关于轮椅使用者的规定

在英国，《体育运动场地安全指引》的表4和《无障碍体育场》（参见参考书目）的2.13节建议应该为轮椅使用者提供空间，其数量如下文所示；建筑条例《核准文件M》的表3建议附加少量的可移动座席。这些数字是非常通用的，应咨询当地残疾人团体以核准。

关于位置方面，《无障碍体育场》（参见参考书目）一书中提出了以下一些建议：

- 如果有可能，残疾人观众席区应该分散于体育场各处，以提供位于各标高层和各种价格的一系列位置。然而我们还会强调，由于实际操作和安全管理方面的原因，通常有必要

总座席容量	轮椅空间数量
1万以下	至少6个，或者是每100个座席1个，采用其中较大的数字。
1万～2万	100个，容量超过10000时外加千分之五
2万～4万	150个，容量超过20000时外加千分之三
4万以上	210个，容量超过40000时外加千分之二

在一定程度上保留成群安置使用轮椅的观众的方式。

- 观看区应该使残疾人观众在使用最少协助的条件下容易进入。
- 应该为主客场的支持者分别提供指定的观看区。当处于对方的健全人支持者之中或者在其附近时，许多残疾人球迷都忍受着孤独和恐惧。
- 不应该让使用轮椅的观众产生与主体看台观众隔离的感觉。
- 在为半步行和能走动的残疾人所设座席平台中，应该有通道可以通往该平台不同的区域。
- 与大群残疾观众集中在一起相比，将小群残疾人观众分散安置在看台区在安全疏散方面要更易于管理。

《无障碍体育场》2.15段建议每个指定的轮椅空间应该至少是1.4m×1.4m，这样可以容纳一个协助者站在轮椅使用者身边。

关于可走动的残疾人观众的规定

通常可以走动的残疾人观众比起使用轮椅的要多许多，但是到2006年为止在英国还没有关于所要提供空间数量的明确建议。《无障碍体育场》2.16段中含糊地说明，应该利用上述关于轮椅使用者建议空间数量的表格，确定整个体育场中提供给能走动残疾人观众的座位空间的最小比例，但是没有明确地指出可能的实施比率。再次申明，设施规模应该通过咨询当地残疾人团体来核准。

关于位置方面，2.16段提出了以下建议：

- 用于可走动残疾人的座位应该分散于体育场各处，管理人员应该明确地识别它们。
- 因为可走动残疾人行动困难，这些特别的座椅最好位于每排的最边处，并且靠近出口。
- 其中一些座位应该设置在经过台阶较少的地方，并且该处座席倾角不应大于20°。
- 在一些情况下，处于适当的位置的整排座位可以专为残疾人观众设计成高标准的舒适座椅，正如12.7节中所述。
- 在以上所有这些情况中，要注意可走动的残疾人观众可能并不愿意坐在主要为轮椅使用者及其协助人设计的区域。

站席和座席比

座席和站席供给的比例问题被激烈地争论过，尤其是对于英国的足球比赛来说，因此需要进行一些讨论。

理论上每平方米内大约有两位观众可以就座，而相同面积可以容纳大约四个站席。或者，如果按照《体育运动场安全指引》（见参考文献）中座席的最小尺寸计算，那么大约每平方米内3.1位观众有座位，相比之下，每平方米大约能容纳4.7个站席，两者的比例大约是2:3。

这些数据使得站席空间看起来更具有经济吸引力。事实上这个优势正在消失，因为必须为站席观众增加许多娱乐休闲设施。一旦将额外加入的卫生间和餐饮点数量以及增加的交通流线、疏散和安全障碍物空间考虑在内，所设站席的人均成本实际上比座席还要更高。

除却经济因素，这个决定将受到两个主要因素的影响：顾客的愿望和各项法律或法规要求。在顾客这方面，某些体育活动中有支持站席的深厚传统。许多体育迷确信一起站在看台上是观看比赛的精神本质；在赛马场，传统上有超过三分之二的观众是站立观看的，并且到处徘徊，而不是坐在座席上。为了使体育场能够恰当处理关于舒适性、遮盖和座席价格的问题，确定哪类观众将惠顾某个特定的体育场（依据社会经济群体和其他相关的特征）是至关紧要的，除非这些事项被完全搞清楚，此前不应进行任何的设计。

至于法律方面，大多数官方机构认为座席的观众比例越大，就越可能减少拥塞的问题，并且这个看法正影响着法规趋向。英国足球机构颁布了法规，规定现有的英超联赛和锦标赛足球场在1990年代的某个特定时期内必须转变成为全座席的体育场，较高级联赛使用的新建体育场将不提供站席。在国际足联和欧足联的规定中，不允许新建国家级和国际级比赛体育场拥有站席。

如果设计了站席，就会存在一种风险，即它们之后可能需要转变为座席。例如说，当一支足球队升级进入更高等级的联赛时，或者当主管部门要求全座席体育场时。在英国，足球证照管理局认为，同站席相比座席是一个固有的安全选择，因此他们建议新的站席应该建造成便于转换为座席的形式。

走出困境的其中一条出路就是采用一定比例的可转换区域。例如在德国，体育场为某些比赛临时转变成全座席的情况是相当普遍的。虽然这种可转换的站席在技术上是可行的，但是却提高了建设成本。

仍要容忍站席观众占较大比例的活动就是在体育场举办的音乐会，比赛区常常是提供给观众坐或站的。歌迷们自己摸索并自己决定占据哪个位置，许多人认为这种自发性对于这种活动的气氛是至关重要的。这个系统在美国被称作"欢节座席"，但是官方机构却认为这样是无法接受且危险的，因为组织者无法控制人群的位置。欧洲的实际情况正开始转变，现在已经有几个国家要求比赛区应为举办音乐会恰当地布置安全固定的座椅。在这些情况下球场应有覆盖物，这在第7章中已经进行了讨论。

总之，作者认为那些设计良好的站席看台是可以接受的——尤其是在英国的足球场和跑马场——但他们也认同，世界趋势不可否认地向着全座席体育场发展，这主要是由于观众对于舒适性要求的日益增长。

如果提供站席区，例如《残疾人歧视法案1995》这样的英国平等法规可能会主张残疾人观众有权利进入这些区域。在英国这一原则是被接受的，但是直至2006年还没有关于应该提供何种设施的明确建议。如需这样的指引可参考《无障碍体育场》（见参考文献）2.23段。

11.2.3　集客区和场地历史

除了如表11.1所示规范所规定的理论数量以外，了解基地自身的现状是相当重要的。虽然国际足联要求举办某类足球比赛要达到一定的容量，比如说3万座，但对潜在集客区的分析和过去观赛人数的调查（对于现状用地来说）可能会表明，这样的观众数量是不太可能达到的。因此对现实的分析必须占主导地位。

11.2.4　体育场建设造价分类

体育场的容量会受到建筑所需造价的限制。建筑造价和座席容量之间的关系往往可分为明确的类别。如果容量能够被保持在下一个

<table>
<tr><td colspan="4" align="center">体育场建设的典型造价分类</td><td align="right">表11.1</td></tr>
</table>

造价分类	体育场容量	典型的座席配置	典型结构形式、通道方式等
低	可达1万	每层看台10~15排	结构可能由地面支撑。 通道直接从座席看台前方引出，或者从后部的楼梯或坡道引出。 配套设施位于下方。 屋盖只悬挑出大概10m，采用轻质钢材或混凝土部件。
中	1万~2万	每层看台15~20排	
高	2万~5万	总共50排，分两层看台设置。	
极高	3万~5万	总共超过50排，分3或4层看台设置，加入第三和第四层通常是为了克服场地的限制条件，或者容纳剩余的贵宾包厢和类似设施，而不是为了容纳增加的座席容量。	

临界值之下，并可以不再增加看台以及结构的复杂性，就有可能避免成本出现不成比例的跃升。表11.1从理论上概括了这方面的四个主要分类（见第23章）。

这种座席容量和造价的分类也存在例外。例如墨西哥的阿兹台克球场（Aztec stadium），其环绕球场的单层座席看台就可容纳超过10万名观众；又如加拿大阿尔伯达省卡尔加里大学（University of Calgary in Alberta）的麦克马洪体育场（McMahon stadium），仅在位于球场侧边的两个单层看台就容纳了38000人。由于避免了设置第二或第三层看台，这两个体育场无疑有着较低的相对成本，但这是以牺牲观看距离为代价的。

11.2.5　分阶段的扩建

经过上述的调查研究，一旦确立了一个体育场的最小和最大座席数量，客户可能会选择适度的首期建设，并交由俱乐部来进一步扩展。

分阶段扩建对于开放式的体育场来说相对简单。如果最终的体育场是完全屋盖的（或者用美国的术语说是"有穹顶的"）就会十分困难。问题本质上不在于设计或最后阶段的建设，而实际上在于首期建设程度如果太过适中的话，未来的扩建成本将可能非常昂贵。

英国的带屋盖式体育场是通过分期的方式建成的，包括伦敦西部的特威克纳姆橄榄球场（Twickenham Rugby Football Ground）、爱丁堡的默里菲尔德橄榄球场（Murrayfield rugby stadium）和约克郡哈德斯菲尔德的基尔岩球场（Galpharm Stadium）。

11.2.6　屋盖的延伸范围

屋盖造价昂贵，对体育场的美学效果有着巨大的影响，但盖顶区所占百分比对于观众的舒适感是相当重要的。在某些地方，屋盖必须用以遮阳，其他地方用以避雨、雪或风。

因此对于每个体育场来说都必须对将要举办的体育比赛、比赛进行的季节和一天当中的时间以及当地气候进行认真的调研：见3.2节和5.8节。相关官方规范也可能会要求有盖顶座席达到一定的比例，应当向有关管理部门核查最新的规定。

在实践中，就英国和北欧当前在建的所有新体育场而言，其座席区都是有盖顶的，但站席看台偶尔会是露天的。只有在气候温和的地区，例如澳大利亚和美国局部地区，新体育场座席才会被建造成无盖顶的。

11.3　观看距离

11.3.1　最佳观看距离

最大观看距离的计算是基于这样一个事实，即人眼在视角小于0.4°时就会难以看清任何东西——尤其是当物体快速移动时。对于直径大约250mm的橄榄球或是足球而言，通过计算可确定，比赛场地最远角落和观众的眼睛之间的较佳观看距离不超过150m，最大的绝对距离是190m。对于直径仅有75mm的网球而言，最大距离最好控制在大约30m。《英国与欧盟共同标准13200—2003观众设施——第一部分：观众观看区布局标准——技术指标》（BSEN 13200—2003 Spectator facilities - Part 1: Layout criteria for spectator viewing area - specification）（参见参考书目）给出了一些关于各种体育运动的观看距离的指引。

测定这些极端位置的观看距离——例如比赛场地的斜线对角——可以得出较佳的观看区域，它们的平均形状表现为一个以场地中心为圆心的圆形，就是通常所说的"最佳观看圈"。在足球和橄榄球中这个圆的半径是90m，关于其他运动见图11.1。

11.3.2　实际局限

上面所发展得到的简单圆形区域只是看台布置的起点，必须通过几种方法进行修正。

首先必须承认，一些体育运动（例如曲棍球和板球）比赛时在如此大的场地上使用小直径的球，致使在这样的场地尺寸条件下不可能将观众安排在理论观看距离内。在这些情况下，必须面对的事实就是观看者将不得不观选手而不是球。

其次，在大型体育场内，观众并不是坐在地面层上，而是升高在地面之上20m或30m。在计算大型体育场内被升高的观众到球场中心的直接距离时，这种高度的影响必须被考虑进去。

再次，观众对于每种比赛都有自己喜爱的观看位置，以至于在最佳观看圈内某些区域的座位与其他与比赛距离相同的区域相比，会不那么令观众满意。这个问题将在下一节中讨论。

11.3.3　观看位置偏好

对于特定体育运动来说，观众喜欢坐在哪儿并不总是不言自明的。在足球比赛中，一般都认为最好的座位是在球场的长边上，那里有良好的视点可观看两个球门间比赛的动态。但是也有一个传统，即高度兴奋的球队支持者在球场短边特别是球门的后面观看比赛，在那里他们获得了观看侧边移动的良好视点，并在球门后列队将自己展现在对方球队的面前。就算是长边还有足够的空间，球迷仍会坚持成群结队的从球门网后面观看，对于那些不了解这个传统的设计者来说，会觉得这实在滑稽可笑。但是这样的喜好是存在的，设计团队必须在考虑体育场设计时明确这一现象，并适当修正"最佳观看圈"，以将最大密度的观众安排在他们喜爱的位置。

图11.2显示了不同体育比赛的首选观看点；图11.3到图11.9分析了一些著名的现有体育场。

11.3.4　利用转角

是在球场的四边设置四个矩形的看台并让转角脱开（图11.1c），还是环绕球场形成连续的"碗状"体育场（图11.1d），必须对此作出决定。

让转角保持开放的建设成本更低，并且在某些情况下有利于天然草皮，因为它加强了气流循环并让草地干得更快。但是这种做法仍然要牺牲有价值的观看空间，而目前的趋势发展就是充分开发最大观看距离内的区域，如图11.1e。相比转角开放的布局，一个连续的"碗状"体育场可以为观众和运动员提供更舒适的条件，就如在5.8节中提到的那样，并且比四个分离的看台在转角处尴尬的会合要更加悦目（见5.2.4节）。

对于一些残疾人球迷，转角也可以提供好

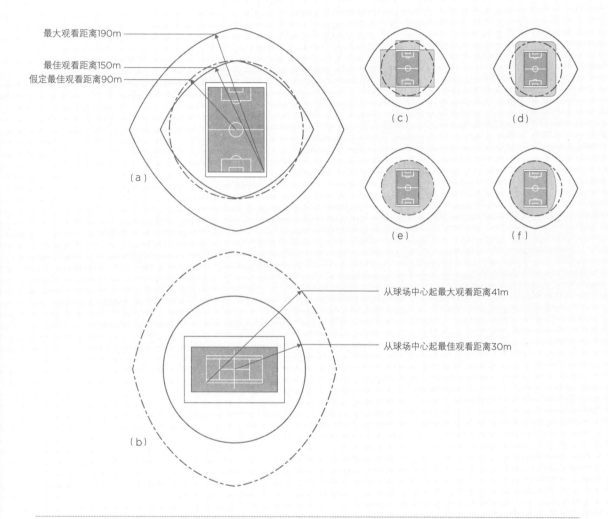

图11.1
比赛场地、最佳和最大观看距离和推断的"最佳观看圈"之间的关系。(a)对于足球和英式橄榄球来说,最佳观看圈是从中心点算起半径90m的范围。(b)草地网球观看距离尺寸。(c)传统上普遍采用的分离式看台,在未被发掘的转角处留下了潜在的看台空间。(d)这样的布置使得许多观众可以坐在最佳观看圈内,也有机会设计出更加受人喜爱的体育场(参见本书6.2.4节)。(e)这是(c)的一种变化,座席区延伸到最佳观看圈的边界,但是不越过它。这种布局可形成观众与球员的良好关系。(f)这是(d)的一种变化,只有比赛场地以西的座席区延伸到最佳观看圈的边界。这个布局使大多数的观众在下午的比赛中可以背对太阳

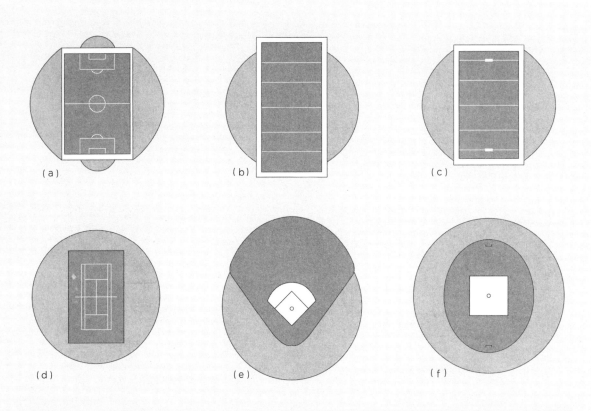

图11.2

一些重要体育运动的首选观看位置。（a）足球；（b）美式橄榄球；（c）联盟式橄榄球（d）草地网球；（e）棒球；（f）澳式橄榄球

图11.3

伦敦的温布利体育场（参见案例研究）。新体育场容量9万人，用于足球和英式橄榄球，并且可以添设田径跑道，一些座位位于最大观看距离线之外

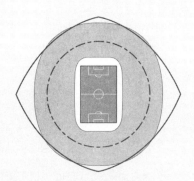

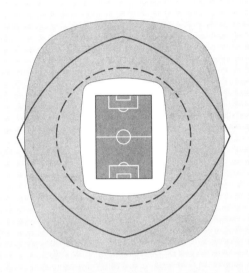

图11.4
墨西哥城的阿兹台克体育场（Aztec Stadium），建于1966年，仅用于足球。布局类型如图11.1d所示，但是看台太大无法满足观看需求：单层看台内105000个座席中大多数在最佳观看圈之外，并且有许多已经越过了最大观看距离

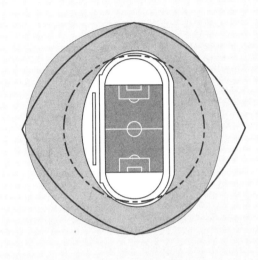

图11.6
1972年慕尼黑奥林匹克运动会的奥林匹克体育场，主要为田径比赛设计。座席形状比上述体育场更接近于一个圆，并且是不对称的，从而将8万观众中的大多数安置在比赛场地的南边。这个体育场太大了，以至于事实上所有的观众都越过了最佳观看圈，但是座席区外圈大多仍保持在最大观看距离内。沿着冲刺线和终点线的座席深度得到了最大化

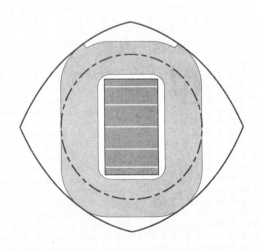

图11.5
加的夫的千禧球场（Millennium Stadium）。它拥有3层看台，英式橄榄球观众容量大约为72000，所有的观众都在最大观看距离线内

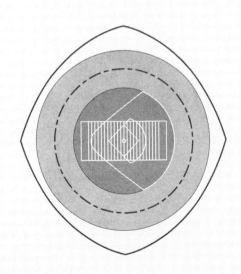

图11.7
一个完全是圆形的体育场。它位于美国哥伦比亚特区，可用于美式橄榄球和棒球。对于美式橄榄球，观众距离是可接受的，但是对于棒球则太远，这也表明在同一设施内安置两种体育运动是很困难的

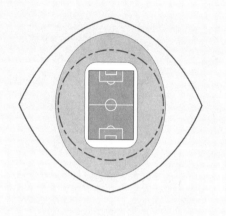

图11.8
英国伦敦的酋长球场（Emirates football Stadium）（参见案例研究）

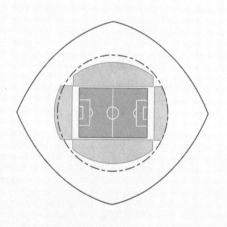

图11.9
基尔岩球场（Galpharm Stadium）位于英国哈德斯菲尔德，是一座足球和英式橄榄球体育场，四个看台内可容纳25000人，看台为观众提供了绝佳的视线并将所有人都安置在最佳观看圈之内

的观看视角，因为一些轮椅使用者不能在他们的座位上向前或向侧面倾靠又或者像健全人球迷那样转头。

11.3.5　为多功能体育场而作的设计

多功能体育场在财务上具有合理性，但是它们不一定会提供观众所喜欢的观看质量。每一种特定的运动类型都有自身理想的观看距离和座位位置，虽然有可能在一座专项体育场中满足这些要求，但是在一座必须容纳几种特点不同的运动的体育设施中，这就变得困难得多了。兼容和不兼容的例子如下所述：

- 足球和英式橄榄球明显可以兼容。虽然比赛场地尺寸有些不同，但二者都是矩形场地，观众首选观看位置虽不完全相同（图7.2），但是差异非常小。
- 足球与田径运动之间的兼容性要差很多。虽然这些体育运动经常安置在同一座体育场内，尤其是在欧洲大陆，这样做是以损失观看质量为巨大代价的。在足球场周边设置田径跑道会使足球球迷与球场间隔开一段较远距离，从而削弱了他们融入比赛的感觉。
- 美式橄榄球和棒球（这是美国的两个大量吸引观众的运动）不能恰当的兼容。由于造价的原因，它们有时候也会被建议设在同一体育场内，但是美式足球场的矩形和棒球场的菱形差异过大，以至于会让许多观众对观看条件感到失望。

这些问题在第8章已有充分的讨论。

11.3.6　结论

必须在设计任务书阶段就明确地决定将要容纳何种体育比赛、座席容量是多少，以及在努力实现这些目标时要遵循何种精度的最佳观看标准。如果在早期阶段没能处理好这些问题，体育场就可能无法令人满意。

11.4　观看角度和视线

现在我们已经设计出一个建议观看区的示意性图表，希望观看区可以满足以下三个标准：

- 观众区足够大，可以容纳所要求的观众人数；
- 所有的观众都尽可能靠近比赛，并且最大观看距离被保持在所定义的界限内；
- 大多数观众（包括残疾人）被安排在他们所喜爱的与赛场相对应的观看位置。

下一步就是将这些图表式的规划转化成为具有满意"视线"的三维看台设计。

"视线"这个术语并不是指观众和球场之间的距离，虽然非专业的评论员或许会不严谨地这样使用它；它是指观众越过前面人的头顶舒适地看见比赛场地上最近的注意点（"观看焦点"）的能力。换句话说，它所指的是一个高度（图11.10），而不是一个距离。

以下是一个关于N，即升起高度的计算范例：

$$N = \frac{(R+C) \times (D+T)}{D} - R$$

在这里：N=升起高度

　　　　R=眼睛和运动场上"观看焦点"之间的高差

　　　　D=眼睛到运动场上"观看焦点"之间的距离

　　　　C="C"值

　　　　T=一排座席进深

如果我们要分析一个观众的位置，这里R=6.5m，D=18m，T=0.8m，并且我们希望"C"值为120mm，那么升起高度必定为：

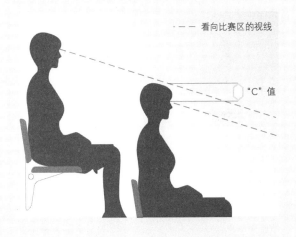

------- 看向比赛区的视线

"C"值

图11.10
"视线"一词指的是一个观众越过下面观众头顶看到比赛场地的一个关键点的能力，它是通过"C"值来测量的

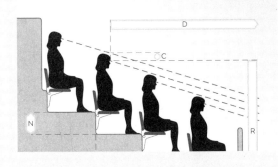

图11.11
视角，D=观众眼睛到观看焦点的距离，C="C"值，T=座席排距，N=升起高度，R=观众眼睛与观看焦点的高差

$$N = \frac{(6.5+0.12) \times (18+0.8)}{18} - 6.5$$

$$N = (6.512 \times 18.8)/18 - 6.5$$

$$N = 6.8014 - 6.5$$

$$N = 0.3014m$$

1 "C"值=150mm观众戴着帽子；120mm较好的观看质量；90mm头向后倾斜；60mm处于前排头部之间。

计算方法原则上是简单的，但是在实际设计中它却变得很麻烦，因为体育场每一排的角度都必须计算许多次（图11.11）。这是由于最佳观看角度是随着观众眼睛与球场水平面的高

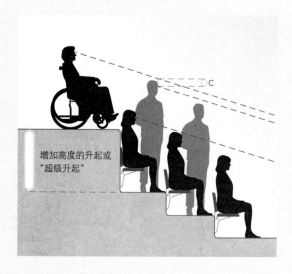

增加高度的升起或"超级升起"

图11.12
用"超级升起"确保轮椅观众可以越过前面观众的头顶观看，即使前面观众站起来

差以及与球场距离的变化而变化；因为各排座席的不同，每次其中任何的一个因素发生变化，上述计算就要重复进行。

轮椅使用者的"C"值

在英国，《无障碍体育场》（参见参考书目）2.17段建议轮椅使用者应当享有和其他观众同样的"C"值——比如说90mm——即使在前面的观众站起来的情况下，在激动人心的时刻这常常会发生。该规定起因于英国的《残疾人歧视法案1995》（访问www.opsi.gov.uk1acts.htm 和 www.drc-gb.org/）第19条的要求，该要求规定残疾人观众不应该获得比其他观众少的便利，可以用"超级升起"来满足这一规定，如图11.12所示。

在美国，《美国残疾人法案（ADA）和建筑障碍法（ABA）之建筑和设施的无障碍设计导则》（访问 www.access-board.gov/ada-aba/final.htm）的802条规范有大体类似的观点，但是要求没有这么严苛，某些人认为它比上述英国的规范更清晰并且更有逻辑性。

其他的国家采用的标准没有这么严格，这些事项应该向当地的规范制定机构核实。

11.4.1　计算机计算的使用

可能由于计算相当复杂，或是由于一些设计师不愿意因为现实的考虑而使他们建筑概念中的清晰形态有所缺失，几个近期建造的体育场在这方面做得比较失败。1990年意大利世界杯其中一个赛场在建成后才发现没有足够的视线，以至于不得不马上采取补救措施，但只有部分见效。在英国城市布里斯托尔，一个看台的设计者就曾经由于这个新建设施中没有足够的视线而被俱乐部控告。

考虑到恰当的视线设计的极端重要性，我们强烈推荐使用计算机采用可靠的和检验过的程序来进行分析。

专门从事体育场设计实践的专业人员，一般都开发了他们自己的计算机程序，这种程序不仅可以执行所有必需的运算，而且也可以根据结果出图。因此可以试验许多可能性，一个精确的看台形状在数秒钟内就可以产生。

11.4.2　计算方式

进行这种计算的方法在11.4节中已经描述过了；下面列出决定过程中的重要步骤：

1　决定比赛场地上的观看焦点

在决定观看焦点时，选择最靠近观众而运动员正在实际使用的比赛场地部分，因为这对设计来说是最麻烦的情况。

2　确定一个恰当的C值

C值是看向比赛区（或是活动区）的视线与下排观众眼睛中心之间的假定距离（图11.10）。一般情况下150mm会是一个极佳的设计值，120mm也很好，90mm比较合理，一般认为

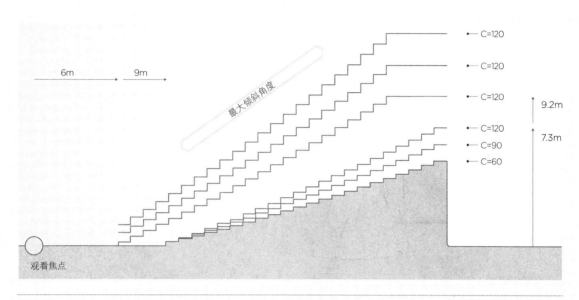

6m　9m

最大倾斜角度

C=120

C=120

C=120

9.2m

C=120

7.3m

C=90

C=60

观看焦点

图11.13
提高观看质量的方法包括增加座位与球场的高差；以及使座位更加靠近球场（观看焦点）

60mm是大多数条件下的绝对最小值，观众可以通过前排观众的头之间或者伸长脖子观看。对于新的设计，C值应取90mm为理想最小值。

但是要选择一个恰当的数值会受到几个因素的影响。例如，当"C"值太小而无法获取良好的视线时，观众可以提高他们越过前排观众头顶的视线，这仅仅需要他们将头向后倾斜，从而抬高其眼睛的水平高度。如果只是偶尔需要这样做，观众或许会感到高兴；但是如果总是需要这样做，他们会产生抵抗情绪，尤其是在长时间的比赛中（表12.1）以及坐在票价更昂贵的座位上时。

选择一个较低的C值，例如90mm或者甚至60mm，将使设计看台变得更容易（图11.13），在大型的体育场中，如果要避免一个极其陡峭的座席倾角，它们也许会是最大的可用值；但是在运动范围较大的体育比赛中，或者是在前排观众经常要戴帽子的情况下，这一数值所带来的观看效果将无法令人满意。

反之，如果选择一个较高的C值，例如120mm，将会获得有益的视野，但是却会使看台变得十分陡峭，并会为大容量或多层看台的体育场制造相当大的设计难度，尤其是在设计较远端的几排座席时。

因此，与其说C值的选择是一种不容置疑的事实，不如说是一种判断，对其作出恰当的判断对于体育场的成功绝对是至关重要的。《英国与欧盟共同标准13200—2003观众设施——第一部分：观众观看区布局标准——技术指标》针对不同的体育运动给出了建议C值的一些指引，这份文件主要建议将120mm作为一个较适宜的值，而将90mm作为可接受值。

无论取什么值，至关重要的是观众在整个比赛区（或活动区）能享有一个清晰的视野，并且因为C值较低或视线不足，不应鼓励观众站立。

3　确定前排座位到观看焦点的距离

这个距离越大，看台的倾斜角度就越小，后排座椅就可以更低，这些都是有利的因素（图11.14）。然而，由于用地的限制可能会要求采用紧凑的空间，这种情况下一座坡度陡峭的体育场就不可避免地出现了。

4　决定前排座位相对球场的标高

这些座位升起在比赛场地之上越高，观看的标准就将越高，但同时起坡就会越陡（图11.15）。分隔观众和球场的方式选择（围栏、壕沟或者改变高差，正如第9章所讨论过的）将影响到这一决策。建议眼睛高出球场的高度应少于800mm，绝对最小值为700mm。

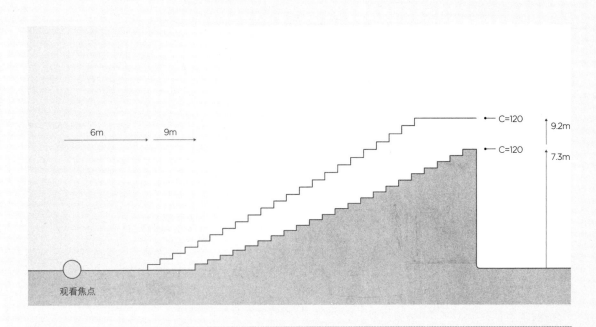

图11.14
第一排座位越接近观看焦点，起坡就越陡，为了符合给定的"C"值看台后部就会越高

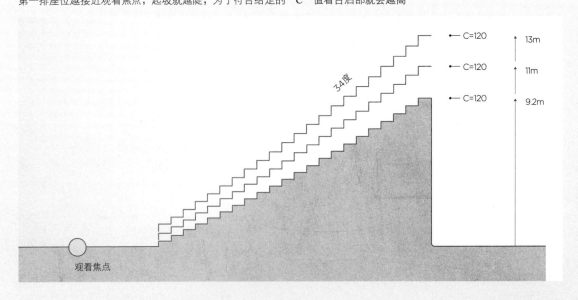

图11.15
第一排座位在球场平面以上越高，观看水准就会越好，但同时看台后部也会越高。这会带来建筑成本和外观方面的问题，也可能妨碍日光照射草皮球场

11.4.3　最终设计

通过调整平衡上述所有因素之间（图11.16和图11.17）、及其与用地限制和建造成本之间的关系，将诞生一个理论上的体育场形状。关于假想剖面，必须进行一些如下的检验：

倾斜角度

选择一个观众和比赛场地之间距离最小的体育场剖面，会得到一个过于陡峭而不利于舒适和安全的斜坡。一般认为一个斜坡的坡度超过34°（大约是楼梯的角度）是不舒适的，而且某些人在沿过道往下走时会引起眩晕，虽然说某些国家的规范仍允许更陡的角度。在英国，《体育运动场地安全指引》（参见参考书目）即所谓的绿色指引所推荐最大的角度为34°。在意大利，达到41°也是被允许的，但是这种极其陡峭的斜坡常常只出现在上层看台的后部。这时候为了安全起见和减少眩晕感，在每一排座位前方都会设置扶手。

并不是所有的国家都有详细的规定，但是在所有情况下，都必须用心核查当地实行的规范和法规。在没有详细规定的地方，倾斜角度将通常以楼梯的设计规则为依据。

变化的升起高度

计算得出的体育场纵向斜坡将不会是一个连续不变的角度，而是呈现为一条弧线（图11.18），每一个看台阶梯升起都比前面紧邻的那一个要高出1mm或2mm。由于建造过程趋于标准化，这样建造看台将比平直的看台更为昂贵。因此习惯将看台阶梯分成一个个小段，这样在提供了最佳的视角的同时又减少了升起高度的变化。在欧洲和北美，要获得精密的预制混凝土构件相对比较容易，因此看台阶梯的高度差范围能够控制在10~15mm之间。在缺乏发达技术的地区，比较明智的做法是将阶梯

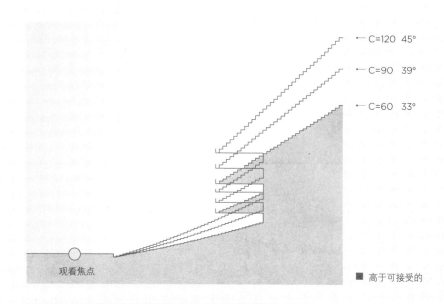

图11.16
一个范例，显示了通过调整上述图中确定的因素所获得的不同结果

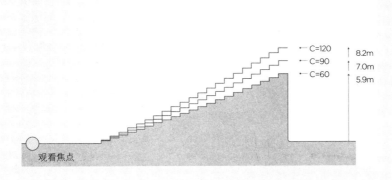

图11.17
改变"C"值对于倾斜角度的影响

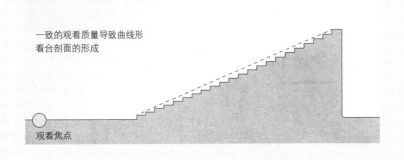

一致的观看质量导致曲线形
看台剖面的形成

脚注：C=150可以适应
戴帽子的观众，120为好
的视线标准，90需要头
部向后倾斜，60需要从
前排观众空隙间看

图11.18
要在看台层的每一排都保持一个特定的"C"值，所需要的升起高度不会是一个常数，而是会逐排变化。在实际操作中，
这个曲线剖面将建成一系列的小段，从而在最佳观看角度和建设标准化之间取得平衡

高度差范围提高到20mm或25mm。

当座席阶梯升起高度的变化导致楼梯步级的升起也发生变化时，可能会与当地建筑法规有所冲突，因为规范中有时候会禁止楼梯步级升起高度出现变化。应当对这一情况加以核实。在英格兰和威尔士，最新的规范注意到了这一点，并通常可以获得豁免。

当总体设计已经完成后，可以创建一个计算机图像，显示从眼睛的位置所看到的比赛场地，从而核查每个座位的视野情况。如果门票正在预售，可以利用这样的图像让有购票意愿的人提前看到他们在任何特定座位所能享有的视野。

11.5　阻碍观看的物体

某些运动比其他运动更为重视这个因素。在摩托车比赛或赛马中，在观众面前有一些柱子是可以接受的，因为车或马是较大的物体，它们经过柱子时其运动还是比较容易追踪的。相比之下，在网球比赛中，因小直径的球在阻挡视线的柱子后面快速往返而经常无法看清，这将是无法容忍的。无柱屋顶设计结构方面的问题已经在5.8节中有所讨论。

第12章　观众座席

12.1　基本的决策

下一个设计任务便是座椅本身。座椅的设计需要协调四个重要因素：舒适、安全、稳固和经济。

12.1.1　舒适

舒适度部分取决于某种运动所需要的观看时间，如表12.1所示。观众坐在一个位置上的时间越长，这个座位就必须越舒适。要想达到舒适的状态需要花费金钱，但是舒适有助于吸引观众，离开了观众，场馆不可能运作成功。每一个场馆的设计都必须权衡舒适与成本的关系；至今没有一个简单明了的条例来计算其中的平衡点，但是一个世界性的趋势是倾向于高舒适性而不是低成本。

不同类型赛事所需要的观赛时间	表12.1
赛事	观赛时间
美式橄榄球	3~4小时
田径比赛	3~5小时；有时候一整天（如奥林匹克运动会）
澳式橄榄球	1.5~2小时
棒球	3~4小时
板球	8小时/天，可能要连续比赛好几天
足球	1.5~2小时
爱尔兰式足球	2小时
草地网球	2~3小时
流行音乐会	3小时或以上
英式橄榄球	1.5~2小时
7人英式橄榄球	8小时

12.1.2　安全

从人群行为习惯的角度出发，关于座椅类型的安全性有很多不同的争论。通常的观点是：翻板座椅最为安全。因为比起其他的类型，这种类型座椅可以留出更宽的座间通道（如图12.3）。这样在紧急事件发生时，公众、警察、工作人员、急救人员能够更便利地穿过一排排座席。相对于这种观点，有些批评者认为，条凳式座椅（即没有靠背的座椅）更安全，因为紧急事件时观众可以把它们当阶梯逃生，但是这种观点不太被接受。

配有靠背的座椅更舒适，同时，这种座椅也是现代体育场的标准座椅。但是从发展进步的角度来看，设计团队还是应该仔细研究体育事件的类型和相关人群的习惯，再去确定座椅类型的选择。

关于防火安全，接下来的12.3.3小节会作出论述（即座椅材料的可燃性）。

12.1.3　稳固

有两项主要的问题可以帮助确定座椅所需要达到的稳固程度：

- 这些场馆里的观众可能会有一些破坏性的行为吗？比如观看比赛的时候站在椅子上，爬过椅子，或者将他们的靴子抵在前面的座椅上？
- 这些座椅是否会暴露在太阳下和暴雨下？它们会有经常的维修或是清理吗？

对这些影响因素的仔细评估会影响座椅、结构和安装方式的选择，如12.5节所述。

12.1.4　经济性

最廉价的座椅类型是在混凝土的底座上安装木质的或是铝制的条板。但这种类型现在很少出现在新建的大型场馆中。观众一分钟也不愿意在这种座椅上坐着，就是场馆管理人员也不太能接受这种原始的做法。

所以，实际上最廉价的座椅类型是安装在混凝土底座上的金属倒模或塑料倒模的复合座椅。最贵的则是有扶手的靠背软席。

12.2　座椅的类型

下述分析将从市场上最便宜的品种开始，并随着成本和舒适度由低到高来描述不同的座椅类型。

12.2.1　凳式座椅

现代凳式座席由一段段金属或塑料倒模制成，每个座位还带有凹洞，它们通常是通过一个金属底架固定支撑在混凝土基座上的。这种座席廉价、稳固，且比其他任何一种座椅所占用的空间都要少［英国观众设备供应商协会（the British Association of Spectator Equipment Suppliers（BASES）为它所建议的最小座席排距仅仅为700mm，在表12.2中也可看到这点］。但是这种座席并不舒适，即使使用也只能用在入场费最便宜的区域。而且必须仔细考虑它的防腐防坏问题。

《英国与欧盟共同标准13200—2003观众设施——第一部分：观众观看区布局标准——技术指标》（见参考文献）推荐最小座席排距700mm，并建议排距以800mm为适宜。

12.2.2　无后背的整体式座椅

这种座席和上一种样式类似，但它是一种整体式座椅。它也被称为"吧椅"。

12.2.3　有后背的凹式座椅

这种座席和"吧椅"一样低造价、易清洗，同时也更舒适；但是比起其他类型的座席（除了有后背的固定式座席）这种座席要占用更多的空间。从表12.2中可以看出，相对于凳式或无后背式的最小排距700mm、翻板座椅的最小排距760mm，BASES建议有后背的凹式座椅的最小排距是900mm，这显然要大很多。以上数据应与表12.2联系阅读。

12.2.4　翻板座椅

比起其他类型的座椅，这种座椅造价更高，并且不那么稳固，但是它却迅速成为体育场中运用最广泛的座椅类型。因为它们坐起来很舒适，并且哪怕最开始安装的时候没有装上

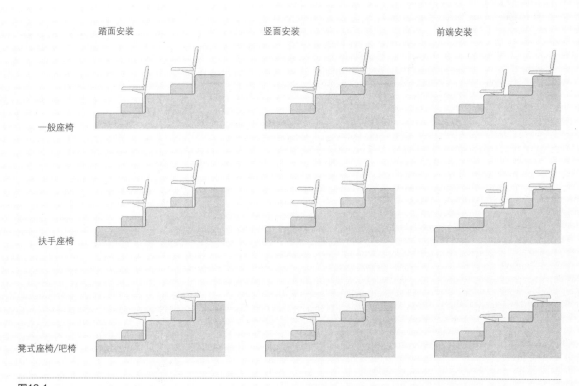

踏面安装　　　　　　　　　　竖面安装　　　　　　　　　　前端安装

一般座椅

扶手座椅

凳式座椅/吧椅

图12.1
座椅的可选类型很多，但最常采用的是竖面安装或踏面安装形式的塑料翻板座椅

软垫，也可以在之后升级更新。将座椅翻起后，观众、警察、工作人员和急救人员可以很顺利地通过，这使得场馆更加安全。此外，座椅下部及其周边的清洁工作也比较容易进行。

建议这种座椅应使用平衡锤（或弹簧），当无人使用时能自动翻起；活动的部位应避免金属与金属的直接接触，以免旋转轴腐蚀。

在被称为绿色指引的《体育运动场地安全指引》（见参考文献）中11.11段里，规定这种座椅的最小座位宽度为：不带扶手460mm，带扶手500mm。而从舒适度和可达性的角度出发，该指引建议座椅宽度都达到500mm。本书作者认为：465mm是没有扶手时的最小合理宽度，而500mm是有扶手时可以接受的最小值。BASES建议排距至少达到760mm才能较为舒

适，但还应参阅表12.2。作者支持760mm作为最小值，而推荐值为800mm。

《体育运动场地安全指引》认为，在新建场馆中，此类座椅的最小排距为700mm，如果考虑舒适度和可达性，建议至少应有760mm。《英国与欧盟共同标准13200—2003观众设施——第一部分：观众观看区布局标准——技术指标》认为最小值为700mm，推荐至少做到800mm；该标准还建议宽度最小值为450mm，而推荐最小宽度为500mm。

12.2.5　可伸缩和可移动的座席

在北美，可伸缩或可暂时拆卸的座席有着非常广泛的应用，这样场馆能适应不同的活动。在本书的第8章中对此有详细论述。本节

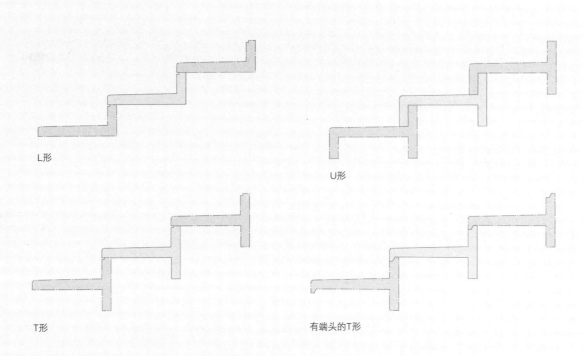

L形

U形

T形

有端头的T形

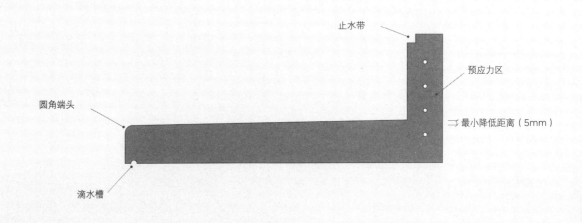

止水带

预应力区

圆角端头

最小降低距离（5mm）

滴水槽

图12.2
典型预制混凝土阶梯

座席和站席空间的尺寸标准 表12.2

国家	座席			座席区	站席区
	每排最大座位数	最小座席尺寸		人/m²（最大值）	人/m²（最大值）
		宽度（mm）	深度（mm）		
英国	28座	460 500（有扶手） 500（推荐）	700（最小） 760（推荐）	3	4.7（现行标准）
美国	22座	450 450	762（有靠背） 559（只有坐板）		
德国	72座	500	500	2.5	5
澳大利亚	30m凳长	450	750	3	5
意大利	40座	450	600	3.7	
瑞士	40座	450	750	3	5
挪威/瑞典	40座	500	800	2.5	5
荷兰	15m凳长	500	800		

注释：由于标准经常会被修订，以上数据在使用之前需要验证。

＊数据来自《体育运动场地安全指引》（见参考文献）

要着重提醒的是，如果使用这种座位，要注意避免遮挡固定座位的视线，或者降低固定座席的观看品质。

12.2.6 座椅设计的新趋势

除了变得更舒适的趋势外，在体育场内票价较高的区域内还为座椅安装了饮料放置位，并带有观赛指南以及可出租的望远镜。现在座席的设计已经能够与航空座位一样，观众可以通过一个手持装置来预订食物和饮料、下赌注或在显示屏上观赏赛事。

12.3 座椅的材质、面漆、色彩
12.3.1 材质

座椅的材质必须是可抗风雨的、稳固的、舒适的；可以选用铝制品或是某些木材，但是现在最流行的是塑料——聚丙烯、聚乙烯、尼龙、PVC或是强化玻璃钢。这些材料很容易被塑造成舒适的形状，且可选颜色较多。

支撑框架一般采用金属（焊接软钢，或是更贵的铸造铝合金），但是现在塑造成型的塑料框架以及框架和座位一体的塑料椅也开始出现，当然，现在对后者的使用进行评论还为时过早。

12.3.2 面漆

塑料座椅本身是不用喷漆的，但是为了保证它的金属框架有足够的使用寿命，金属框架是需要喷漆的。我们认为，通常情况下座椅的使用期限大约是20年左右，不同类型之间会稍有差别。

对于特定类型的面漆来说，防静电尼龙粉面漆只能用在有遮盖的场所；热浸镀锌面漆（在英国参照《英国标准729》）适用于暴露在露天环境的座椅框架；然而保护作用最强的很可能是在磨砂基层或镀锌基层上使用的防静电尼

用于座椅的主要塑料的性能					表12.3
	紫外线聚丙烯	防紫外线防火聚丙烯	紫外线高密度聚乙烯	聚酰胺（尼龙）	PVC复合物	强化玻璃塑料
原料成本因素	1.0	1.4	1.2	3.2	1.8	7.0左右
适用性	适用性强	有限制的使用	适用性强	有限制的使用	有限制的使用	有限制的使用
色域	非常广	较广	非常广	有限	有限	非常广
批量生产	非常适宜	适宜	非常适宜	适宜	适宜	不适合
阻燃性（BS 5852）	火源0	火源7	火源0	不燃	不燃	不燃
低温反应（−5℃）	脆弱	脆弱	优秀	优秀	优秀	优秀
高温反应（50℃）	优秀	优秀	良好	优秀	优秀	优秀
废物的回收和利用	容易	中等容易	容易	中等容易	专业的	不能
耐气候性	良好	良好	良好	优秀	优秀	优秀
变形	易恢复	易恢复	不易恢复	不适用	不适用	不适用
已生产的年限	27	04	20+	19	01	25+

注意："原料成本因素"只是一项背景信息，和购买的单位成品的价格没有直接的关系。这个表格由足球场馆顾问委员会授权发表。

龙粉的面漆。虽然这种面漆比其他面漆都贵，但是可以提供有效保护，只要它不受到破坏剥离，就能有效隔离酸雨、盐的腐蚀并抵御重击。

12.3.3　可燃性

　　对于体育场的安全来说，材料的阻燃是一个重要的因素，在选择某种座位之前必须咨询最新的法律或法规。

　　在英国，到本书写作时为止，阻燃的最低标准为《英国标准5852（British Standard 5852）》第一部分所述的火源0。座位也可使用较高标准的、第二部分的火源5，但是现在座位宁愿用更少的颜色，更高的价格，而不会选择使用不那么阻燃的材料。使用添加剂可以使塑料有更高的阻燃性，但是这种做法是有争议的，因为一旦燃烧起来就会释放有毒气体。

　　一些专家认为，考虑到消防安全，座位的

设计和材料的选择一样重要，而且在选择座位时应该考虑使用双层表皮等因素，以避免边缘过薄及易燃。

12.3.4　色彩

　　颜色是很重要的，它可以帮助场馆管理人员建立色彩标识系统，并将这种系统与票务系统匹配。当部分座位空置的时候，座位的颜色是营造场内气氛的重要因素。另外一种做法是采用不同颜色的座位，这会显得上座率很高。我们在葡萄牙的阿威罗体育场（Averio Stadium），以及伦敦2012年奥运会手球馆铜盒子体育馆中（Copper Box）可以看到这样的例子。

　　当真的只有很少的观众时，这种做法可以让场内显得不那么空。有些颜色能够较好地保持自身的色彩，这样可以减少由于紫外线或者酸雨等环境污染使材料发生脆变而产生的影响。这在座椅预计的20年左右的生命周期里是非常重要的。在制造中，除了色素的使用，添加剂也会对颜色的质量产生影响。静电会影响观众的舒适度，使用添加剂可以控制静电的产生。

在英国，当选定座位的颜色时，色牢度的评价可以参照《英国标准1006：BO1C》蓝色羊毛标准或者类似的标准。此外，座椅暴露的程度决定了选择的座位在多久时间内可以较好地保持住自身的颜色，但是很难去定义这个程度是多少，甚至同在一个体育场内程度都会不一样。而紫外线稳定剂和吸收剂能帮助保持座椅的外观。一般的规则是，与轻快的颜色，如天蓝、粉红等相比，浓重的颜色更容易褪色，例如像黑色、蓝色、红色和绿色。虽然不同的座椅制造商往往拥有自己的可选色彩范围，这种选择却并无多大用处，除非只订购了少量的一批座椅。如果需要足够数量的座椅，几乎可以使用任何的颜色，但这也取决于所选择的产品本身。

12.3.5　清洁性

座椅必须设计得很容易被雨水清洗并且不会滞水。常用的做法是在固定的座位坐板中间留一个排水的小洞。座椅应能安装座位编号牌、容易清洗并不易破坏。如果座椅是干净而且保养良好的，观众将会更为爱惜它。座椅周边和底下也应该易于清洁，安装的时候也应该要考虑到这一点。总体来说，越少在地面或阶梯踏面上安装，体育场就越容易清洁。因此更适合在阶梯竖面进行安装。

12.3.6　安装

座椅的支撑框架应该用防锈固定件——如使用不锈钢固定在水泥阶梯上，防锈固定件不会给总体造价增加太多负担，但是会极大地强化美观和持久性。座椅必须很牢固，因为观众经常会站到座椅上，或把腿抵到前面的座位上。这样会给座椅造成很大的压力。设计者往往会低估体育场座椅被磨损的程度，一个适用的标准测定是英国的家具行业研究协会［（Furniture Industry Research Association）（FIRA）］测定，这一测定是基于《英国标准4875》第一部分的评级5。

设计者可以选用的其他安装固定形式，在接下来的12.6节里有详细叙述。

12.3.7　现有体育场的翻新

在现有的体育场设施的看台阶梯翻新改造中，看台的构造限制了可能的座席安装形式，尤其是一些较老的体育场。因为座椅的改装需要大量的安装点，所以在拥有大量座席的体育场改装中，看台的构造是一个重要的因素。几个座椅甚至加上地板构成的一个完整单元，会被安装在现有的结构之上，这个完整单元的材料可能包括钢铁、铝、预制混凝土甚至强化玻璃钢。

12.3.8　其他因素

"竖面安装"类型比"踏面安装"类型更为合适（详见12.6节）。每个座位都应该有地方安装一个号码牌、甚至赞助商牌。

现在的趋势是要求座椅上设有架子以放置饮料，一般架子应安装在座椅框架上以保持稳定。在可用踏面宽度不小于700mm的条件下可以安装这些设施。

12.4　座椅的选用

在大多数的体育场里，尤其是大型体育场，基于以上的考虑，往往会安装许多不同类型、不同价格、针对不同观众的座椅。

在票价便宜的区域，会使用如长凳或者无靠背座椅等不那么舒适的类型。这样会节约座椅间空间，在一定的区域里能容纳更多的观众，座椅的安装也更便宜。但是这些座椅也有一定的缺陷，在12.2.1和12.2.2节里已有详细论述。

大部分的座椅都会选用独立而有靠背的类型——尤其是坐板可翻起的那种。这种类型是最舒适的，有着最大的宽度（见下节），比起无靠背的类型更方便也更安全。在国际足联（FIFA）对足球赛场的要求中，就明确规定了大部分的座位都应设有靠背。

最高级的是贵宾或特殊人群使用的区域，这里有遮盖以应对不良气候，也能与观众的不良过激行为隔离开来。这些区域需要带扶手和靠背的软垫椅，座椅大小比例应令人感到舒适。包厢的座椅设置在第13章里有更详细的论述。

12.5　座椅的尺寸

座椅的尺寸设计必须注意在左右和前后都留足够的空间，一方面是为了舒适，另一方面是为了紧急状况中警察或其他人员的通行。

12.5.1　安全性

显然，最重要的一点是在每排座位间留出观众通行的通道（如图12.3），推荐的最小宽度为400mm，在《体育运动场地安全指引》（见参考文献）的11.12段中指出，当一排仅有7个座位而一边有过道时，或一排仅有14个座位且两边有过道时，这个距离可以减小到305mm。当然，座间通道越宽越好，同时有很多因素会对这个宽度造成影响，包括：

- 国家法规里规定的一排座位的最大值；例如在英国，这个最大值为28座。
- 警察和工作人员很可能会强行带走某个观众。

人群越有可能发生骚动，较宽的过道就显得越重要。

- 急救人员可能需要将不适的观众抬出去。
- 冬天的时候观众会穿厚重的外套，在冬季很冷的地区，体育场有可能在寒冷的气候条件下使用；因此，这些场馆的通道要比常年温暖地区的场馆通道要宽。
- 清洁工在通过过道时，常常会拖着很大的垃圾袋。
- 宽一些的过道使观众起身去买东西更加容易。

12.5.2　舒适性

全世界普遍接受的最小座位宽度是450mm；但是考虑到95%的男性和女性的肩宽在480mm以内（不包括冬天观看比赛时会穿上的厚重衣服的厚度），这个最小宽度是不合适的。500mm的宽度可以给观众更多的余地，他们调整身体姿势时也不会打扰到邻座。本文作者推荐465mm作为没有扶手座位的最小宽度，500mm作为有扶手座位的最小宽度。

12.5.3　推荐值

考虑以上各种因素，表12.2和图12.3给出了座位尺寸的推荐值。这些尺寸需要根据当地或本国的相关规定进行校核，尽管后者经常不存在或者是不充分。

座位的高度也会影响到舒适性，建议高度为430～450mm之间。

12.6　座椅的安装
12.6.1　安装类型

如图12.1所示，有三种安装类型，他们是：

踏面安装

座椅框架被支撑在阶梯地面上并用螺栓固定。

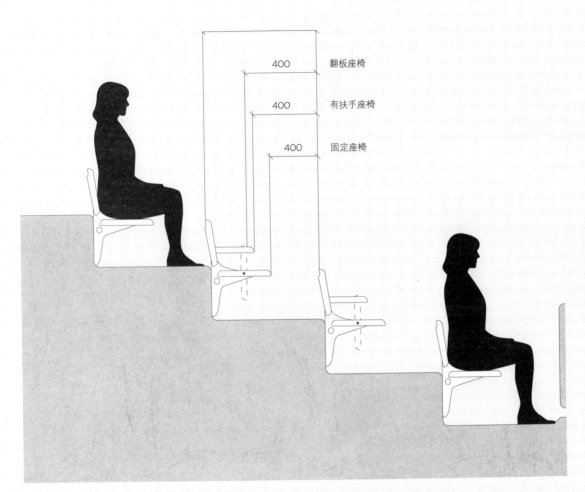

400   翻板座椅

400   有扶手座椅

400   固定座椅

从座椅的最突出点算起的过道净宽

图12.3
最小座椅尺寸

前端安装

座椅框架被支撑在阶梯踏面的前端并用螺栓固定。对于原来让观众直接坐在水泥台上的体育场，这是一种简单的改装座椅的方法。

竖面安装

座椅框架受阶梯竖面的支撑并用螺栓固定，留出完整的踏面。

另一种类型是：结合踏面和竖面安装。

这种方式在竖面较浅的地方可以采用，例如竖面高度不足200mm。

12.6.2　安装方式的选择

座椅类型的选择和座椅安装方式的选择是相关的。需要考虑的事项包括：

- 座位可以固定在一段段长条的相连框架上或单个框架上。前者较为便宜，但为了配合体育场的几何形状，可能需要采用相连框架和单个框架结合的方式。
- 当现有场馆进行翻新升级时，需要现有支撑阶梯做出的改变最小的座椅框架将会节省投资。相关信息见12.3.7节。
- 座椅直接安装在踏面上使得垃圾会聚集到安装点周边，使清洁工作更困难。
- 在多雨的气候下，座椅直接安装在踏面上或地板上会容易锈蚀。
- 竖面安装使清洁更方便，同时能减少雨水导致的锈蚀。但是需要有一定的竖面高度，至

少要200mm，这不总是能够满足的。

总的来说，竖面安装较有优势。它易于清洁又不那么容易锈蚀，尤其是搭配翻板式座椅的时候，但是也会受限于上文提到的竖面高度要求。

12.6.3　框架的面漆

金属框架的面漆有三种主要类型——防静电尼龙粉面漆、热镀锌面漆或者是两种面漆的调和漆，详见12.3.2节。

12.7　无障碍座椅

坐轮椅的观众一般会将他们的轮椅停靠在相应的位置上，然后就坐在他们的轮椅上观看比赛，详见11.2.2节和11.4节。当然，也有部分观众会希望到达场地后能从轮椅移到座位上。

能走动的残疾人观众一般会在座椅上观看赛事，在11.2.2小节里详述了无障碍座椅的位置和数量。至于设计标准，《无障碍体育场》（见参考文献）的2.16节推荐残疾人所用座椅应该特别加宽并有特别加大的伸腿空间，如果座椅配有扶手，这个扶手应该是可拆卸的。虽然《体育运动场地安全指引》（见参考文献）的12.13段建议最小位宽为500mm，最小排距为800mm，但对于能走动的残疾人观众来说，这些尺寸应当适当增加。例如，座椅应能适合在弯腿方面有困难的观众。

第13章　私人观赛和私人设施

13.1　简介

体育场是否需要有私人观赏设施？如果要有应该是怎样的规模？这些问题是每个体育场的设计任务书中必须认真考虑的。这些区域的票价收入经常补贴体育场内其他地方座位的票价收入。正如下文所述，其根本原则是以设施和价格的差异性来满足尽可能多的细分市场的需求。

13.1.1　座席标准的变化范围

对超高标准的休闲和餐饮设施的需求以及对其作出支付的意愿和能力是因人而异的。一座成功的体育场需要积极开发这些差异性，如提供最多层次质量的座席（如观看位置、座位舒适性等方面的不同）、同样多层次的餐饮和配套设施以及不同顾客乐意接受的不同价格。

表13.1列出了十种基本的座席、站席分类，并将它们按照豪华程度和价格等级递减的顺序排列。这些可能性并非是绝对的：其他的变化也将影响座席的观看标准和票价，例如高层或低层以及前排或后排的不同。表格的第三列说明了在某个特定的体育场中预计归入每一类的观众的近似百分比、售票的可能依据以及适当的空间标准。所有这些数据仅仅是示意性的。

13.1.2　私人设施

安迪·沃赫尔（Andy Warhol）曾经说过：每个人都有出名十五分钟的时候。如果她的说法是对的，那么可以认为我们所有人都将在人生的某个阶段需要贵宾设施。然而，随着使用人数的增多，这些高标准的设施将变成一种普通的期待。无论这个理论的价值如何，事实上，在所有未来需要自负盈亏的体育场的发展中，都是需要提供私人的观看场所的。由于体育赛事必须跟许多其他可供选择的休闲项目进行更加激烈的竞争，为了提高市场份额，提供舒适度而不是简单粗犷的设施就变得至关重要，但是还要说的是，体育设施和高品质服务正在被观赛人群中更广泛类型的群体所享用。当然，这些高级座席对体育场的利润有很大贡献。个人使用私人包厢将要支付相当于一般座位数倍的费用，而且他们通常会在体育场的商店内慷慨消费食物和饮料。

体育场有可能提供的各类观赛座席标准　　　　　　　表13.1

1. 私人包厢	设施完备的私人餐饮设施和酒吧	10~20人的包厢 1%~2%的观众 3年的合约 排距850mm的扶手软席
2. 行政套间	专用私人餐饮设施和共用酒吧	4~20人套间 1%~2%的观众 1~3年的合约 排距850mm的扶手软席
3. 俱乐部座席和用餐	带有共用酒吧和休息室的专用座位和专用餐饮设施	餐馆里设有2~6人桌 1%~2%的观众 1~3年的合约 排距800mm的扶手软席
4. 俱乐部座席	带有共用酒吧和休息室的专用座位	设施完备的休息室 2%~4%的观众 1~3年的合约 排距800mm的扶手软席
5. 会员座席和用餐	带有共用酒吧和休息室的专用座位	设施完备的餐厅和酒吧 1%~2%的观众 带餐饮的季票 排距760mm的扶手硬座
6. 会员座席	专用座位与共用酒吧	上栏第5项的酒吧设施 2%~5%的观众 季票 排距760mm的扶手硬座
7. 公众座席（多种标准）	带有公共酒吧和特许经营区的座位	种类广泛的特许经营店 5%~15%的观众 赛票或是季票 排距760mm的靠背座席
8. 一般座席	有公共酒吧和特许经营区的凳式座椅	各类的特许经营店 5%~15%的观众 赛票或是季票 排距700mm的无靠背座席
9. "网球"包厢	设施完备的独立区域，每个区域可容纳一组座位（例如8~12人）	在澳洲电信体育场内使用 配备冰箱和茶点
10. 站席（某些场馆有）	有公共设施的站立区域（也许需要更多的工作人员）	各类设施 5%~15%的观众 赛票或是季票 排距380mm

从这样的服务设施中产生的收入通常与所提供设施的成本相当不成比例。许多新的建设项目如果没有这些额外增加的设施将无法运营，并且对于一些俱乐部来说，它们对财务成功十分重要。因此许多历史悠久的体育场正在进行翻新，以获取新的市场和收入的最大化。

因为私人的和俱乐部的设施能够被开发作为各种社交和其他用途的功能，拥有这种设施的体育场通常比那些没有的体育场能更好适应多功能使用。为了进行多功能开发，这些设施应当总是被设计成能灵活使用和灵活适应的形式。

对于这些区域，美观和品质显得非常关键，比如说要有可调节灯光和精心设计的家具。可能会需要出现企业客户的品牌。可以允许客人在各个包厢、套房和俱乐部区之间游荡，这可由管理方自行决定。但是必须考虑安全性和可控性。

13.2　趋势
13.2.1　北美

在美国，体育场管理者努力争取最多的贵宾座席。他们同样也努力尝试使这些区域内收益良好的附加设施数量最大化，从而引诱顾客在赛前、比赛期间和赛后尽可能多花时间在这个场所停留。管理者希望通过这个途径从他们的老顾客那里抽取更多的利润。

拥有高级设施使用权的顾客被鼓励在比赛开始前到达，并于赛前、赛后在体育场内的设施里进餐或款待业务伙伴，并可通过贵宾区内的"商务中心"所提供的电话、网络和计算机等设备进行商业交易。在更加先进的体育场内，有赛事的时候顾客可以花上一天中的大部分时间在贵宾区内享受（甚至进行一些商业活动），而不是仅仅前来观看比赛两、三个小时。美国得克萨斯州达拉斯附近的牛仔体育场提供了一个很好的示范（见案例研究）。

13.2.2　英国

在英国，体育场管理通常不像在美国那样商业化，但是上面概括的所有趋势都正在英国发挥着作用。位于伦敦的新温布利体育场（见案例研究）就是一个突出的例子，其他案例还有阿森纳足球俱乐部的酋长球场（同样位于伦敦）以及约克郡哈德斯菲尔德市的基尔岩足球和橄榄球体育场（Galpharm football and rugby stadium）（Populous事务所设计）。

以下是这些体育场的一些重要特征：

基尔岩体育场（Galpharm stadium），哈德斯菲尔德市
- 总计25000名观众的座席；
- 50个行政包厢；
- 400座的宴会厅；
- 酒吧和餐厅、商店和办公；
- 30个练习位的泛光灯照明高尔夫训练区，旱地滑雪坡；
- 流行音乐会场；
- 800个停车位；
- 足球和橄榄球博物馆；
- 托儿所；
- 特许经营商店；
- 室内游泳池、舞厅和健身房。

温布利体育场，伦敦
- 总计9万名观众的座席；
- 为14400名俱乐部观众提供的中间层座席；
- 160个包厢，能容纳1918位观众；
- 两个可以直接看到球场的餐厅，各自可容纳154人；
- 可容纳2000人用餐或进行会议的大厅；
- 位于低层座席的博比·摩尔俱乐部（Bobby Moore Club），及其专用的、可坐1900人的餐厅；

- 其他可提供不同食物种类的餐厅；
- 公共大厅内有咖啡馆、食品店、酒吧和报摊等

酋长球场，伦敦

- 6万名观众的座位；
- 150个行政包厢，配有三个网吧，每个可以容纳70~100个人；
- 6800个俱乐部座位；
- 4个可以俯瞰球场的大型酒吧/餐馆；
- 4个小酒吧；
- 可以俯瞰球场的主管餐厅，可容纳110人；
- 可以俯瞰球场的钻石俱乐部餐厅，可容纳200人；
- 公共大厅内有食品店、酒吧和报摊等。

13.2.3 其他国家

　　世界各地私人设施的发展趋势是不同的。总的来说在日本的管理正沿着与美国相同的道路的发展；在法国和西班牙也同样采取了愈加商业化的途径；但是德国的趋势是反对任何带有"特权"味道的做法，而倾向于尽设计师和管理者所能为观众提供公平的座位。在中东和远东几乎都是实用的大型碗状体育场，没有不必要的装饰，人们来这里只是出于观看体育比赛一个目的。主要的例外就是赛马场，它们在亚洲是最精致的。

13.3 设计

13.3.1 与球场隔离的程度

　　对于所有私人观看设施，一个重要因素需要在设计早期就确定下来，就是这些区域的人们是否应该在一块固定的玻璃后面观看比赛，如图13.1a所示。这种情况在美国相当普遍，但是在英国却较少。英国的实例包括足球俱乐部托特纳姆热刺队和伦敦女王公园巡游者队（*Queens Park Rangers*）的球场。

　　对这个问题体育场的业主应当具有选择权，但是本文作者认为一个完全融入比赛的气氛是至关重要的，人群的欢呼声传入固定隔音玻璃后面的房间，并不能够完全取代这种气氛。更好的解决方法就是在设置私人房间或包厢时，它们附带的座位设在体育场形成的"井"里，位于体育场建筑围护体之外，并将招待设施和其他设施设在它们的后面，由玻璃隔断（图13.1b）。当然，应根据当地环境考虑气候和安全等方面的因素。图13.1.c显示了一个折中的解决方案。

13.3.2 私人包厢

　　如表13.1所示，私人包厢是最高级和最高价的设施。每个包厢（图13.2）通常容纳10~20人，但是关于这个内容没有一定的准则：决定性的因素也许仅仅是在不损害舒适性和观看的水准的条件下所能够安置的座位数量。每个包厢通常会自带的食物备餐室、酒吧和甚至卫生间（如果单独设卫生间成本太高，可为几个包厢设置共用卫生间）。

厨房和备餐室

　　这些设施应当在包厢的后部，可能会有与包厢使用者隔离的独立通道，这样供给食物的服务员来去都不会干扰顾客。根据所提供服务的标准，备餐室可以十分简单，仅设一条没有排水的长直工作台，也可以十分豪华，比如精心装配的U形工作台，与酒吧、制冰机、咖啡机和用于洗涤的给排水设备整体结合在一起。

　　如果包厢是成对设计的，它们的管道设施可以结合起来设在一个管井中，并可设置一个能够通往两边备餐室的门。

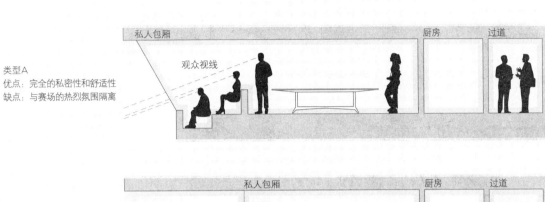

类型A
优点：完全的私密性和舒适性
缺点：与赛场的热烈氛围隔离

类型B
优点：仍然有私密性，但能像普通观众那样观赛
缺点：观看区和饮食区隔离

类型C
优点：使用的灵活性
缺点：使用者在使用设施时会远离赛场

图13.1
有三种私人观赛的空间布置方式：类型A是在玻璃后；类型B是处于体育场中，其后是由玻璃遮挡的私人区域；类型C是在体育场中，后面是一个过道。每种类型都有其优点和缺点。当选择类型时，气候因素和安全因素都必须考虑进来。对于类型A，墨尔本板球场（Melbourne Cricket Ground）采用了一种平衡的方法：安装可向上开启的玻璃窗，使得室内的空间能向体育场空间开放

卫生间

每个包厢可以拥有专用卫生间，但会非常昂贵，更通常的解决办法就是设置一组包厢共用的卫生间。卫生间应有安全的专用通道，同时要达到四星级标准。如果卫生间是为一组包厢提供的，就应当有与体育场其他部分相比比例较高的女士卫生间。

私人包厢休息室

这是一个普通的休息室，包厢的使用者可以在这里进行社交或商务活动。这里应当有食物备餐室、酒吧和通往专用卫生间的通道。

13.3.3   行政套间

这些套间本质上类似于俱乐部专用区（见

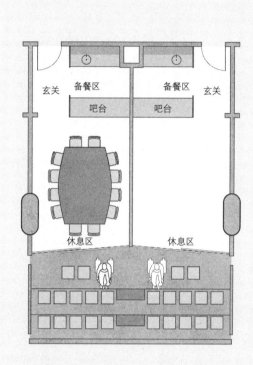
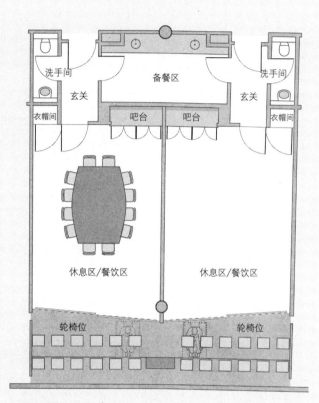

图13.2
典型私人观赛包厢平面布置图

下节），但是它们提供了更高标准的舒适度和时尚度，并很可能具有更高等级的私密性以满足有更高要求的顾客，令他们愿意支付更高的费用。在美国就有先例，它们为顾客提供设有空调的俱乐部房间，内设剧院式的座位，由此座位可以享有看向比赛场地的一流视野，并设有一系列会员专用的高级餐饮服务。

13.3.4　俱乐部专用区

俱乐部专用区是一般体育场的高级分区或楼层，拥有自己的餐厅、酒吧和卫生间以及十分舒适的座位，以满足富裕顾客的需求，他们愿意为高级设施支付额外的或高昂的费用，但

又不准备像私人包厢持有者那样置身于10或20人的单独空间。这些用房主要出现在较大型的体育场中。

由于这种设施的使用将会随着不同比赛而变化，所以应当通过设计，使这些区域在非比赛日或在某个特定赛事期间未被使用时能够用作其他功能。

每个俱乐部区域将拥有自己的酒吧，可能也会有厨房设施，这要取决于某个特定的体育场的饮食或服务供给的组织情况。它们可能有自己的独立卫生间，且不应与其他使用者合用。这些用房有三种类型的使用者。这类区域随场馆的不同而变化，但是都需要良好的空间

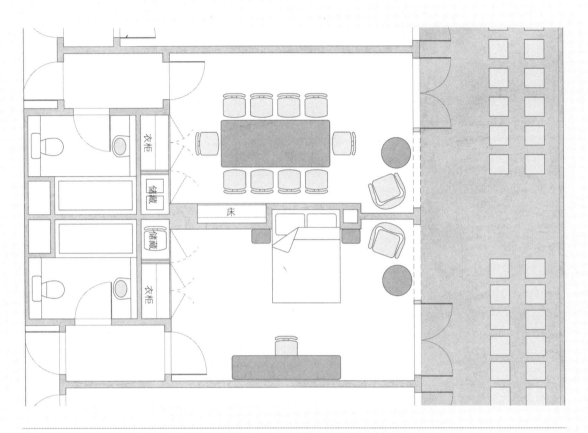

图13.3
可转变成酒店房间的私人观赛包厢范例

容量，例如1.5~2m²/人。

贵宾室或主管休息室

　　该区是用来款待主队俱乐部邀请来的客人，房间的面积通常要求有60~100m²。这一空间需要直接连接到主队主管用房，最好就是能直接通往主管观赛区，但是不需要可以眺望到运动场。

来宾房

　　该区由客队主管及其宾客使用。同样的，房间的面积通常要求有60~100m²，该房应当直接连接主队主管用房，并有通道直接联系主

管观赛区，不需要眺望运动场。

赞助人休息室

　　这个空间由俱乐部或个别活动的赞助人所使用，用来款待他们邀请来的宾客。它可以有一个或者多个私人招待包厢（见前文），或者提供一个完全独立的空间，当赞助人不使用时，这个空间可以出让作为普通的娱乐用途。其面积大约是50~150m²，而且不需要眺望运动场。

13.3.5　会员用房

　　这些房间的特征与上述的俱乐部专用区

相似，但是不如它豪华，具体可见表13.1的规定。

13.4　多功能使用

如果经过仔细的设计，例如俱乐部专用区或者包厢这样的私人设施可以服务于多种用途，而不仅仅是比赛——见第8章。例如包厢间可移动墙体的使用，将允许这个区域在包厢不使用的时候可以合并成为更大的就餐空间，并可能在非比赛期间变身成为一个公共餐厅。

但是，活动墙体造价昂贵，管理成本也高，应与运营商共同决定是否使用。另一种可能性是选择能提供多功能用途的固定设施。

私人包厢的尺寸与酒店的客房相当接近，理论上说它们从一开始就应该可以设计成这种双用途的形式，只需适当增加建设成本就可以配备一套完整的浴室（图13.3）。位于多伦多的天穹体育场在这方面具有开创性。近期的一个典型案例是哈德斯菲尔德的基尔岩球场，它的私人包厢可以转化成酒店客房。

第14章 流线

14.1 基本原则

当提到体育场内的交通流线规划设计时，它的两个主要目的就是使用者的舒适性和安全性。

舒适

人们应能容易找到到达他们座位的路线（或到达卫生间或餐饮设施，或是回到出口），而不会迷路或混淆。另外，他们应当能够愉快地走动，不会在过度拥挤的空间内被推撞，不至于被迫攀爬过分陡峭的楼梯，也不会在有高差变化时失足跌倒，而这种高差在大型体育场中是不可避免的。

安全

上述所有要求在恐慌的情况下都是特别重要的。例如，当数百（可能数千）的观众因火灾而逃离、人群中爆发骚乱、或是在其他一些实际发生或设想中的危险情况下，应采取预防措施在第一时间将这些风险最小化。技巧性的设计将鼓励而非迫使人们前往他们要去的地方。

在下面的部分，我们阐明了在实施项目中如何满足这些要求：

- 首先，在14.2节，我们分析了交通流线要求对体育场整体布局的影响；
- 然后，在14.3和14.4节，我们给出了交通流线自身的规划导则；
- 最后，在14.5～14.7节，我们结合细部设计数据——尺寸、设备种类等——深化了上述的规划原则。

14.2 体育场布局

交通流线规划对体育场的整体布局有两个主要的影响：为安全逃离火灾而对体育场进行分区，以及为人群管理而再对体育场分区进行细分。

14.2.1 分区

正如在3.3节中所描述的，现代的体育场被设计成四个同心的区域：

171

- 区域1是比赛场地或活动区，也可以称为体育场的中心区；
- 区域2由观看区和相连过道及出入口组成，观看区包括站席看台、座席看台和招待包厢等；
- 区域3是内部交通流线区：即带有食品售卖亭、卫生间或其他设施的公共大厅，通过栅门或台阶疏通人流；
- 区域4是环绕体育场建筑的外部交通流线区，但不超过外围屏障；
- 区域5是外围屏障外部的区域。它包括停车场和公共汽车和大客车下客区。

　　设置这些区域的目的是确保观众在紧急情况下能够逃离——首先从区域2到区域1或区域3（临时安全区），然后疏散到永久安全区（区域4或区域5）。这样的逃离必须在指定时间内完成，这会决定相关逃离路线的距离和宽度。详见14.6.2节。

　　在容纳超过15000或2万名观众的体育场中，所有的五个区域都应当具备，但是在较小型的体育场，观众直接从观众观看区和内部交通流线区疏散到外面，区域3和4就可以合并。这样的小型体育场不会设置一道外围屏障，但是相应的它们会要求在出口设置特别的执勤工作人员。

14.2.2　细分区

　　应将体育场观众座席划分为若干更小的部分，每部分容纳约2500～3000人，这样可以更加容易地控制人群，洗手间、酒吧和餐厅的分布也可以更均衡。每一部分共享辅助设施，但应当有自己独立的交通流线。应将不同类型观众分开。例如：

- 座席和站席区的分隔；
- 对立俱乐部球迷的隔离。

　　各区之间的实际分隔有时只要通过简单的栅栏或高差变化来实现。

　　为了分离对立的球迷，每个部分应当是完全独立的。可能会要求设置受保护的路线，以保护从附近交通设施到检票栅门（有警察守护）、从检票栅门到座席区的整条路线。

　　由于分区模式对交通流线规划有决定性的影响，必须在设计早期就咨询管理部门要如何划分体育场内的座席区。

　　在单层看台中，划分线可以从顶部到底部，并用警戒的无人区分隔主场和客场的球迷区域。这种模式的优点是灵活性，因为无人区可以轻松地从一边改到另一边，以在特定的区域容纳更多或更少的球迷。但是无人区会带来收入的损失，而要保证每个人通往出口、卫生间和餐饮设施的通道通畅，还需要进行认真的规划。

　　在两层的看台中，也可以通过从顶部到底部的划分线来分区；另一种可能是其中一群球迷被安置在上层看台而另外一群在下层看台。如果客场的球迷在上层，就没有侵犯球场的危险，但是确实有向下层的主场球迷投掷物件的可能性，并且由于上层看台相对难以进入，任何麻烦都难以处理。如果客场的球迷被安置在下层的看台，麻烦就较容易得到解决，但是存在侵入球场的危险，因此需要更多的警察或更多的球场工作人员。

14.3　区域5和区域4之间的出入口

　　理想状况下，如果空间允许，一座现代体育场应该被一个20m宽的外部流线区域所围绕，让观众能够环绕外围找到他们座位所在的区域。检票处的警戒线可以放在建筑的边界，在区域3和之间，或者是在区域4和5之间的外部流线之外。如果控制警戒线在外部流线区（区域4）之外，则需要在离体育场一定距离设置周边围墙或是围栏。

这种围栏屏障应当至少离开体育场20m，它在理想状态下应当足够牢固以承受人群的压力；足够高以防止人们翻越，并且含有几种类型的出入口：

- 通向主要座席看台的公共入口；
- 为运动员、特许经营权持有者和贵宾票持有者提供通往其专用区域的隔离通道；
- 为救护车等提供的紧急服务通道；
- 为紧急清场设置的大量人流出口。

14.3.1 公共入口

在一些体育场中，入场的门票检查是在外围屏障的检票点完成的。在其他的体育场中，这项工作是在区域4和区域3之间的体育场入口完成的。在另外的一些体育场中则结合了这两种方式。

大门之间的环行通道

如果在外围屏障进行控制，并且如果每个入口只是通到体育场的某些部分（无论是实体设计还是后续的管理政策），那么环行通道流线应当被设置在区域4，外围屏障之外。如果到达了错误的入口，应当能在同一区域内通过环行通道绕道到正确的入口。相反地，如果在外围屏障没有对应座席位置的控制措施，这种外圈的环行流线就没有必要了，观众可以通过任一检票口进入体育场。管理者在拟定任务书阶段就应该要弄清这些事项，以免设计的失败。

大门外的聚集空间

在区域4或5的外围入口外部，应该保留充足的空间，以适应观众在进入入口或检票口之前的聚集。这个聚集空间的尺寸应使得观众聚集在此处不会觉得拥挤，当入口开放时，人流能有序地进入。也可参见14.7.1节中关于"人流控制屏障"的内容。

其他安全措施

在所有的情况下，公共入口都应该只是用于入场的，而公共出口应该只是用于退场。任何门如果同时用来入场和退场都会带来危险。如果要使用这种双向通行的门，则必须作为出口门的一种附加设施用于紧急疏散，正如14.6.2节（"限时离场分析"）中所计算的那样。

售票处、卫生间、酒吧或餐馆等便利设施应该设置在离最近的出入口一定安全距离之外，以避免人们聚集的时候发生冲撞。

大门的数量

让观众入场有几种方式，但是最常用的是两种：普通大门和旋转栅门。普通大门造价便宜，并且一个打开的大门每米宽度每小时内可以让4000个观众通过，而旋转栅门造价较贵，且每小时只能容许500~750个观众通过。14.7.1节给出了详细的设计要点。

大门的位置

外围屏障处入口栅门位置的确定取决于三个因素，这三个因素可能在某种程度上相互冲突，需要尽早对优先考虑哪个因素做出决定：

- 为避免拥挤，入口应该环绕外圈有规律地间隔布置；
- 如果必须分开互相敌对的球迷，他们的入口也应该远远地隔开；
- 但是管理部门为了管理和安保的方便，希望入口能够集中布置；
- 上述需求之间的任何冲突必须在设计开始之前与体育场管理部门协商解决。

球迷的分隔

是否需要在入场前将特定观众群体隔离开来，是一个需要重点考虑的问题。

如果可以预期观众是行为平和的，仅专注于比赛本身而不是球队，就没有必要特别把他们分开了。比如说网球、橄榄球或田径赛事的观众都可以归为这一类。不过也有其他原因，比如美式橄榄球和棒球比赛。因为在美国，互相竞争的俱乐部所在地之间相隔甚远，以至于在比赛现场只会有很少数量客队的球迷。

英国和欧洲大陆（主要是荷兰、意大利和德国）以及南美的足球球迷群的情况是完全不同的。这些球迷往往非常虔诚，并且现场观看主要是为了支持自己的队伍。不同队伍的支持者可能会充满敌意和攻击性，在这种情况下他们是不被允许自由来往的，并且从区域5直至到达座位都必须被隔离开来。

那么，就必须在区域5设置屏障系统（最好是可移动的），以将不同的观众分流到互相分隔较远的入口，而后将其引向体育场内各个隔离的区域。这会为设计者带来两个问题：

- 隔离的入口旋转栅门和水平及垂直交通空间（甚至是隔离的卫生间等）会引致设施重复，从而提高造价。
- 在设计阶段就要设想好，如何将体育场的座位区域划分为"主场观众区"和"客场观众区"，入口和流线需要仔细设计，从而能够在某些比赛中保持严格的隔离，而在另一些比赛中能够满足自由移动的需求。

14.3.2　私人入口

这种入口是为运动员、贵宾、主管、赞助商和媒体准备的。它们应靠近特别贵宾停车场，其联系路线应有遮盖，并且应与公共入口很好地隔离。

入口大门应该是敞开式的大门而不是旋转栅门，配有更高级别的安保人员，从入口到座位的整条路线都应有安全保障。这部分的设计和饰面的质量应该明显地比体育场的其他部分高级。

14.3.3　紧急服务出入口

在区域4和区域5之间的外围屏障上应该要设置紧急服务出入口。这些通道必须进行持续管理，在特殊情况下才打开。它们应该作为内场（区域1）和公共路网（区域5）的直接联系，让救护车、消防车或其他紧急服务车辆能够迅速且无障碍地进出。在宽度和坡度的设计上也要满足这些车辆的顺利出入。

14.3.4　大量人流的出口

除了前述"公共入口"章节中讨论的大门和旋转栅门，还必须另加独立的"大量人流疏散口"。这样在需要花费3个小时入场的情况下，只需几分钟便能清空体育场。

这些出口应该以规律的间隔设置在外围屏障处，让每个座位与出口的距离都能在一个合理的范围之内。同时，这些出口应该正对着区域2和3的出入口和楼梯，为观众提供一个清晰、直接的离开建筑的路线（虽然这不是每次都能做到的）。疏散门必须向外打开，并有足够的宽度可满足指定数量的人流安全地通过。在英国，建议最小宽度是1200mm。

14.4　区域4和区域3之间的出入口
14.4.1　看台入口

如果必要的话，第一道验票口及安检口一般会设置在外部的入口上（见上节14.3.1）。第二道验票口在看台入口上，可能是一个门洞或是一个旋转栅门。第二道验票口不如在主入口上的那些验票口正式，也会提供更多的客户服务，而不是严格的安检措施。如果不同的观众群体需要被隔离，还会在前往座席的通道上设置另外的检票点。

这里的基本设计规则与外部入口相同。必须有足够的空间以避免产生挤压的风险。公共设施如售票亭、卫生间（除了人们排队进入的）、酒吧和餐厅等需要设置在一定安全距离之外。

14.5　向内流线的总体设计
14.5.1　路线的清晰性

人们从外部区域（区域5）进入体育场，然后必须通过一连串的旋转栅门、走廊、交通走道和门道到达个人的座位或站位（区域2）。但是一个大型的多层体育场可能是一个让人非常迷惑的地方，如果一个观众不能快速地找到从入口闸门通往座位的路线，他可能会变得非常恼火。

有4种方法可尽量减少或避免这些麻烦：

- 让选择保持简单，那样观众就不会面临不得不做出复杂决断的情况；
- 确定整个体育场的内容都清晰可见，那样观众就总能知道他们相对于出口在什么位置；
- 清晰的标识；
- 好的服务。

好的服务是与管理相关性更强的一部分内容，而不是设计所能控制的，在这里不再赘述。

简单的选择

尽量不要让来访者在交叉路口面对多种路线的选择，而只有其中一条路线才是正确的。这在最顺利的时候都是容易犯错的，如果这时人流正拥挤着快速前行，则会让事情变得更加困难。

理想的做法是当观众从入口前行到座位时，给他们提供一系列简单的"Y型"或"T型"路

口。他每次只需要做出一个判断（仅一个）。6个典型的判断是：

1．我是"主队"还是"客队"的支持者？在有可能发生群体冲突（比如足球）的体育场，这两个群体甚至要在他们进入体育场之前就分隔开来（见14.3.1节）。

2．我是座票还是站票的持有者？

3．我是坐在上层看台还是下层看台？

4．我是在红区还是在蓝区？

5．我的座位是在第1~10排还是在第11~20排？

6．我的座位在这排的什么位置？

流线图（图14.1）以图解形式说明了典型的交通流线模式，在这样的交通流线中，不管是进入体育场还是离开体育场，选择被简化到仅为"是"或"不是"的决定。在这个范例中有几个主要入口，每个都通向体育场的不同部分，这样管理部门就可以将主队和客队观众在进入体育场之前就隔离开。

上面的简单原则因为两个实际要求而变得复杂化。首先，可能需要（已经在14.3.1节中提到的）隔离主队和客队支持者使用的入口。

其次，在主要的交通流线能够引导观众走向正确方向的同时，也应该有个次要的交通流线让观众在到达错误的地方后能够找到回来的路。这个次级的"纠正路线"几乎同主要交通路线一样重要。

清晰的可见性

体育场不是一个体验聪明的建筑游戏的地方，通往宏伟的公共空间、让人紧张而迷失方向的通道在这里不起作用。清晰是进入或者离开体育场的每一个阶段的首要条件。并且设计者应该把体育场设计得越开放越好，这样人群就能在任何时候看到他们所处的位置，并了解可能的逃生方式。

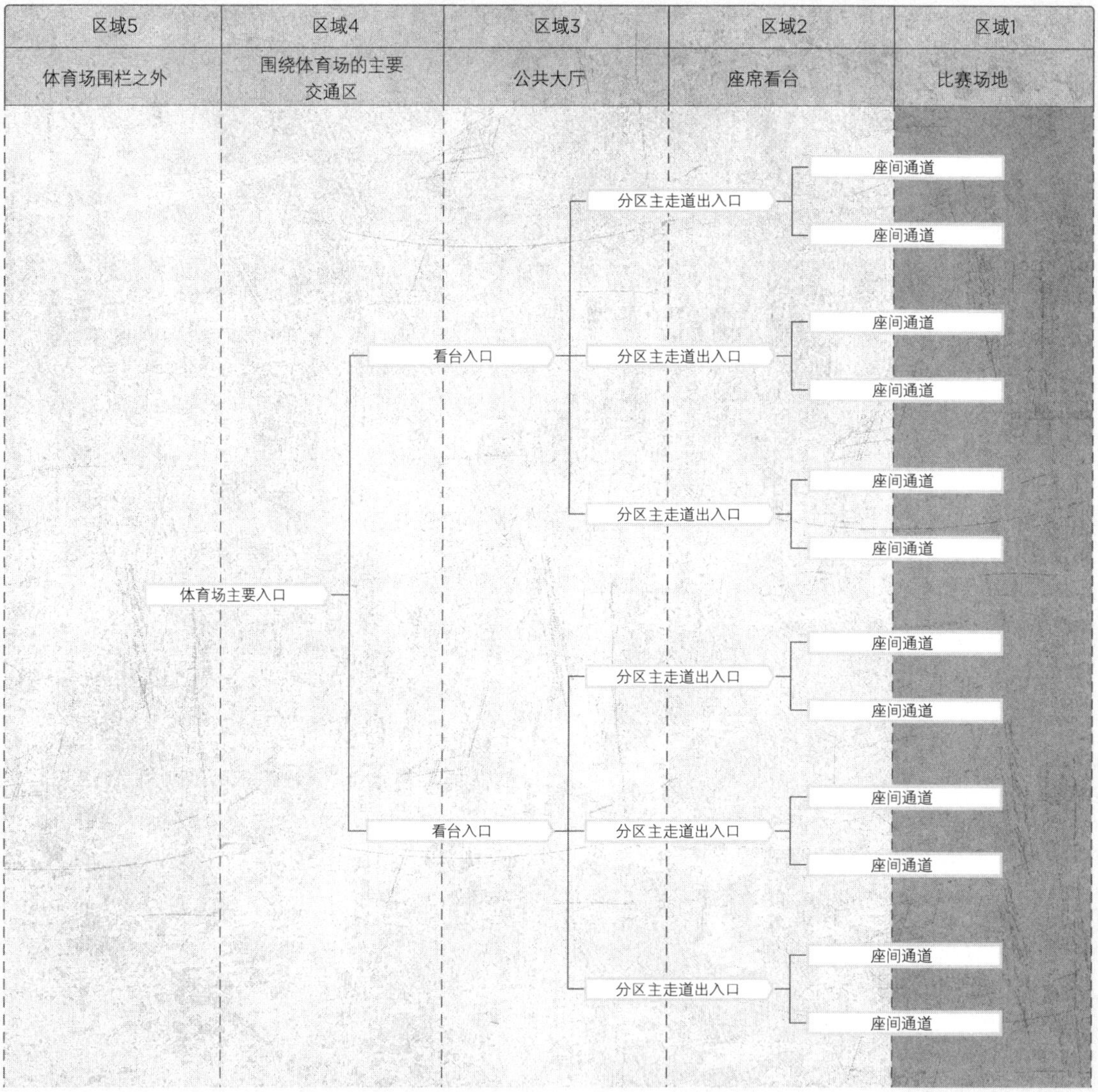

区域5	区域4	区域3	区域2	区域1
体育场围栏之外	围绕体育场的主要交通区	公共大厅	座席看台	比赛场地

图14.1
从大门到座位的观众流线。如果观众面临的是一系列简单的选择，则这个流线是清晰且安全的

图14.2
通过精心的设计，高差的变化也会是有利的。一个较短的台阶可以减缓进场观众的步伐，也能让离场观众清晰地看到前方的情况。当然，需要为轮椅观众提供单独的坡道

图中文字：休息平台　　分区出口

理想状态下，观众应能够从一个出口楼梯看到另外一个，并且意识到那是一条替代路线，这种设计是可取的，有助于防止他们产生恐慌。

提供最大可见性是非常重要的，特别是在方向、走廊宽度、标高或光线明暗突然变化的情况下。这些剧烈的变化会导致危险，一般情况下是应该要避免的。如果不能避免，也应该让使用者提前清晰地看到这些变化。

对体育场布局的清晰认识可以因仔细安排的高差变化而增强。比如说，通过一段短短的向上的斜坡，观众会了解他们将进入一个不同的地区，并且必须调整他们的步伐。或者通过一段向下的坡道或台阶，让观众的视线可以越过前排人的头部，从而增强他们的方向感。

如图14.2所示，在主走道上可以做出这种有益的标高改变。可以经过一个斜坡或一小段楼梯再进入座席区，这可以达到两个目的：进入时，通过前方标高的逐渐上升，可以减慢观众们熙熙攘攘地进入相对狭窄的座间通道的速度；离开时，他们的视线可以越过前方人的头部，因此能清楚地察知到前方的环境。这种察知是很重要的，如果缺乏察知很容易造成人群的焦虑，并引起恐慌。但是要注意，供轮椅使用者到他们观看位置（见第10章）的通道需要采取一种平面或缓坡的通道形式。

清晰的标识系统

如果想让观众容易、准确、安全地找到路线的话，就应通过同样逻辑系统的标示来加强清晰的体育场布局。

一个全面的标识系列应该从用地外就开始，它们可以引导车辆和行人到达场地中正确的部分，从而去到他们各自的入口，然后逐步地到达建筑的各个部分。"导向"标识指引人们沿着他们的路线前进，同时必须每隔一段距

离就辅以"信息"标识，这些标识可提供关于不同座位区域、餐饮网点、卫生间和其他便利设施的信息。这些标识牌必须设计得易于浏览；必须挂得足够高从而不会被前面人群的头挡住；其安装位置必须一致，那样当人群匆匆穿过建筑时就知道在哪里能看到标识。很重要的一点是，这些标识应与体育场及其景观的整体设计保持协调。必须随时牢记使用轮椅的人群的需要。

为了使观众更清晰地了解信息，标识牌应该跟它们所指示的区域以及这些区域的门票是一种颜色，并且使用简易的步骤提供信息。比如一位观众想要前往在12区7段的座位K27，他会看到一系列分阶段的标识，这样会易于理解和跟随：

6～12区

接下来：

12区6～10段

接下来：

7段13～27排

下面所示的另外一种综合型标识会较难理解，这会带来危险的犹豫心理，并引致反方向人流：

6～12区，6～10段，1～36排

在所有关键位置，除了标识之外，高于头部的大型清晰地图也很重要，特别是对不熟悉当地语言的观众来说是很有帮助的。应该调整地图方向，使之与观众在体育场中的实际视角方向相同。并且每一张地图上都必须有一个"你在此处"的箭头标识。

14.5.2 安全区域

简单和清晰的流线能确保观众安全、舒适地移动。然而当进入或离开某个区域时，必然会有某些观众会要改变主意，并决定朝向反方向前进。他们可能是忘记拿外套，也有可能想

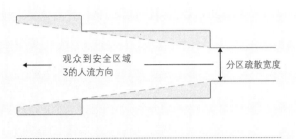

图14.3
主要流线上设置的侧边停留区域有助于观众的停留，而不会干扰主要的人流

去见位朋友。这样的方向改变会干扰其他人群的自然流动。

我们建议应将这种犹豫的心理预先考虑在内。在流线的两侧提供安静的或安全的地带，就像高速公路旁提供的紧急停车带一样。这些类似紧急停车带的侧边停留区使人们能停下来观察情况而不至于打扰别人，如果他们想要调头，也能顺利地朝反方向前进。

这种侧边停留区可以作为出口附近路线两侧扩大的一种方法（图14.3），这有利于提高散场速度。

14.5.3　公共设施与交通路线的距离

如果想让观众充分享受一个活动，体育场必须提供许多辅助设施：观赛指南销售亭、酒吧、餐厅、托幼中心之类的。它们应该是引人注目并让人愉悦的，但应与主要交通流线离开一定距离，那样排队的人群就不会干扰到主要的人流。这些设施离出入口应至少6m远。

14.6　向外流线的总体设计
14.6.1　体育场的一般出口

出场的布局应该遵循树型的分支模式。可以说从个人座位到出口栅门的反方向流线类似于单个末端通向小支路，这些小分支再通向较大支路，最终通往主干道路——在这里就是公共道路。末端和小支路绝不能直接连接到主干道路上，因为这样会导致支路上人流的犹豫，进而导致拥堵和紧急状况下的严重风险。

标志和地图应该是双向的——一方面服务于试图找到座位的入场观众，另一方面服务于试图找到出口路线的观众。出口的标志必须格外明显可见，可以使用照明，这在大多数国家都受到安全法规的监管，设计团队应该向当地消防和安全部门核查相关规定。

14.6.2　体育场的紧急出口

在英国，《体育运动场地安全指引》（见参考书目）建议在使用混凝土和钢建造的新体育场中，从任何座位出发的离场时间不应超过8分钟。这是所有观众离开座席并进入到出口系统的时间。

意大利的规定是，在5分钟之内能够清空座席区域，在下一个5分钟里能够清空整个体育场。

以仅仅是说明性的例子。每个国家会拥有自己的国家性和地方性的安全法规，所有的法规都会随时间发生变化，因此要在设计开始之前跟当地消防和安全部门核对当地当时的情况。

在许多情况下，这些规则仅仅是规定了体育场撤离所需的分钟数，但这对于安全性来说并不是一个完全充分的标准。实际的要求是，观众必须在一定的时间内从他们的座位移动到一个临时安全地带，然后再到永久安全地带（见14.2节）。从这个要求出发，体育场需要计算从观众席位到中间安全地带，然后再到出口的最大允许距离；以及路线上所有通道和门道的最小允许宽度。这个计算被称为"限时离场分析（TEA：timed exit analysis）"。

限时离场分析

这是一个关于观众从最近的主走道出口通往一个永久安全地点所需时间（在本计算中，

无障碍情况下的平均步行速度是
每分钟150m（9公里/小时）。离
场时每一秒或是2.5m一个人

单位疏散宽度允许一分钟内
60个人通过

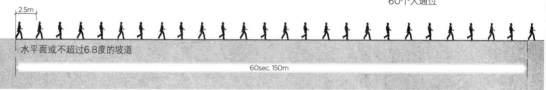

2.5m

水平面或不超过6.8度的坡道

60sec. 150m

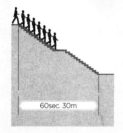

无障碍情况下的平均楼梯步行
速度是每分钟30m（1.8公里/
小时）。人与人间隔0.75m

60sec. 30m

限时离场分析
安全退场时间是规定疏散时间减去观众疏散
到安全地方的时间

举例说明

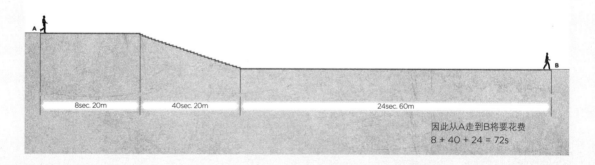

A

B

8sec. 20m　　　40sec. 20m　　　24sec. 60m

因此从A走到B将要花费
8 + 40 + 24 = 72s

图14.4
在设计中使用"限时离场分析"是为了使观众能够在一个限定的时间内从他们的座席上疏散到一个安全的区域。当社会
的安全意识越来越强时，最少疏散时间将越来越多地被纳入法律规定

从座位到最近主走道出口的时间被忽略）的数个步骤的计算。步骤如下：

1．取体育场每一细分区的最坏情况，即距离被研究部分出口最远的、或服务于最多数量观众的主走道出口。

2．计算出从主走道到临时安全区域（见14.2.2节）继而到永久安全区域的距离有多少米。水平面和坡道的计算与楼梯的计算要分开。

3．假定观众在水平面和坡道上的移动速度是150m/min，下楼梯的速度是30m/min。进而可以假设每分钟40个观众通过一个"出口宽度"（走廊、门道和栅门等位置为600mm）。

4．将上文所提到的最坏情况下的观众从主走道到区域4的全过程所需的时间相加。

5．从法规中要求的疏散时间中减去这个时间，如果有疑问，可从8分钟内减去这个时间。

6．以600mm为单位宽度计算疏散线路上所有通道和门道的宽度。一段600mm宽的通道是一个单位出口宽度，一段1200mm宽的通道是两个单位出口宽度。计算特定区域里所有座席和站席观众能否在上文所计算出的时间内疏散。如果不能就要增加宽度。

7．对于体育场的每一细分区重复进行以上的距离和宽度的计算，确保没有哪个观众座席区或站席区是遗漏的。如有必要则修订体育场的布局，直到整个体育场都符合安全要求的规定。

图14.4给出了一个范例。

14.7 部件

14.7.1 入口和出口

普通大门和旋转栅门

普通大门是廉价的，一个开放的大门每米宽度每小时能允许大约4000观众通过，但他们相对简单。旋转栅门是很昂贵的，且每小时仅允许500~700个观众通过，但它们有几个优势：

- 它们可以自动计算观众的数量。
- 它们能比票务人员更精确和更可靠地检票；并且能自动排除不能进入本区域的持票者。
- 计算机票务技术使入场票可以单独编码和单独命名。可以从内部或外部将入场票擦过读票器以读取信息。它可以提醒工作人员入场票或顾客有问题或此时大门拒绝开放，或者建议顾客到管理办公室去等消息。这种技术已经得到了越来越广泛的开发，因为它为管理提供了一个完整而详细的活动出席记录、顾客的个人特点记录以及建立更精确的目标市场的可能性。
- 旋转栅门可用于付账。但这是不被鼓励的，因为它将导致安全和金融控制的问题。当天的购票应被控制在离旋转栅门至少10m远的独立门票销售区域（见17.2.1节）。
- 旋转栅门也有几个劣势：
- 尽管一些旋转栅门可以折叠起来收入一个开口位置——使得观众可以通过进场时的通道出场——但这通常不是一个清场的好方法。
- 目前地铁站所见的这种真正的大容量、可靠、复杂的系统，其成本将超过体育场管理者所愿意支付的程度，而那些体育场的管理层能负担得起的旋转栅门又不那么好或不那么安全。

旋转栅门正在逐步得到改善，也正在应新的计算机技术作出改变，这将逐渐使体育场入口的顾客吞吐量发生彻底的变革。

设施的规模

应根据赛事的类型，在每一旋转栅门500~750名观众的基础上，提供入场可逆转门和持票人所需的空间（见下文），除此之外，由于某些时候可允许观众在此出场，每组旋转栅门要配备一个普通门或出口方向的旋转栅门。

必须服从当地安全法规（必须经常核查），而以下数据提供的指引会有些帮助。这些数据在使用前应进行校核，因为本书出版后该数据可能还会有修订。

- 在英国，《体育运动场地安全指引》（见参考文献）建议入场时通过大门或旋转栅门的最高速度是每小时660人。这可以通过一个简单的计算来说明。简单地说，如果体育场一个特定的部分需要一个小时来坐满，那么每一个入口旋转栅门会通过660名观众。如果体育场一个特定的部分需要45分钟来坐满，那么每一个入口旋转栅门会通过495名观众，依此类推。
- 对于苏格兰的足球场，苏格兰联赛要求每500名观众至少配备一个自动旋转类型的入口旋转栅门，并且任何情况下总数不少于10个，但不包括持有季票的观众入口和特殊入口。
- 如需英格兰和威尔士的足球场最新指引，应联系相关管理机构。

如10.3.5节中所述，残疾人不应该通过主入口的旋转栅门进入，而应通过专门为他们设计和管理的单独入口进入。

辅助空间和装备

应该设计固定的控制人群的栅栏，或者在旋转栅门前安装临时栅栏，以控制排队的队伍。对于长队，应采用蜿蜒的模式来处理。在体育场不再受到设计师的控制后，这些栅栏，特别是临时可移动的栅栏，很可能会导致外观的混乱。设计团队特别要注意对该系统做出详细说明，使之可以在多年后被管理者改动而不会影响体育场的形象。比如说，可能有必要提前设计好大门或旋转栅门前的一块特殊区域，以便搜索观众携带的违禁物品。

在所有情况下，每个入口大门或旋转栅门旁都应该提供存储空间以放置没收的物品。也可以毗邻每个入口大门或旋转栅门设置收款台或者控制台。这些要求将取决于管理层打算采取的控制和收款的方式。

在严苛的气候条件下，为了应对恶劣的季节，入口区可能需要供暖或制冷设施。

14.7.2　水平交通部件
尺寸

观众应该能够迅速从入口移动到他们的座位，使体育场在合理时间（比如说两个小时）内填满。而离场时，紧急情况下他们必须能够在一个非常短的时间内逃脱。

对于离场，必须格外仔细地设计一个行人"管线"，其容量要能够保持外围屏障大门和每个座位之间通道的畅通，避免任何一处堵塞的风险。

这条通道的每一段都必须经过评估：

1. 入口。为方便起见，单位时间内通过大门或旋转栅门的人群数量应该被限制在一个最大值内，否则容易产生疏散的问题，此处还会有成为瓶颈的风险。设施的规模在上文的14.7.1节已经给出。

2. 出口。必须设置向外开启的大量人流出口，以满足14.6.2节中步骤6所描述的高流量人流的使用。其净宽必须以每分钟供40~60人穿过600mm的单位出口宽度为基准。

3. 公共大厅、走廊及其他走道。最小宽度可通过14.6.2小节步骤6的TEA法计算。

4. 容易拥堵的区域。所有入口（或出口）处和与之相邻的卫生间、餐饮设施、售票窗口等，都必须在最小计算宽度之外留有充足的额外空间。这些设施应该设置在离入口或出口至少10m之外。尤其重要的是，在每个楼梯段或坡道的起止部位，人们会由于坡度的变化而放慢速度，因此要留有充足的交通空间。由于后面快速行走的人们会推动前面已经放慢速度的人群，事实上，这些地方可能会变成漏斗口。如果没有足够的空间来分散压力，危险的情况可能会升级。

14.7.3　竖向交通部件

连接体育场的不同层面以及通往公共大厅的竖向交通方式只有有限的方式。

楼梯

楼梯的优势是，它是最紧凑的垂直交通方式，因此最容易在方案之中得到应用。但它们也有缺点，在紧急情况下它们会比坡道更危险。如果有可能的话，他们应该成双成对地出现，两个楼梯可以共享一个公共平台，如果有一个楼梯阻塞，总是有一个可用的替代路线。

最大梯度将取决于当地的建筑法规，必须经过咨询确定，但是通常大约为33°。只要控制在规定范围内，陡峭的楼梯角度实际上是有好处的，因为它能使观众快速下楼并快速清空体育场。其净宽将取决于14.6.2所述的紧急出口要求。

饰面、扶手和照明设计可能会受到当地建筑法规的影响。

坡道

最近坡道变得越来越受欢迎，并且在意大利和美国被广泛使用。它们也被应用于悉尼的ANZ体育场（见案例研究）。

坡道有以下几点优势：

- 观众在坡道上比在楼梯上较不容易摔跤，而如果他们跌倒或滚落，后果将没有在楼梯上那么严重。
- 坡道是使服务车辆可以从一个水平面到达另一个水平面的理想方法。这解决了大型货物、餐饮和零售设备以及垃圾清理的问题。

坡道也便于让轮椅通过，以及在赛事或活动期间运送生病或受伤的观众到出口。

螺旋坡道有独特的优势：

- 根据选择线路的不同，螺旋斜坡的坡度会不一样，行人会被给予一定程度的自由，去选择靠近中心的、陡峭而快捷的路线，或者靠近外侧的、坡度较缓而较易行走的路线。
- 沿着圆形斜坡行走时视野比长直斜坡更为开阔。
- 一个直坡道需要每隔一段设有中间休息平台，而螺旋坡道就不需要，不过要比对该地法规。螺旋坡道有时会设平台以方便残疾人。

鉴于以上几点原因，坡道是一种安全、方便、日益流行的方式，它可以让大量的人流在场馆的不同水平面上移动，其中螺旋坡道是最常见的形式。

坡道的缺点是他们的尺寸大小。由于要求最大坡度为1∶12，其内周长就将不少于35～45m。这使得斜坡在融入基地环境时成为一个非常尴尬的元素，并且从建构的角度很难将形式处理得优雅。体育场的四个角是坡道最通常设置的位置。外观上处理得较成功的例子包括美国的永明体育场（Sun life stadium）[即从前的乔罗比体育场（Joe Robbie Stadium）]和米兰的圣西罗球场（San Siro Stadium）。

最大坡度将取决于当地建筑规范，但作者认为不宜超过1∶12，最小宽度由14.6.2的计算方式决定，这也应服从于当地建筑法规。

此外，饰面、扶手设施和照明设计可能会受到当地建筑法规的限制。

自动扶梯

体育场中很少安装自动扶梯，一方面是

因为它们成本过高，另一方面扶梯容量通常不能计入疏散宽度。但阿姆斯特丹竞技场（Amsterdam ArenA）提供了一个优秀的实例（见案例研究）。

在赛马场中也能找到其他的例子。很多国家的赛马场都安装了自动扶梯。因为他们能够很迅速地将观众送往楼上的观赛区，反之亦可。在比赛开始之前向上运行，在比赛结束之后向下运行。然而，当地法规可能并不允许将它们用于紧急出口，而在某些可能会产生拥挤的情况下，它们也并不适合作为一般出口使用。

使用自动扶梯的实例包括密苏里州堪萨斯城的箭头和皇家体育场（Arrowhead and Royals Stadium）、伦敦温布利球场、马来西亚吉隆坡的雪兰莪赛马会（Selangor Turf Club）和英国的特威克纳姆球场（Twickenham）。

电梯

电梯对于运送大量的观众来说太小太慢了。他们在体育场中最恰当的应用是快速而舒适地运送少量的特殊人群去到相应的楼层。

它的使用者可能会包括：

- 贵宾和媒体。他们的私人招待包厢一般设在体育场的上层，电梯可以同时用作出口和入口。
- 员工和后勤运营。单独为后勤员工设置电梯会很昂贵，最好是设置几部电梯，让许多员工都可以使用。管理部门必须确保使用上不会出现冲突，例如电梯运送垃圾应该选择在贵宾们不太可能使用的时候。
- 残疾人和轮椅使用者。电梯可以使坐在轮椅上的人们也能到达较高的楼层，而如果不使用电梯是无法做到这一点的（见下文）。

14.8　残疾人使用的设施

见第10章对于无障碍出入口要求的详细描述。

第15章　餐饮供应设施

15.1　介绍

有吸引力和效率高的餐饮供应设施会让顾客更满意，并更有利于体育场的利润和观众的安全。

现在观众希望在体育场中购买到多种多样的价格合理的食品和饮料。因此业主和管理者面临的挑战是，要尽可能提供最多种类的餐饮设施，从低价的快餐到豪华的私人餐厅都要涵括。如果他们能够为所有类型的顾客提供适当规模、位置、服务质量和价格水准的服务设施，他们就能够赚取相当可观的额外收入。

通常美国人观赛时在餐饮上的平均花费高于其他地方，一方面无疑美国的观众更富裕，但也是由于美国的体育场在餐饮的规模、质量和吸引力方面做得更好。而其他国家，包括英国，正开始向北美学习。

必须在大量厨房和服务设施的投资和运营成本与从直接销售获得的回报之间取得平衡。

15.1.1　收入最大化

一个可提高"收入成本比"的明显方法就是，餐饮设施一旦装配完毕，就应投入最大化的使用。只要有可能，这些设施的设计就应当不仅仅满足一般体育场观众的需求，而且要满足常年使用的招待会、宴会、用餐和其他功能。餐厅不仅要在比赛期间开放，并应尽量鼓励顾客在平时也前来消费。应当鼓励私人包厢持有者不仅在比赛期间使用他们的设施，平时也可以在这里进行社交休闲活动，就像第13章里讨论的那样。

如果观众被鼓励充分使用餐厅和餐饮特许经营店，体育场设计和管理的其他方面就需要相应地跟进。观众应当被鼓励提早到达和延迟逗留——这种模式也将减轻人流和车行交通拥塞的问题。

在英国和澳大利亚，部分问题在于改变观众的传统观念。以往观众会在比赛前进入当地的旅店，特别是足球和橄榄球。这样，观众容易迟到且导致不必要的拥挤，会产生人群控制的问题（事实上，导致1989年英国谢菲尔德的希斯堡惨案的原因中，一个因素就是赛前饮酒）。此外，让球迷在远离体育场的地方消费，对体育场来说是无利可图的。

市场营销和有效的管理有助于延长顾客在体育场内逗留的时间，例如提供赛前的热场表演，或者赛事结束后在显示屏上重播精彩的镜头等。

但是设计也必须发挥作用：必须有足够的流线到达座位，排距应足够宽，让观众对买东西回到座位的过程感到舒适，同时不会干扰他人。合适的配件会刺激消费的增加，例如固定在座位上的杯托、购物袋以及可携带数杯饮品的托盘或托架等。

长期建立起的习惯很难改变，除非人们开始期待较高标准的产品和服务，这些服务将包含多种诱人的食品和饮料。应该为每个人都准备相应的服务——想要在体面的环境中坐下来休闲地享受一顿美餐的顾客；想要花费较少款项、自助餐食就能满足需要的顾客；希望能在就近的公共大厅内买到各种快餐或外卖的赶时间的顾客。要意识到这些分类不再是社会阶层的反映。持有高价票而又恰好有急事的人会惠顾外卖小店，相对不那么富裕的家庭将光临有座位的餐厅让自己享用一次大餐。所有的设施应该对所有人都是开放的（图15.1）。

15.1.2　分担建设成本

现在，体育场的业主一般会寻求成熟的餐饮公司的资助，这样可以分担成本并引进市场份额和专业管理技术。在赛事来临时，成千上万的人来到体育场，在轻松愉快的氛围中度过他们的一天，餐饮公司对其中的商机很感兴趣。在这种氛围里，人们花掉他们辛苦赚的钱，而餐饮业专家知道如何从这种情绪中获利。

引入餐饮公司的可行性与每年举办赛事的数量直接相关。赛事越少，越有可能选择外来的餐饮公司（下面15.1.4节中描述的一年一度的赛事是极端的例子）。相反，赛事越多，体育场组织机构就越有可能建立自己的场馆餐饮组织并使用固定的职员。

特许经营权租让

现在有名的专卖店租用特许经营空间售卖自己的产品是很常见的事，如麦当劳、汉堡王

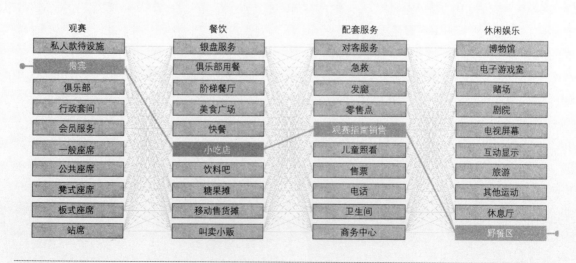

图15.1
体育场设计的趋势是不再固定顾客等级和服务类型之间的关系，而是在多种服务类型中自由地选择。本图表显示了理想中丰富的潜在关系网络

等。在较大型的体育场内，一个公共大厅内就将会有数家独立的专卖店。

　　特许经营权租让能通过几种方法进行运作。一种安排就是让餐饮公司出资建设体育场内的某一个餐饮店铺，以取得一个时期在比赛期间的专卖权作为回报。这种情况下，体育场通常会收取一定百分比的销售额。这种合作需要认真控制。从设计的观点看来，餐饮供应商希望能对体育场餐饮设施的规划和布局提出更多的要求也是合乎情理的，因为这将影响到他的收入，他们也会具有关于这些区域的管线设施布局的必要知识。体育场的业主和管理者必须注意这些观点，尤其是当协议中餐饮供应者同意投资数百万时；但是如果想要保持体育场设计的协调一致，就有必要对功能和美学设计的事项作出总体控制。

15.1.3　自我经营的运作

　　自我经营的运作方式是设施由体育场管理部门所有和管理，虽然这通常是分给一个单独的部门来管理的。理论上他们能够拥有和专业承包人相同广的运作范围，但是实际上常常限于大型的固定餐饮供应设施，例如餐厅、酒吧和私人包厢，快餐销售往往采取出让特许权的方式由专业公司经营。

　　体育场自身经营餐饮供应组织的优点就是将能更好地控制财务收入和顾客服务，拥有更多的能力改变餐饮供应的构成。

　　埃布罗克斯球场（Ibrox Stadium）是格拉斯哥流浪者足球俱乐部（Rangers Football Club）的主场，它就是一个体育场业主自己管理餐饮供给运作所有方面的英国实例。

15.1.4　临时餐饮设施

　　有很多的大规模餐饮供应运营的实例，但几乎没有以固定设施的方式进行的。这种移动

式的餐饮供应被全球广泛使用，而英国人似乎特别擅长这种方式，很可能是由于在英国很少重要的体育赛事拥有充足的固定设施。

　　在银石大奖赛（Silverstone Grand Prix）中，总共的固定餐饮设施包括只能容纳4000人的餐厅和相应的厨房。然而在大奖赛期间，数以千计的热食被出售给在此逗留3天观看比赛的185000名观众。有将近95000人观看决赛，而在赛前一个半小时内需要供应超过12000份坐着享用的热食。这些食物中将近95%是在帐篷下提供的，它们来自设在帐篷和其他临时建筑之内的临时厨房和用餐区。

　　令人印象更加深刻的是温布尔登冠军赛（Wimbledon Championships）时的情景。因为赛期长达两周，所以这是世界上最大型的体育餐饮供应组织。除了零食和饮料，有1500名员工在场地上树立起专用大帐篷，可提供10万份午餐。每年在这个短短的时期内所消费的食物和饮料的数量巨大，包括12吨熏鲑鱼、23吨草莓、19万个三明治、11万个冰激凌、285000份茶和咖啡、15万烤饼和小圆面包、12500瓶香槟和9万品脱的啤酒。在亨利赛艇会（Henley Regatta）和几乎每个英国的赛马场在进行重要赛事时，都会招募临时的餐饮供应商，尤其是在切尔滕纳姆（Cheltenham）——国家赛马锦标赛的主场。每年的三月份，将近55000名观众乘坐11000辆小汽车和360辆大客车汇集于切尔滕纳姆赛马场（Cheltenham Racecourse），观看为期三天的金杯赛。在那期间，在临时的设施内每天要提供8000份坐着享用的套餐，其中的6000份是由大量的宿营村提供的，它们是专门为这次赛事而搭建起来的。这些宿营村在赛事结束后将马上被拆除。除了临时餐饮供应设施外，也有临时的私人包厢、博采商店、酒吧和购物商店。

　　这种形式的餐饮供应主要依靠临时的工作

人员，这也是这种形式的最主要的缺陷。临时工作人员是当次赛事专门招募而来的，赛后要回家并等待数周，在下个赛季再次前来工作。家庭主妇和退休人员更加适合这样的雇佣特性。他们能够有灵活的时间和收入，但是工作技能并不是太好。大经营商往往会雇佣一群固定的核心督导人员，尤其是在较大型的赛事中。他们训练有素，可以负责指导临时的服务人员。

环境卫生要求正变得越来越严苛，临时餐饮供应的布局、价格和效率将会受到影响。保存冷冻食物的最高温度标准正在降低（在英国是5摄氏度而不是8摄氏度），地表面的清洁度标准也变得更严格，还有诸如此类的其他要求。应向当地的卫生部门核实最新的要求。

15.1.5　餐饮设施的设计

在体育场的设计当中，必须在三个主要模式之间做出选择：

- 中央厨房，服务于所有的餐饮区；
- 分散的厨房，服务于各个餐饮区；
- 一个中央厨房以及数个小型附属厨房，小厨房位于主厨房和各个备餐室之间，每个这样的备餐室可能服务于一组私人包厢或一个大型的功能区。例如，一个典型的做法就是在多层看台中每一层的上部平台设置中央厨房的附属厨房，为该层设施提供服务。

对于每个个案应当分析它的优点和最佳模式选择。这种策略分析以及厨房自身的设计（必须有足够的存储、准备和传送空间），是高度专业的事项，无法在一本主要谈论体育场设计的书中给予充分的讨论。在着手进行细部设计前，所有的决定都应当通过该领域专家的审核。技术和实践不断进步，即使是最好的书面信息资料也是会很快过时的。

各个厨房和服务区之间的良好的联络和分配是相当重要的，一个独立的服务电梯（适宜尺寸为2.4m×3.0m）和内部电话系统对于不同层之间的运作非常关键。如果认真规划，服务电梯也能够服务于特许经营区和其他功能区，例如帮助进行垃圾处理、设备运输和日常维护作业。在规模较小的场馆里，服务电梯也可以作为客梯使用，但是这种情况下该电梯只能够在观众到达前和离去之后才提供给餐饮服务人员使用。当然，这样对餐饮服务人员的工作有一定制约。

15.1.6　设施的规模

市场的状况、使用者的需求和管理的需要决定了一座体育场内饮食设施的规模和数量。在任何体育场内的一间可坐下进餐的餐厅，例如说可以招待百分之一的观众，很少会出现在比赛当日不能够维持下去的情况，因为仅仅是前来观看比赛的观众数量都是很可观的；但是在无赛事的日子里是否能够像这样维持和运作，就取决于管理了。在没有体育比赛的日子里，将餐厅用于会议或其他功能也是一种趋势。

用于进餐的区域，应尽可能结合可移动的墙体设计。这样可以形成大小变化的空间，既可以服务于一个大的群体，也可服务于数个较小的群体。这种灵活性至关重要，因为没人能预测将来的需求，也不能预计这座建筑会如何处理这些情况。

15.2　自动贩卖机

自动贩卖机是最简单最快捷的餐饮服务设施。它无需人工且占地很小。每个装置可以配售冷饮和热饮、糖果、各种类型的小吃甚至是迷你套餐。由于所提供的食品单一，它们无法替代传统的餐饮供应方式。但是它们的确是有优势的：

- 它们有助于应付当餐厅和商铺超负荷时的高峰期需求。
- 它们提供了更快的服务，一包零食只需5秒钟，一杯或咖啡只需12秒。
- 它们可以设置在体育场的每个角落，从而让所有座席区的观众不必远离他们的座位就可以快速获得零食或饮品。
- 它们可以提供全天候的服务。

　　它们的缺点在于设施的成本。这些设施容易遭到破坏并需要维护。可能由于这些原因，自动贩卖机没有被特别广泛地应用于体育场中。

15.2.1　类型和尺寸

　　自动贩卖机的种类有站立式和壁挂式。独立的或表面固定的装置最容易安装或撤走（不再需要的话）。但是它们比起凹进式更加容易遭到破坏，且容易形成凌乱、拥挤的公共空间。如果不希望使整洁的体育场大厅变得脏乱，管理者就必须保持警惕。

　　较大型的机器是地面安装式的（高2m，进深0.9m，宽1.2m），可以有垫脚或无垫脚。冷冻型的必须距离墙面0.2米安装，以提供足够的通风。多数机器的服务面是在前面的。较小型的机器是墙面安装式的（高0.9m，进深0.6m，宽0.7m），安装处应当大约与胸部等高，从而让使用者无须弯腰就能够操作它们。

　　前面所有概括的建议和尺寸只是作为预留空间的估算，必须从制造商、供应商或特许经营商那里获得精确的数据。

15.2.2　空间和设备要求

　　虽然自动贩卖机将由特许经营权持有者拥有和安装，体育场管理者也必须要提供足够的设施来容纳它们。多数机器要求具有以下一些

或所有的设备，以及独立的开关和阀门，这取决于它们所配售产品的类型：

- 照明、动力、饮料制造、微波加热和制冷的电力供应（大概是单相的）；
- 制造饮料的管道水供应，其水压可能有规定；
- 在附近为清洁而提供的热水供应；
- 为溢出和清洁设置的排水出口。

　　为了应对蓄意的破坏，食物和饮料机器周围所有的表面必须是耐用的和不透水的，并做好细部设计以便清洁。应保持光线良好以吸引顾客，同时光线也可方便说明文字的阅读并防止破坏行为。

　　管理者应当在所有的机器附近设置带有自动关闭挡板和防泄漏内层的垃圾箱。它们可以接收被抛弃的包装和吃剩的食品。

15.2.3　设施的位置和规模

　　通常在空间不足、无法容纳特许经营摊位的地方，可以设置自动贩卖机。如果可以选择，摊位总是比自动售卖机更受欢迎。可以根据在一段给定时间内所要提供的食品数量，来计算需要安装的机器数量。专业承包商将能够为此提供专家意见。

15.2.4　所有权和租用安排

　　自动贩卖机可以由体育场业主购买，也可以由贩卖机公司安装，并根据合约提供定期补货、清洁和维护等服务。如果想要签订一个合同协议，上述的信息必须跟订约者进行核查，以确保体育场的设计能符合他们的要求。

15.3　特许经营

　　这是另外一种最简便的餐饮供应形式。跟自动贩卖机相似，它们节省空间，但是由于安排了工作人员，它们提供了更加人性的服务，

并且更不容易因受到机械损坏的影响而无法运作。基于食物类型的不同，有三种基本形式的特许经营摊位。

糖果点心摊位

所有的产品都是有包装和不易腐烂的，因此不需要设备，货架也相当简单。最基本的组成部分就是存储、展示空间和服务台；它比柜台大一点点。食物的选择必然是有限的，但是也有可能销售体育场自有品牌的产品。礼品和纪念品也可以在这些售货摊位里出售。

小吃摊位

这里销售加热的食品（例如馅饼和卷饼）和热饮，因此需要一些基本的设备，例如可以加热及保存的食橱。小吃摊位通常由前面的服务柜台和后面的存储及备餐柜台（图15.2）组成，工作人员既是服务员也是收银员。

快餐摊位

烹饪和备餐都在这些摊位内进行，它们售卖诸如各种汉堡包、肉排、鸡肉或薯片等食品。因此这种摊位有一个"可通过食物"的岛状长工作台，由此分隔开柜台人员（服务的）和后勤人员（烹饪食物和给架子装料）。

当整个体育场有大量的快餐摊位时，需要做出的一个主要决定就是：是由中央厨房提供烹饪好的事物，还是它们自己烹饪。

中央厨房的优点就是能够获得更多品种的食物；设施的设置不会重复；食品储存的条件能更好地得到控制；摊位的工作人员不需要那么熟练；预热能够以最高的效率完成；以及能够将服务于摊位的烹饪和服务于餐厅的烹饪组合到一起。

摊位烹饪的优点是产量和需求能够更好地匹配；烹饪的食物将会比从远处厨房带来的更

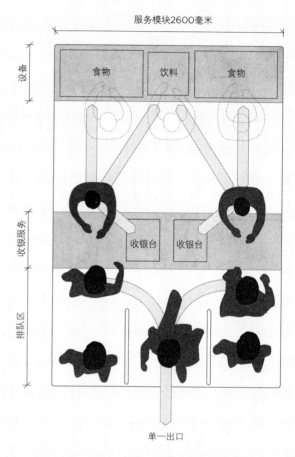

图15.2
不需要备餐的典型小吃摊位的示意图

加新鲜；大厅内"美食的气味"可有利于销售；摊位的工作人员也会有更多的责任和机遇。

15.3.1　布局和尺寸

根据上面对于各种摊位类型的评论，除了最简单的形式以外，任何提供外卖的售卖摊位的基本元素就是服务柜台、储存空间和备餐空间。基本的原则就是所设计柜台取用方便，服务员只需向右或向左转就可以拿到大部分的售卖物品，而不和其他人员交叉。柜台也许需要一个面向公共大厅的安保监视屏，该监视屏必须与体育场整体结合做美观协调的设计。

精确的布局和尺寸将随着所销售的食物和饮料种类、运营的规模的变化而改变。如果体育场内有多个摊位，它们的设计应当完全标准化。这意味着设备的规模将更经济合理，此外也减少了对工作人员的再培训。

如果人们倾向于聚集在摊位附近吃掉他们购买的东西，他们所要占据的面积大概是每人$0.5 \sim 0.6m^2$。应当有大量的墙式或立式架子供携带食物和饮品的人们使用。

15.3.2 设施的位置和规模

特许经营摊位的主要设置位置要尽可能靠近主走道和观众大厅，应通过规划使得排队的队伍不会阻碍交通流线。在一些足球体育场中采用的数字是每300名观众总共预留1.5m的柜台长度，但是在中场休息时间较短和服务点人群更拥挤的地方，这个数字就要提高。相关的基本因素涉及球赛质量、天气以及获得服务的容易度，所有这些都对观众的需求有影响。

15.3.3 空间和设备要求

除了仅售卖小包糖果和类似东西的最基本的摊位，备餐空间应当包括以下的设备（加上绝缘开关和阀门）：

- 热水和冷水供给和排水出口；
- 电力供应和照明，为烹饪而提供的三相电源插座；
- 机械通风，并在食物的烹饪和备餐设备上方设置一个抽风系统；
- 要预计到可能发生的极端气候，设置空间采暖和制冷设施，使员工感到舒适。

15.4 酒吧

即使有规定要求在特定体育比赛期间不能供应酒类，酒吧的设置仍然是必要的，因为体育场还会用作其他活动场所。需要设置各种类型的酒吧。

- 一种极端类型是公共大厅内使用频率高的拥挤的酒吧，在半场休息期间必须为大量的顾客提供快速的服务。这些酒吧将被设计成功能性强的设施，具有多个服务点，设计时要考虑较大比例的站立顾客。
- 另一个极端类型是在俱乐部休息厅或豪华餐厅内的私密酒吧，其重点是奢华的环境和高质量的服务，为时间宽松的顾客提供舒适的座椅。

可能还有几个中间等级的酒吧，为了满足某些功能，也许会设置一些移动酒吧。

15.4.1 布局和尺寸

从初步空间规划的目的来说，如果每个人都站立的话，每人大概$0.5m^2$的顾客使用面积是可取的，而如果有一半人有座位的话，就要多于每人$1.1m^2$。

标准酒吧布局包括一个柜台及支持它的服务空间，后面是一个展示饮料和备饮的架子，在柜台下面或上面是饮料及玻璃杯储存处。如果与体育场的特许经营政策不冲突的话，柜台的一部分（也许长$3 \sim 5m$）可以用于安装微波炉以加热小食或是咖啡。

如果可以设置一个中央服务区通往几个酒吧、聚会厅或休息室，并且酒吧招待能够到达需要他们的柜台，会有利于提高经济性和效率。备餐室应当总是有直接的通道通往储存区或是一个小型的厨房。

15.4.2 设施的位置和规模

酒吧在选点的问题上没有特殊要求，只要有空位就可以了。

一个长1m的柜台，能挤下5位站立的顾客，如果只有3位站立的顾客，会较为舒适。如果顾客是坐着的，每人所需的柜台长度为0.6m。

15.4.3　空间和设备要求

酒吧区应当远离交通流线以减少拥塞，同时必须安装卷栅或卷帘门。这样酒吧未使用时可以受到保护。卷栅的安装应当跟体育场统一设计。

如果酒吧服务设备的安装要外包给专业人员，他们将按照他们自己的规格安装设备，酒吧应当安装以下设备（加上绝缘开关和阀门）：

- 热水和冷水供给和排水出口；
- 电力供应和照明，为烹饪提供三相的电源插座；
- 在烹饪和食物准备设备上方设机械通风和一个抽风系统；
- 为了员工的舒适感，空间应整体采暖和制冷，这取决于可能会遇到的极端气温。

15.4.4　辅助用房

必须要为饮料提供存储设施（同时在大的建筑内，或许还要为厨房供应品提供存储设施）。

卫生间和洗手池必须靠近酒吧，同时这些设施应当容易到达并有清晰的指示牌。卫生间的设置在第16章中有详细论述。大多数国家的法律上有相关要求，所以规模尺寸上的一些细节必须向有关部门进行核查。在英国相关的法规有：

- 《酒类许可法（The Licensing Acts）》——关于售卖酒水的所有场所的规定。
- 1936年制定的《公众健康法案（The Public Health Act）》第89节以及《食品卫生［通用］条则［Food Hygiene General Regulations］》——关于售卖食品和饮料的餐饮场所的相关规定。
- 《办公、商店和铁路房产法（The Offices Shops and Railway Premises Act）》——关于职员服务设施的相关规定。

最经济的做法就是，将成本高昂的卫生间安置在多种服务设施的附近；整个体育场的规划设计应当遵循这一思路（见第16章）。

15.5　自助式餐厅、美食广场和餐馆

比起提供餐桌服务的餐厅（见15.6节），自助餐厅需要较少的服务员，其设计和管理倾向于更快速的顾客吞吐能力。在体育场的集中需求高峰中，这是其中一个至关重要的因素。

这里的布置大家都很熟悉：食物放在一行有玻璃盖的制冷或加热柜内展示，顾客端着盘子经过，自己选取想要的食品并在尽端的柜台处付钱。柜台的一部分可以用作备餐台或热食处，服务人员在这里帮助顾客将从加热柜子内取出的肉切好。

美食广场是基于上述工作原理的详尽版餐饮设施，内有数个备餐室，提供不同的食物和不同的价格，备餐室围绕着一个公共的座位区域。顾客从他们选择的柜台那里挑选食物和饮料，然后就在中央区中找到一张桌子坐下用餐。

15.5.1　布局和尺寸

由于这种运营方式的专业性质，餐厅将很可能被出租给一名专门的经营者，他将自己设计和装修餐厅的空间。在体育场的设计方案敲定前，餐厅的布局和尺寸应当跟这样的公司进行讨论。

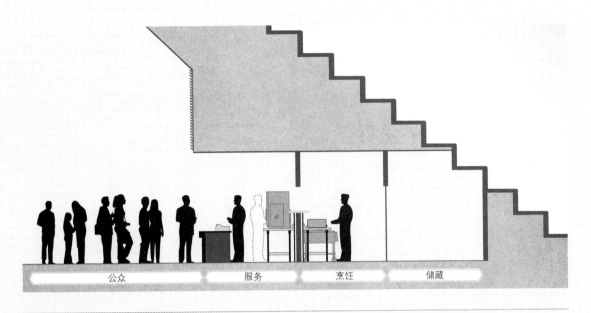

图15.3
公共大厅内设在看台底部的典型食品售卖摊位的示意性剖面图

（图中标注：公众　　服务　　烹饪　　储藏）

15.5.2　设施的位置和规模

自助式餐馆或自助餐厅通常被安置在体育场的较低层，靠近主厨房和服务道路，它们需要较大的空间。

没有关于所需规模的可靠数字，但是每50或100名观众一个座位的比率可以用作一个起始的取值范围。精确的比率将取决于体育场的类型、客户的特征及其餐饮设施在非体育活动中的使用程度。

15.5.3　空间和设备要求

体育场的管理者将被要求仅提供一个简单的空间，提供给专业的租用者进行装修。在这种情况下，这些租用者会提出他们自己的要求。一般包括以下内容：

- 热水和冷水供应，并有独立的阀门；
- 排水出口；
- 电力供应和照明，包括配备独立开关的三相电源用于烹饪；

- 为烹饪和备餐设备配备机械通风和一个有效的抽风系统（万一机械瘫痪或者故障，也应当能够使用自然通风）；
- 为了员工和顾客的舒适而设的采暖或制冷设备，这取决于很可能遇到的极端气温；
- 位于餐厅和公共大厅之间的安保监视屏。

如果可能的话可以另外安装一些设备，这要根据租让协议而定，包括：

- 烹饪设备，例如炊具和油炸锅，这取决于所售卖食物的类型；
- 温热装置、饮料储藏处、冷库和冰箱（这些要足够整天的使用）；
- 盥洗设备，包括水槽并可能有洗碗机。

15.5.4　辅助用房

应该有服务通道和货物运送的直接入口，并有废弃物的简易出口。餐厅产生的大量废弃物如果不清除的话，就会很快令人感到厌恶。

卫生间和盥洗室必须设置在临近餐厅的地方，同时这种设施应当容易到达和有清晰的指示牌（也可以参考15.4.4节关于酒吧的相关条目）。

15.6　高级餐厅

高级的餐厅会更吸引那些愿意花更多的钱从而得以在一个更宽敞的环境中获得更好的食物和服务的顾客。他们或许会花费更多的时间在他们饭局中。因为这样的设施收入颇丰，所以对体育场的管理者来说是特别有利可图的。

15.6.1　布局和尺寸

这些内容太过专业，无法在这本书中进行

细致的讨论。布局应当在体育场的设计敲定前与专业公司进行协商。

货物运送和废物清除需要随时可用的专门通道。

15.6.2　设施的位置和规模

俱乐部区和私人包厢附近往往设有知名的餐厅。

没有关于所要提供餐厅规模的通用指引。餐厅的规模取决于体育场的类型、客户特征以及在非体育活动中的使用程度这几方面因素。

15.6.3　空间和设备要求以及辅助用房

采用同上面15.5.3和15.5.4节相同的条目。

第16章　卫生间设施

16.1　卫生间的常规设施

除了普通观众外，还有几类体育场使用群体也需要卫生间或盥洗设施。这些群体包括：

- 私人包厢持有者和其他贵宾：见第13章；
- 电视台工作人员、报刊新闻记者和电台评论员：见18.2.2和18.6.2节；
- 管理人员和职员：见19.7节；
- 赛时工作人员和警察：见19.7节；
- 运动员和裁判员：见20.2节；
- 药检团队：见20.6节。

这些人群的设施应当跟观众设施一并考虑，从而尽量减少卫生洁具和排水管组的数量。

在小型的体育场中，为上列所有人群都分别提供卫生间是不经济且相当不必要的：只要能容易到达适合的卫生间，这些设施就能够同时为几类使用者服务。而在最大型的体育场内，则有必要提供完全独立的设施。针对每种特殊的情况，设计团队必须在下列因素之间找到恰当的平衡点：

- 在体育场内仅设置一些集中的排水管组的成本优势（这些部件成本特别高，尤其是在多层看台的上层部分）；
- 在整个体育场内尽可能分散设置卫生间对于使用的便利，这种情况下使用者与设施的距离较近（最好不要超过60m），并且使用者与最近的设施之间的标高变化很少。

英国标准6465：第一部分：电影院、音乐厅以及类似建筑的推荐最小值			表16.1
	小便器	厕位	洗手盆
男性	最少设置2个，可服务50人；每多出50（及少于50）位男性则需要多加1个	最少设置2个，可服务250人；每多出250（及少于250）位男性则需要多加1个	每个厕位设置一个，且每5（及少于5）个小便器设置一个
女性	不需要	最少设置2个，可服务20人；每多出20（及少于20）位女性则需要多加1个。500人以上则每多25人多加1个	最少设置一个，每多2个厕位多设置一个

注意：没有特别关于体育场卫生间的英国官方标准，以上娱乐场所的数据只是一个最接近的估算。在实际的体育场应用中，设施的平衡是不大可能完全恰当的。但是，如果体育场也用于非体育活动时，厕位和洗手池应按照以上标准设置，而不需依照表16.2的较低标准数值。

16.2　观众卫生间

它们大多数当然将设置在体育场内，但是为了那些排队等候比赛开始的人们，外围屏障之外（区域5，正如3.3节中所定义的）也应当有卫生间。

16.3　观众卫生间的设施规模

好的卫生间设施会影响到场馆的内在形象，卫生间的数量不足、分布不均、质量不佳都会引来观众的抱怨。卫生间或小便池不足，大量球迷的需求难以满足，也会导致设施的使用不当。卫生间的不清洁使人厌恶，这样便容易失去潜在的游客和俱乐部成员，从而减少体育场的收入。

分别有三个问题需要注意：

- 提供男女卫生间的恰当比例；
- 为短时期内卫生间的高强度使用做好准备；
- 提供恰当比例的残疾人卫生间。

男女卫生间比例

对于一般公共建筑，最新的英国推荐值如下：

- 2004年出版的权威性的《优秀卫生间设计指引（Good Loo Design Guide）》引用"英国卫生间协会（British toilet association）"的建议，认为女性的厕位隔间数应该等于男性厕位隔间加上小便池的总数量的2倍。因此，英国卫生间协会建议如果设置了3个男性厕位隔间和4个小便池，则要设置14个女性隔间；
- 《英国标准 BS 6465 第一部分：卫生器具的大小、选型以及安装的实施规程（British Standard BS 6465 Part 1: Code of practice for scale of provision, selection and installation of sanitary appliances）》，2006年出版。此标准规定了如表16.1所示的推荐最小值。

在英国并没有关于体育场的官方建议，但英国体育理事会（UK Sports Council）在1993年代表足球体育场咨询委员会（Football Stadia Advisory Council）出版了一个实用的指引。目前这个指引已经停止使用，但是其主要建议在表16.2进行了总结。我们期待《运动场地和体育场指引（Sport Grounds and Stadia Guides）》的待出版本会对这一优秀的指引作出更新。

在上述文件设定的框架内，具体的数据应该针对每个场馆分析后确定。不同的赛事类

英国足球体育场设计咨询委员会（Football Stadia Design Advisory Councill）
提出的对于新建和翻新体育馆和看台的推荐最小值。这些数值适用于每个单独的可达区域　　表16.2

	小便器	厕位	洗手盆
男性	每70位男性设置一个	每600位男性设置一个，但是不管卫生间有多小，每个卫生间都不应少于2个	每300位男性设置一个，但是不管卫生间有多小，每个卫生间都不应少于2个
女性	不需要	每35位女性设置一个，但是不管卫生间有多小，每个卫生间都不应少于2个	每70位女性设置一个，但是不管卫生间有多小，每个卫生间都不应少于2个

注意：板式或槽式的小便池应该按每人至少600mm的长度计算。所有的合适的墙位如不需要其他功能都可以用来设置小便池，以使小便池的数量高于推荐最小值。

型、不同的俱乐部会员有不同的男女观众比例。例如：

- 如果一座体育场被设计成可举办包括音乐会在内多种活动的多功能体育场，那么男女的比例将接近1∶1；
- 网球或田径俱乐部或赛事将比足球或者橄榄球具有更高的女性比例；
- 具有众多家庭会员的俱乐部将通常具有高于平均值的女性比例；
- 比起形象或环境普通的俱乐部，更高级的俱乐部以及位于城镇中较舒适地方的俱乐部趋向于拥有更高的女性比例。

在某一个特定的赛事中，在体育场的不同部分也将有不同的性别组合：

- 在英国足球体育场的私人或家庭设施内将比站席看台拥有更高的女性比例；
- 在欧洲足球比赛中，主场支持者中的妇女比例比客场支持者的更高。

依据上面的数据，性别组成应当在赛事期间所提供卫生间的比例中反映出来。有组织的俱乐部保存有特定场合下男女的比例，这种记录是新体育场设计简要信息的仅有可靠来源。图16.1a显示了一个女性单元，图16.1b则显示了一个男性单元，其男女比例是80∶20，这个比例适合当前许多体育场，能够平均分布于整个体育场中。男洗手间包含了一个为轮椅观众提供的男女皆宜的隔间（见下文），向走道开门，这样不管男女都可以使用。虽然无障碍卫生间需要靠近主要的卫生间，但是图上的布置位置并不是唯一合适的选择。

考虑到男女比例随着赛事的不同而变化，所配备的卫生间应当考虑一些灵活性措施。在某个特定的赛事中，可利用移动的分隔物，或在固定分隔上贴上"男士"或"女士"的标签两种可能的方法来改变比例。在体育场的设计中，配备不足和顾客不满的问题是如此突出，因此所有可能的解决办法都必须考虑到，以利于吸引更多的观众。

器具的数量

在某一特定时段，体育场卫生间需求存在极端高峰期，此时卫生间设施难以应付众多的使用者。然而，在大多数时间内它们是闲置的。这种现象给设计团队带来一系列的问题。为避免所有人都排队而提供充足的厕位和小便

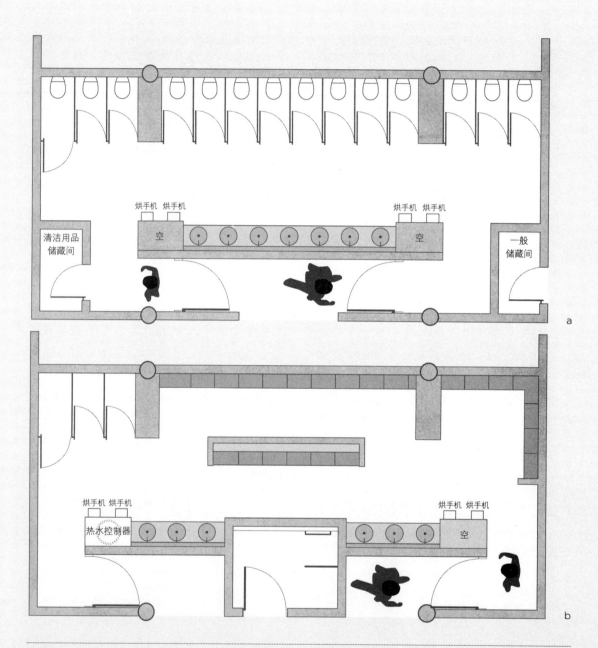

图16.1

宜采用规模适中的卫生间单元（如图中两例），使之均匀地分布在看台周围，而不是高度集中的布局方式。对于每个不同的案例都应该有各自的男女比例，但是这里所示的80：20的比例是被广泛认同的俱乐部标准。注意平面布局应满足快速吞吐。需单独设置无障碍洗手间（见16.3节）

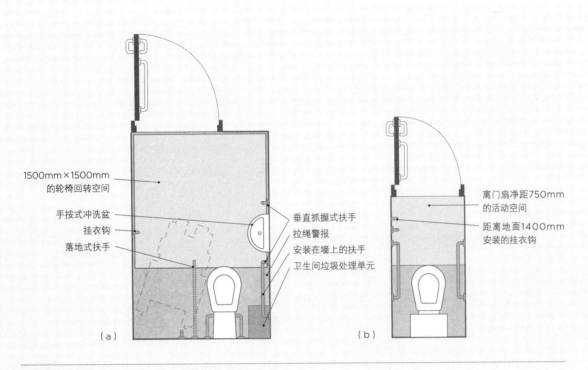

图中标注：
1500mm×1500mm 的轮椅回转空间
手按式冲洗盆
挂衣钩
落地式扶手
垂直抓握式扶手
拉绳警报
安装在墙上的扶手
卫生间垃圾处理单元
（a）
离门扇净距750mm 的活动空间
距离地面1400mm 安装的挂衣钩
（b）

图16.2a,b
（a）2200mm×1500mm的无性别卫生间隔间适用于轮椅使用者。如果这是整个建筑中唯一的一个无障碍卫生间设施，那么它的宽度要从1500mm增加到2000mm，并且隔间里要配套站立高度的洗手盆和一个手按式冲洗盆。（b）800mm宽的卫生间隔间适用于可以行走的残疾人

池会造成成本的浪费；而为了省钱未提供足够的设施所导致的问题则会让顾客不满。

在缺乏更多来自客户或当地规章制订部门的专门引导的情况下，应当采用表16.1中的建议值。它们来自2006年出版的《英国标准 BS 6465 第一部分：卫生器具的大小、选型以及安装的实施规程》。如果可能的话这些数值应当提高，尤其是在以下这些情况中：某些会将观众暴露在冬季天气中的体育场（这会导致使用卫生间的频率更高）；休息时段之间的比赛时间拖得较长的地方；以及啤酒消费量大的地方。

临时设施

由于提供永久的卫生间成本高，我们建议这种方式仅用来满足平时的体育场使用。而需要为特别的活动配备增加移动设施（例如英国

的"流动卫生间"）的设备，比如流行音乐会这样会吸引大量的观众或持续较长时间的活动。需要提前规划设计这些额外设施的最佳安置地点，以使它们能容易的安装和使用。

无障碍卫生间的比例

应考虑设置一部分的无障碍卫生间，它们无论是位置还是设计都应当适合残疾人使用。无障碍卫生间的比例在当地的规范中会有所规定。

在美国，《美国残疾人法案（ADA）和建筑障碍法（ABA）之建筑和设施的无障碍设计导则》（见参考文献）第6章提供了无障碍卫生间的具体指引。

下文对英国的情况作出了总结。

需要考虑两种类型的卫生间隔间，一种是

为轮椅使用者提供的特别隔间，如图16.2a所示；另一种是标准隔间的扩大版，它专为可以走动的残疾人而设置，其中安装有特殊的扶手，如图16.2.b所示。这些简图基于英格兰和威尔士的建筑条例《核准文件M》的图表21和图表18。在下述16.5节中提到的三份文件中会提供更全面细致的指引。其中规定，当卫生间设有不止一个隔间时，向右或向左开门的情况都应该设计到。

关于每种类型卫生间的数量要求：

- 对于可以走动的残疾观众，《无障碍体育场》（见参考文献）提到，在卫生间数量上，英国目前没有相关的推荐值。
- 对于坐轮椅的残疾观众，《无障碍体育场》支持英国国家残疾人球迷协会［UK National Association of Disabled Supporters（NADS）］推荐的指标，即每15个轮椅观众席配备一个无障碍卫生间。

16.4　观众卫生间的位置

理想情况是有大量的小型卫生间（例如图16.1中显示的单元）分散在体育场各处，而非大型卫生间的少量分布。这必须与集中式排水系统的成本优势作平衡比较，并在成本和便利间要作出合理的折中处理。这种单元应当尽可能平均分布，安排在多层看台的所有楼层上，所有座位离可用的卫生间不应超过60m，并且最好在同一层上。

至于无障碍卫生间，应用于英格兰和威尔士的建筑条例《核准文件M》的5.10段建议：轮椅无障碍卫生间应该尽可能地靠近残疾人观众座席，水平距离不应超过40m。

卫生间应当直接通向公共大厅，并可容易且安全地到达，与大厅在同层。绝对不要直接向楼梯开门：如果该处的标高变化是必需的，那么其形式应当是坡道。这个地点的入口和出口区域周边应有充足的交通空间，设有宽阔的出入门，让观众能够单方向地从一扇门进入而从另外一扇门离开。

只要整体布局允许，体育场的卫生间应当总是设在靠外墙的地方，以取得自然采光和自然通风。机械采光和通风设备的安装是昂贵的，也容易出故障。当然，在不能设置可开启窗户的场所，机械设备还是很必要的。

最后，就像上文已经提及的，在外围屏障之外的区域（区域5）也应该设置卫生间，以服务等候排队入场的观众。此外，在设计初始就要考虑为不常发生的赛事设置临时卫生间，以便于拆装和使用。

16.5　细部设计

所有的表面应当是耐用的、不渗水的和容易清洁的，包括内凹角和凸角。它们应当能够被冲刷干净，具有一个排水口以排出污水。在这方面，倘若采用小便池跟地面完成面平齐安装的方式将会有助于排水。

卫生器具应当能抵抗蓄意的破坏，水箱和管网应隐藏在可单独进入的管井中。对于小便池，应当尽量选择可冲洗槽式便池而非独立水箱式，因为前者需要更少的维护并能更快地再装填。

热水和冷水应当由压力水龙头供给，在一个规定时段后它会自动关闭。还应当配备烘手机。

在会出现霜冻气候的地区，即便是在体育场闲置的时候，也有必要在整个冬季都为管网和水箱提供可靠的追踪加热，或者是可靠的卫生间隐蔽式供暖。如果没有采取这个措施，那么在冬季每场比赛之后必须将系统排干，以避免管网爆裂的危险。

在美国，无障碍卫生间的全面细节在《美

国残疾人法案（ADA）和建筑障碍法（ABA）之建筑和设施的无障碍设计导则》（见参考文献）的第6章中有具体说明。

　　在英国，无障碍卫生间的全面细节在接下来的4份资料来源中有说明，这些资料的具体出版信息已在参考文献中列出：

- 应用于英格兰和威尔士的建筑条例《核准文件M》的第5节；
- 《英国标准BS 8300:2001—建筑设计及无障碍设计—实施规程》的12.4节；
- 《优秀卫生间设计指引》，由无障碍环境中心（Center for Accessible Environments）出版；
- 《无障碍体育场》。

第17章　零售和展览

17.1　简介

观看体育赛事或参与其他活动，这个事件本身就是一个具有吸引力的市场：人们前来享乐，精神放松（往往充满愉悦），同样也会想留下一些纪念品。

人们在体育场内所花费的每一分钱，都会对体育场总体的财务收益做出贡献，管理者为了利益会充分利用这个创造利润的机会。每个设计任务书或管理纲要的一个重要部分便是在体育场内或周边设置诱人的零售商店。

一些业主和管理者向来对如何利用这些机遇十分感兴趣。例如在英国，温布利体育场（Wembley）积极经营它的设施，开发了几种不同功能（体育、娱乐、展览和会议），并根据市场的规律，在每一项中都发掘市场销售的最佳时机。最终的结果令人印象深刻，每年举行流行音乐会时的零售额数以数十万英镑计。另外一个与之迥异的例子是英国切尔滕纳姆金杯赛（Cheltenham Gold Cup），在其每年两或三天的比赛时期内，从钥匙扣到劳斯莱斯车无所不卖，非常成功。

17.2　球票预售

享受了快乐时光的观众会有购买将来比赛门票的想法，必须为他们提供购买途径。为了获得最大的销售量，在每场体育比赛之前、期间或赛后，都可以在售票亭中策略性地出售未来赛事的门票。

17.2.1　设施的位置和规模

除了位于中央售票区的主要的售票处外，应在区域4和区域5之间（见3.3节）设置至少四个预售票亭，其中若干售票窗口可从区域5到达（也就是在外围屏障外），还有一个售票窗口可从区域4（也就是在外围屏障内）或区域3（也即内部公共大厅）到达，这要取决于体育场的规模。

服务于区域5的窗口总数应该达到每1000名观众一个窗口，外加服务于区域4的窗口，每5000人应有一个。据此推算，2万座的体育场将会有4个预售票亭，每个售票亭有5个服务窗口面向区域5和一个面向区域4。

售票亭应当平均分布于场地内，但是选择位置时应注意使服务于区域4的窗口能够被赛后离场的人群清楚地看到。这些窗口应当距离

由场馆、球队或俱乐部售卖球衣和纪念品已经成为一种重要的收入来源。

207

旋转栅门至少10m，以使得正常的交通流线不会被聚集在售票亭四周排队的买票者所阻挡。

17.2.2　设计

每个售票亭应当配备有以下的装置：

- 装有钱匣的柜台；
- 带锁的现金抽屉；
- 标有座席票价、带可替换面板的标志牌；
- 按照需要采用的供暖和制冷措施；
- 通用的能源插座和照明；
- 控制人群用的排队围栏。

售票亭的形式和标识都应设计得引人注目，可以使用绚烂的霓虹灯作标识——例如加拿大的多伦多天穹体育场（Toronto Skydome）。

17.3　观赛指南销售

观赛指南销售对于任何体育场都是至关重要的，在所有的观众区内应当有足够的销售点。

17.3.1　设施的位置和规模

观赛指南销售亭必须被设置在观众区的所有细分区，在外围屏障内部（区域3和区域4）和外部（区域5）均应设置。应当按照每2000～3000名观众一个的比率在周边区域设置服务点。另外，应当考虑移动贩卖或叫卖小贩的销售方式，比例按照每500名观众一个来计算。

17.3.2　设计

每个观赛指南销售亭应当有2～8个服务点，这取决于销售的方式和所服务观众的数量。同时要装备卷帘门、列出目前活动的钉板、照明和电源接口。每个售货亭应当能直接通向一个

约6m²的安全储存间和一个大约15～20m²的补给储存区，两者都应安装有架子。

17.4　礼品和纪念品商店

一座用心经营的体育场将会有以下的礼品商店及相关设施：

永久纪念品商店

即礼品商店，售卖与体育场或是与俱乐部相关的体育装备、书籍、磁带和其他纪念品。它可能会跟下面的设施结合在一起。

体育场博物馆或展览空间

这是一个关于球场历史（以及在那里举办的体育比赛）的陈列橱，展示装备、奖杯和电影。最新式的互动式视频展示对于这种场所是比较理想的，并且已被世界各地的主题公园所广泛使用。一个优秀的实例是巴塞罗那的诺坎普体育场（Noucamp Stadium）。

独立商店

可能远离体育场，比如说体育场建在郊区的话，那么这个独立商店就可能在市中心。

17.4.1　设施的位置和规模

纪念品商店应当坐落在从球场内部（区域3和区域4）和外部（区域5）都可以到达的地方。从区域5可达对于商店在体育场闲置时期也能够运营是很重要的。停车的便利将会有助于这种季后的销售，因此应当在附近提供一个短时停车区。

总的看来，纪念品商店的理想地点是毗邻管理办公室和中央售票办公室。这会有助于减轻运营和工作人员的负担，而且附近的小型停车区可以由管理工作人员和商店顾客共同使用。体育场博物馆和展览空间也是如此。

17.4.2　设计

体育场内的零售商店往往是以基本空间的形式提供给特许经营者，可能会由体育场的管理部门进行装修。必须有足够的存储空间，要么是在每个特许经营铺位附近设大约10m²的房间，要么是一个大概200m²的集中区域。这些存储空间必须能上锁防护。每个铺面应当配备以下设备：

- 要求的供暖和制冷；
- 通用的能源插座和照明；
- 安全护栅；
- 挂海报的钉板；
- 音频和视频系统；
- 展示柜和架子。服装是最大件的商品，必须提供合适的货架。

17.5　博物馆、游客中心和体育场观光

博物馆和游客中心会成为十分重要的附加设施，确保了大量的游客前来体育场参观。例如巴塞罗那诺坎普体育场，每年前来博物馆参观的游客络绎不绝，数量比前来观看比赛的观众更多。它可能是该城中最有吸引力的博物馆了，仅有毕加索博物馆（Picasso Museum）能跟它竞争。并且参观收入显然也是一个主要的收入来源。博物馆内设有相片展示、奖杯展示、体育场模型和动态的图像演示等各种装置。在博物馆外面有一间商店很受欢迎，它售卖服装、纪念品和大事记等，此外这里还为大量的大客车提供了停车位，并设有小吃部。

获得类似成功的体育场包括位于伦敦的温布利体育场，这里的博物馆采用以往比赛时人群欢呼的声效来给游客带来震撼，还有曼彻斯特联队体育场（Manchester United's stadium），这里也有一间令人印象深刻的博物馆。坐落于英格兰特威克纳姆的国家橄榄球体育场（National Rugby Stadium）容量达82000座，它拥有一间特大型的商场和一间橄榄球博物馆，设有互动式展示和纪念品展示，同时拥有一家视听影剧院，可播放从早期到现在的比赛和片段。游客被邀请到屏幕后面和更衣区参观，并体验运动员的专用通道。

17.5.1　设施的位置和规模

博物馆和游客中心主要为非赛时使用，所以应该从体育场外部进入。如果他们在举办赛事也要使用的话，就要考虑是否对体育场内部的持票观众开放。一个游客中心只有足够大，能够使游客保持长时间的兴趣并认为值得一游，才会对公众有吸引力。体育场参观项目只能在非赛时操作，并应该与其他游客区域结合起来。

17.5.2　设计

要想设计成功的具有吸引力的场所，最新的思想和技术是必不可少的。因此，必须要咨询专业的设计师。一个典型的体育场参观路线可能会包括球场、更衣室、贵宾室、控制室、并在体育场商店结束。如果体育场想成为一个旅游景点的话，卫生间和有吸引力的咖啡厅是不可或缺的。

第18章　媒体设施

18.1　基本规划

18.1.1　概述

　　媒体设施是体育场设计中的重要组成部分，主要是因为时下媒体对体育赛事的报道权是体育场的一项主要收入。这些设施包括了公共资讯和娱乐设施中的三个主要类别：报刊（包括报纸和杂志）、广播电台和电视。有些俱乐部也可能需要拥有自己的俱乐部电视和网站。

　　在重要的新建体育场中，下述配套设施是必须充分设置的。一些规模较小的体育场可以根据业主的建议或媒体自身的要求，将用房适当地缩小规模或略去。然而由于这些设施的重要性，我们建议在最初的设计阶段就应与广播电台、电视公司进行商讨。

18.1.2　媒体设施在体育场布局中的位置选择

　　本节将针对特定设施给出详细的建议，我们先从影响整个体育场布局的四个基本规划因素开始。

- 首先，所有的媒体设施应当集中设置，并与运动员更衣室设置在看台的同一侧。因为对媒体代表来说，如果要穿越整个体育场去采访运动员是一件极其不便的事情；
- 其次，这一组设施应靠近并易于到达电视广播车辆、外部餐车和移动卫生间的停车区域，这部分内容将在18.2.1和18.2.2章节做进一步描述；
- 再次，这些设施应该相对靠近媒体停车区域；
- 报刊媒体区应该毗邻并且可以进入部分普通观众席。以便当媒体座席不够用时，可将部分观众座席转换为媒体座席来使用。在举办重要的赛事活动时，这种情况通常会发生。结合18.3.1章节中所提出的特定要求，为了实现这种双重功能，这些都需要进行仔细地规划和设计。

体育赛事与其他活动的
电视转播对体育场来说
十分重要。

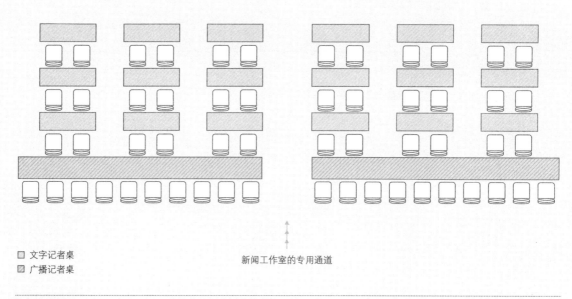

□ 文字记者桌
□ 广播记者桌

新闻工作室的专用通道

图18.1
报刊与广播媒体区

18.1.3　所需媒体设施种类

以下章节对所需合理设施提出了建议，在任何情况下，最重要的还是在决策前与媒体代表进行商讨。

体育场一般会有三种不同类型的媒体活动发生，每种活动的需求都必须得到满足。

赛事和活动的直播

这一般发生在比赛进行过程中，要求：

* 供报刊记者使用的媒体座席，该座席必须有面向比赛场地和体育场中心区域的极佳视野。请参见18.3章节；
* 广播评论员小间，同样必须有面向比赛场地和中心区域的极佳视野，参见18.4章节；
* 电视评论员座席，该座席显然也应当具有面向比赛场地和中心区域的极佳视野。这些座席可以封闭或者开放，并且评论席最好能够靠近主体电视平台。参见18.5章节；

* 电视摄像机平台，参见18.5章节。

图18.1是一个典型的新闻媒体区示意图。

对运动员及其他人员的采访

这一般发生比赛开始前和结束后，位置在体育场内部且在比赛场地之外，因此体育场需要有一个采访区并配备其他相关设施，采访区最好（但不是必须的）能俯瞰比赛场地和中心区域。大型体育场的要求参见18.6章节。

拷贝的准备和传输

这需要一个媒体工作区和相关的电信设施，完全不需要能看到比赛场地。可参见18.6章节和18.7章节。

18.2　外部设施

为了支持电台或电视节目转播，越来越多的人员及技术支持车辆进驻体育场，必须为这些车辆提供尽量接近媒体入口的停车区域。这些车辆可能需要采用卫星传输信号，仔细地选择天线的位置是至关重要的。这个区域应该被护栏围护起来，在赛事和活动期间应对人员进入进行管制。还应提供水电供应、电信服务和排污设施。

18.2.1　技术支持车辆停车场

对于每个特定的赛事和活动来说，广播和电视的技术支持车辆都需要大量电缆，如果这些电缆并非固定安装，则应提供从其停车区域到体育场相关用房的固定电缆管道。应该在设计早期咨询有关的广播和电视公司，由他们来决定所需要的管道路线和尺寸规格。

18.2.2　移动餐车和移动卫生间停车场

如果是吸引了大量广播或电视媒体注意的赛事和活动，则可能需要为媒体工作人员提供移动餐车和移动卫生间。并应该留出专门的停车区域，有清晰的标识和水电供应及排污设施。餐饮区和卫生间应该分开设置。餐饮区的位置应远离汽车废气。

18.2.3　媒体停车场

应该为来访媒体人员的车辆预留一个接近媒体出入口的停车区。

18.3　报刊媒体设施

以下章节对所需合理设施提出了建议，但在任何情况下，最重要的还是在决策前与媒体代表进行商讨。

18.3.1　位置和设计

报纸和杂志是最古老的新闻和娱乐传播形式。它们现在仍然很重要，其需求应得到恰当的满足。

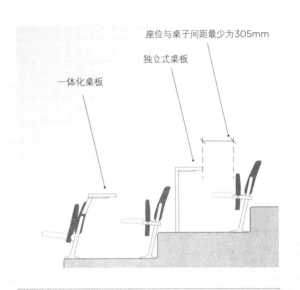

图18.2
报刊与广播媒体区

报刊媒体座席区必须沿着体育场的一侧布置（在白天比赛时该侧应背对太阳），应该具有可以观察整个比赛场地的极佳视野。它应该与运动员更衣室位于同侧。它必须位于遮盖保护之下，并且必须与观众座席有明确的分隔。连接体育场内其他报刊媒体设施的出入口及通道应独立并受严格监控保护。这一路线可结合贵宾通道设置。参见14.3.2节。

报刊媒体座席应该设有可折叠或固定的桌板（图18.2）。座位宽度应至少达到500mm，为媒体工作创造舒适的环境，并且在座位之间应留有足够的空间。每个桌板上应该有数据和电话接入点以及照明设施，以满足夜间赛事和活动报道的要求。通常的座位配置是一个双人办公桌，两个座位共享一个中央数据/IT控制台，如图18.1所示，它为新闻记者提供了一个更加私人的工作空间。图18.2是两种可选的报刊记者席座位设置示意。

正如前面所提到的，有时必须重新划分部分观众座席给媒体人员使用，因此观众座席的部分区域必须在定位和设计时就考虑到这方面需求。这一部分观众座席必须要能清晰地看到比赛场地，而且应有遮盖。这部分座席应该靠近主要媒体工作区域，并用临时围栏与其余观众席隔开。座椅设计要能够安装临时桌板，并且必须为每个位置提供电话和数据线接口。

媒体工作台所需的深度常常要大于它们所在看台阶梯的深度。这有可能会造成对邻近观众席的视线干扰，所以需要进行细致的处理。

18.4　电台广播设施

无论是国家性或国际性广播电台，还是当地的广播电台，都应享有相应设施，其中包括连接到当地社区和医院的传输设施。这方面的需求正日益增加。

以下章节对所需合理设施提出了建议，在任何情况下，最重要的还是在决策前与媒体代表进行商讨。

18.4.1　评论员隔间

评论员隔间应设在比赛场地一侧的中心位置，并且有良好的视野，并设有必要时能让观众声音进入的可开启窗户。它们应该位于背阳面。并且所有的评论员都应该能够从工作台前轻松地看到中央区和球场的所有部分，最好还能看到运动员的进场通道。

从包厢应该可以通往一个安全、受保护的休息区。每个包厢必须有一个靠着窗户并可以俯瞰整个比赛场地的连续工作台、舒适的可移动座椅和嵌在工作台上的监视屏幕，所有设计都应该听取相关广播电台的建议。通常情况下一个隔间可容纳三名评论员，隔间内每个座位应有独立设施并相距至少1.5～1.8m，之间用透明的隔音板分隔。这种三人包厢的面积约15m²。

其他设备和饰面应根据专家建议决定，但在任何情况下都应有一块"安静"的地板（采用地毯或橡胶地板以消除走路撞击声）、吸音

墙和吸音天花板以及边缘采用隔音材质密闭的隔音门。隔间之间也必须做好隔音措施。

每个评论员的座位应设置麦克风、电源、电话/数据线以及为未来设施预留的管线。

18.5　电视转播设施

以下章节对所需合理设施提出了建议，在任何情况下，最重要的还是在决策前与媒体代表进行商讨。

18.5.1　评论员隔间

这方面要求与广播评论员隔间类似，但首先应咨询电视媒体代表。如18.3.1节所述，电视评论员可能更喜欢坐在与文字媒体相似的开放式工作台前工作。

18.5.2　摄像机平台

摄像机平台必须至少有2m×2m的表面，根据相关电视媒体要求的位置进行配置。甚至在小型运动场也可考虑设置电视摄像机位，因为这些平台可用于俱乐部内部训练或记录录像，或者录制销售给球迷的影像专辑等（伦敦阿森纳足球俱乐部销售了约3万份比赛录像）。还有一种可能是用于当地电视转播，包括传往当地医院和其他社区的闭路电视。

当有大型赛事或活动时可能需要设置临时平台，如果它们在平时不使用的时候可以被转换成观众座席就更为有利了。

18.6　接待、会议和采访用房

以下章节对所需合理设施提出了建议，但在任何情况下，最重要的还是在决策前与媒体代表进行商讨。

18.6.1　媒体接待前台

这里是咨询点和控制点，所有媒体人员一

来就在这里报到，随后前往下述的其他各种设
施。从这个区域应该可以通往所有其他媒体设
施，并应确保该通道的安全性。

　　媒体接待前台应该配备信息检索所需要的
设备，包括电话/数据接口、监控屏幕和电源
插座。

18.6.2　卫生间

　　这些设施一般会紧邻接待前台后、在各种
不同的媒体设施流线分开之前设置。它们应该
具有较高的卫生条件标准，拥有洁净的墙壁和
地板。应提供清洁和冲洗的设备，并且地板上
应有排污口。最好能通过窗户进行自然通风，
减少机械通风的使用，因为机械通风系统较容
易出现故障，从而导致环境的不舒适，以至于
对场馆形象产生不良影响。某些情况下还可能
需要额外增加临时卫生间：参见18.2.2章节。

18.6.3　食堂、酒吧、小吃部

　　餐饮设施适宜设置在媒体公共入口区，这
是所有访客在分流前都会经过的地方。一个高
品质的餐饮区是必需的，它会令人感到愉快、
有吸引力，但也应坚固耐用。在这里可以设置
各种各样的餐桌、折叠椅、靠墙的货架和独立
货架。

　　如果上述设施在某些情况下不够用，那就
必须在接近媒体入口的停车场设置移动餐厅。
可参见18.2.2章节。

18.6.4　新闻工作区

　　媒体代表可以在这一区域获得简报、收集
资料袋和新闻印刷品，还可以休息和交流信
息，并开展他们的工作。它由一组房间构成，
应当可以直接通往媒体区的主入口。应该满足
以下所有功能要求。大型体育场应设独立的用
房。但对于中小型体育场来说，可以将一些用

房合并。

信息室

　　应该设置在接待前台附近、所有来访者都
会经过的位置，应当安排一个专门的房间，其
中设有一块可以张贴新闻布告及类似信息的
钉板，并设置可以展放资料袋和小册子的工作
台。工作台高度应满足人舒适地站立书写。信
息室不一定要有窗户，但必须提供良好的通风
条件。

媒体休息室

　　在与上述的用房大致相同的位置应设有一
个休息室，其间配有舒适的可移动座椅和茶
几。装饰和照明应具有吸引力，并有利于休息
放松，房间应铺有地毯，墙壁和天花板上应采
用吸音材料。

新闻发布厅

　　这是一个多功能房间，在媒体入口区周
围一系列密集的房间中，它大概排在房间序
列中的最后一个，主要用于召开新闻发布会，
但也应适合举办其他类型的会议。应当提供
一个可移动的讲台，讲台位置应使房间里所
有人都能清楚地看到演讲者。室内装饰应舒
适，且不会分散听众的注意力，讲台后墙面
和讲台前都应该为信息屏预留空间。必须配
备电视和录像设备，在房间后部设置一个控
制室也是较好的做法。

中央新闻工作室

　　为了更有效地利用空间，该用房可以临时
设置，而不需要有专用区域，在平时可以用作
会议或展览。必须设有大量的桌椅，并且椅子
必须是可折叠的，在不需要时可将它们收入邻
近的储藏室（参见下文）。应该设有一个可移

动的讲台（在不需要的时候可以存放在其他地方），应在墙上布置大量钉板以张贴通知、指南和一般信息。有条件的话可以设置架空地板，让服务性设备在其下运行。必须提供大量的电话、数据和视频终端。

18.6.5　行政管理设施

这是公关人员的工作区域，他们负责与报刊新闻记者及其他媒体代表进行会务洽谈。因此，它必须毗邻并可直接进入上文所述设施。

体育场新闻官员用房

新闻官员用房应是一个约150m²的标准办公室，设有桌椅、文件柜、办公设备和橱柜，最好在墙上设有一块钉板。

应提供必要的电话/数据接口、文字处理设备和计算机设备。

秘书处

一个标准的秘书办公室约100m²，应接近新闻官员用房。它需要一个或多个计算机台、文件柜和橱柜。还需要设置大量的电源以及电话和数据接口。

18.6.6　采访设施

除了上述的接待和会议设施，还应在靠近比赛场地的位置设置一组用于报纸、广播或电视评论员和摄影记者对参赛者和其他人员进行采访的用房。靠近比赛场地设置是为了能够在比赛前后更容易地采访到参赛者。如果该区域能同时拥有对比赛场地的良好视野则更为理想，但这并非必须的要求。

采访工作室

这个（或几个）房间应是舒适的，并配有舒适的可移动椅子和低矮的桌子。装饰方案应采用简单的墙面处理，并覆盖素色窗帘作为电视采访的背景。窗户并不是必要的，但是如果能有面向比赛场良好的视野则更好。房间必须有机械通风设备，以确保在需要排除外界噪声的情况下可以将窗户关闭。工作室还必须有良好的隔音，所有机械系统必须安静地运转。

混合区

一些比赛，例如欧足联的冠军联赛，在比赛结束时需要为媒体设置一个开放通道通往运动员区，在这种情况下，可以在运动员区和媒体区之间设置一个混合区，让两者共同使用。

电视演播室

要转播一个赛事，电视转播主办方通常需要一间能够俯瞰体育场全景的工作室。该房间最好有大片窗户，朝向体育场的视野不应该有阻碍。它可以远离其他媒体设施，并且不需要易于进入运动员区。经常会在这里进行赛事介绍和总结。房间内不需要太多设备，因为转播主办方一般会携带自己的舞台、灯光和布景设施。

电视控制区

电视台会希望在采访工作室旁设置一个控制室。具体要求应该与电视台进行沟通。

摄影师工作区

新闻摄影师可能需要一个或多个暗室，尽管化学药物和设备正迅速地被数码相机所取代。如果需要，暗室设计应为无窗式的，并有不透光密封门和有效的机械通风和空调设备（后者也应不透光）以排除化学烟雾。工作台台面上必须设有水槽，应设有醒目的"房间使用中"的牌子以防工作被打断。

18.6.7　电信区

该区域应毗邻新闻工作区和采访设施，也可以设置在两者之间，可提供以下服务用房：

电话间

这个房间必须有良好的自然或人工通风；房间在声学上应该静音；必须配备一系列单独的电话位，每个座位都应设有用于工作的桌板并用隔音板间隔。不需要设置窗户。

卫生间

如果上述设施离卫生间和盥洗室比较远（如18.6.2节所列），则应在这个区域另外设置一个卫生间。

18.7　残疾人设施

英国的法律，例如《残疾人歧视法案（Disability Discrimination Act）》，以及其他国家（包括澳大利亚和美国等）的类似法规，都规定体育场的所有设施——包括这些媒体设施——都应该能让残疾人无障碍地进入。请参见第10章。

第19章　管理运营

19.1　基本规划

19.1.1　使用者类型

大多数驻场管理人员的职责，是负责体育场的日常运营和主场俱乐部的管理（如果体育场有主场俱乐部的话）。

有时会因为招募一次性的临时员工，造成管理人员数量的增加。所以必须分别为19.2章节和19.3章节所描述的这两组人群提供各自的办公和相关用房。所有这些管理人员都需要一套完善的设施来接待参赛者和贵宾，这部分内容将在19.4章节进行阐述。

第三种类型是赛时工作人员，在比赛当天他们将被带入场内负责人群管制。关于他们的需求将在第19.5章节进行阐述。

最后一种类型是警察和安保职员，他们的需求将在第19.6章节进行阐述。所有类型的使用者都需要各自完善的流线（图19.1）。

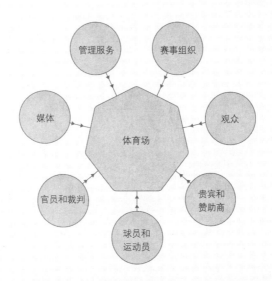

图19.1
七种主要类型使用者进入体育场的通路

19.1.2　位置

管理设施（除了警察和安保办公室）一般应靠近以下区域，并且与这些区域之间有比较便捷的联系通道：

- 贵宾设施，特别是主管、贵宾接待室和观赛包厢（见第13章）；
- 媒体设施，特别是新闻媒体工作区和体育场新闻官员用房（见第18.6节）；
- 球队管理人员、官员和裁判员用房（见第20章）。

管理人员入口通常会在体育场主看台一侧的中间位置，必须在附近设置供官员和来宾使用的停车场。

19.1.3　设施规模

概括性的指引会在下面章节中给出，但具体的用房需求要通过与甲方和警察机构的直接讨论来确定。因此这里给出的数据在编写设计任务书时必须仔细核查。

19.2　固定管理人员设施

应该为以下人员提供办公室和辅助用房：

- 负责市场、运营、广告宣传和赛事售票的人员；
- 负责管理和财务的人员；还需要为现金收入和信用卡检查设置安保设施；
- 负责建筑维护服务、能源控制、照明、机械、电气设备和音响设备的人员；
- 负责维护、安保和应急响应的人员；
- 负责膳食的人员。

根据与甲方的详细讨论，大多数情况下会需要下述七种用房。

19.2.1　办公用房

一个大型体育场应该有主管办公室（20m²）、秘书室（12m²）、其他职员办公室（每人12m²）、公关及市场营销办公室（每人12m²）和赛事组织办公室（每人12m²）。规模较小的体育场可以将这些用房进行组合，这样更加经济。还应通过饰面、设备和照明的设计使这些用房达到良好的办公环境标准。

19.2.2　董事会议室

室内设备及家具陈设应当达到适于这一贵宾空间的标准。应设有一张合适的会议桌以及舒适的椅子、饮料点心柜和冰箱，如果该房间需要用于招待贵宾，甚至还可以设置一个小酒吧。应考虑设置照片展示处和一个能安全存放奖杯、纪念品的柜子。考虑到后者存放物品的价值，柜子必须有非常完善的安全措施。

这个房间的面积通常在30～50m²之间。根据体育场的大小和运营方式的不同，会议室也可用作接待或其他用途。

19.2.3　申诉室

用于听取申诉，但通常不需要一个专门的房间。

19.2.4　体育场控制室

无论是在正常状况还是紧急状况下，它都是整个体育场的控制中心。因此它的位置、设计、装修都是非常重要的。《控制用房（Control Rooms）》（参见参考文献）一书中已经给出了关于足球场的综合性建议，以下摘要不能替代这一重要参考文献中给出的完整数据。

根据《控制用房》一书中第2.5段，任何可能要在比赛过程中到场的警官都将在体育场控制室内工作，但如果需要一个专门的治安控制室，请参见第19.6节。

关于控制室安防和反恐等的注意事项，请参见第6.5.6节。

位置

首先，它的位置必须在能最清晰环视整个球场的地方，并且视线不能被观众等人群阻挡。它还应该能够通过闭路电视摄像头清晰地监视交通区（见第14章）和观众区（见第11章）。在《控制用房》一书中图表4、图表5的剖面图中阐明了其中一些观点。

对于英国的足球场，《控制用房》中图表2和图表3列出了一系列的可选位置。为了不直视太阳，理想位置会在北面、西北面、南面、西南面或西面看台；而为了享有一个清晰的视野，多数情况下所选看台的最后部（即最高点）是最佳的位置选择。对于其他体育项目和其他国家，控制室的位置也许会不同，但《控制用房》一书所阐述的基本原则是相通的。

第二，控制室最好邻近安保（警察）控制室，并且可以组合使用。这样便可以相互协调应对突发事件。

第三，控制室应该方便各类使用者到达，并且尽可能接近赛前新闻发布会区域。

《控制用房》中的图表6示意了控制室和周围设施的空间关系。这个图表特别适用于足球场，但一般来说对其他条件下的设计也有所帮助。

设计

由于情况各不相同，对于房间大小并没有特别的建议，但在《控制用房》37~40页所示的四个以往案例的平面图，将有助于建筑师对于房间的大小和布局有一个更为理性的决策。

房间必须配备视频监视器；连接体育场内部和外部的电话通信；作为内部广播和公共广播使用的麦克风；体育场照明设备的控制面板和其他技术设备。所有房间的饰面必须是吸声

材料，而且必须采用隔音门。

尽管用于观察比赛场地的窗户可能是可开启的，但常因为隔绝外界噪音的需要而长时间关闭，因此人工通风是至关重要的。

靠着窗户的工作台是主要的工作面。应该为工作人员提供舒适的椅子，并且从工作台的座位能够看到球场、场地中央区和电子屏幕。

19.2.5 视频和电子显示屏控制室

这个房间与上文提到的体育场控制室的设计和配备类似，并应设有2~3个座位。这些座位必须有良好的视线，以便能看到下文将详细阐述的屏幕和观众看台区。

视频和电子显示屏

现今任何重要的体育场都必须装备一个或两个视频显示屏和电子显示屏，用于公告、广告、安全指南等。有时它们可能会用于回放比赛，或者用来娱乐观众，少数时候还用于协助官员和裁判的工作。

屏幕尺寸和性能的选择取决于体育场的类型、举办赛事的种类和与观众席的距离。如今，屏幕越来越大，技术的更新换代速度也越来越快（参见附录2）。

屏幕应该设在球场的端部，使得大多数观众都能够看到屏幕。在某些情况下有可能需要两个屏幕，分别设在场地的两端。屏幕位置应在太阳不会直接照射到的地方，因为如果直接照射有可能会严重影响图像的品质。

所有这些问题都应该与运动相关部门进行仔细校对，特别是屏幕的位置。屏幕绝对不能影响或分散比赛队员的注意力，尤其是在竞技体育赛事中。

19.2.6 计算机设备用房

计算机设备用房应按照最好的现行方法进

行设计。照明甚至应该按更高的标准来配置。房间的通风状况要良好。地板可以被抬高一些，其下部可安装一些设施，地板面层应易于清洁。从建筑内其他用房传来的振动和噪声必须降至最低。

随着电脑的小型化和对特殊环境的依赖性减小，上述要求已经变得不那么严格了。所有要求应该在任务书阶段核实。

19.2.7　建筑维护和服务用房

该用房主要供建筑维护人员和设备存放使用，设施数量取决于管理政策。

一些体育场的运营操作方式是雇佣给专业承包者，他们会带来他们自己的员工和设备。在这种情况下只需要提供一些基本用房，至少包括以下几项：

- 场务员工用房；
- 一个设备用房。

在其他情况下，体育场的运营操作是使用自己固定的工作人员和设备的，此时需要增加部分用房。

所有设备用房必须采用耐用、维护成本低的墙面。地板可采用光滑的混凝土地面或其他坚实、不渗透材料。相关设备设施的维护应易于实施。

19.3　临时活动管理人员设施

如19.1.1章节所述，时常会因为如马戏团演出、流行音乐会或宗教集会等活动的需要而引入另外的临时人员。这些需求大部分要视特定情况而定，无法在这里给出具体建议，唯一要强调的是这些要求必须与甲方讨论确定。

19.4　来宾设施

这应该包括：

- 贵宾接待室；
- 球员酒吧；
- 赛时工作人员设施。

19.5　赛时工作人员设施
19.5.1　赛时工作人员的职能

比赛期间雇佣的工作人员和安保人员是顾客服务的重要组成部分，他们也需要相应的用房。他们的职责包括指引观众入座、提供问询服务以及低调的秩序维持（更困难的情况则属于安保人员和警察的职责）。

每个国家、每种体育赛事的赛时工作人员职责都不相同，甚至在一个国家的一种体育运动中也会有所不同。

在英国，以往赛时工作人员常常是自愿和无偿的，他们多是一些年长者，由于对俱乐部的忠诚和对观看比赛的渴望而被选入担当工作人员。他们通常不仅负责一般的顾客服务，有时还负责一些例如人群管制这样的工作，这些是他们没受过训练的内容。这种模式如今已发生改变，越来越多的年轻人在有基本薪酬的条件下加入了这一工作。这个举措一方面是为了节约体育场经济成本，减少昂贵的警力开支，而对许多赛事来说这些警力都是地方政府所要求的，另一方面是为了提供更好的顾客服务。因此安全控制的培训是必要的，现在在英国，它需要根据国家认定的标准来执行。

美国的模式十分不同，其赛时工作人员往往更加专业，并且在维持秩序的任务中得到"对等安保员"组织的支持（"对等安保员"这一名词指的是从与到场观众相同的社会经济团体中选拔出来的工作人员）。他们有时也被称作"T恤安保员"，因为他们都穿着色彩鲜艳的T恤。

在未来，可能会鼓励赛时服务向更多互动的方式发展，赛时工作人员可以走下自己的岗位与观众聊天，使他们感到宾至如归。

19.5.2 赛时工作人员数量

因为管理服务模式的种类和变化很多，所以很难给出关于用房需求的确切建议。每一个管理部门会有自己的方法，而这些需求应该在任务书阶段阐明。以下说明提供了一个研究的起点。

根据英国的一般实践，一个到场观众规模在1万~2万的体育场，需要20~60名赛时工作人员，而到场观众规模在2万~4万的可能需要60~100名赛时工作人员。在有对等安保员参与的情况下，可接受的比率范围粗略估计为小型体育场75名观众需要1名工作人员，较大型体育场可200名观众1名工作人员。这些工作人员将分为以下几个大类：

- 旋转栅门工作人员；
- 入口工作人员；
- 安保工作人员（其中包括对等安保员），大约占所有工作人员数量的一半；
- 各区段监控员；
- 人群辅助员；
- 人群安全工作人员；
- 消防工作人员。

理想情况下，应该为上述人员提供以下用房，但有可能其中一些区域可以和其他工作人员共用。

- 简报室（1.5m²/人），用于下达当天指令；
- 赛时工作人员衣帽间；
- 由体育场管理部门提供的工作服储藏间；
- 提供热饮料和饮食的小厨房；
- 能激励工作人员提早到场的餐饮区。

19.6 警官和安保官员设施

警力和相关安全系统是现代体育场中至关重要的事项。但是具体某个赛事所需警力数量不能一概而论。在英国，任何一个普通的有足球赛事的冬日周末，全国各地共需要5000名警察。个别赛事可以只需要10~50名警察，但是重要的足球比赛会有多达300~400名警察在现场。警察部门会在与体育场管理部门及俱乐部协商之后做出决定。这个决定必须考虑到以下几个因素：

- 预计观众人数；
- 俱乐部以往群众行为的记录；
- 球迷的数量和种类；
- 场馆的位置和自身状况；
- 赛时工作人员的经验。

这里列出了英国内政部1990年出版的《足球流氓治安整顿》（Policing Football Hooliganism）中所建议的警力数量，作为英国足球比赛场内警力数量的一个指引。

类别1：小型俱乐部（如低级别的足球联赛）需要30~40名警力。

类别2：大型俱乐部（如最高级别联赛）一个正常比赛日需要约300名警力。

以前体育场的警力是免费的，但现在需要由体育场的管理部门为此支付高比率的费用。在欧洲有一种趋势，即试图减少赛事和活动所需要的警力，这可能是因为在美国和加拿大需要的警力数量往往较少。作为一个案例，在表19.1中列出了多伦多天穹体育场举办赛事和活动时所用的警力数量。

加拿大多伦多天穹体育场采用的警力情况

表19.1

体育场内部赛事	每1000名观众需0.5名警察
体育赛事	每1000名观众需1名警察
演唱会	每1000名观众需1.6名警察
高风险活动	每1000名观众需3名警察

在比较此级别赛事活动的警力要求的时候，需要说明的是大多数美国、加拿大的体育场还使用了他们自己的安保人员。他们通常都训练有素，例如天穹体育场的安保人员就是由他们自己位于多伦多的天穹大学进行培训的。人员筛选流程相当严格，所有申请人中只有1/6会被接受，然后他们要经过15～40小时的培训之后才能任用。天穹体育场雇佣安保人员的数量可参见表19.2。

加拿大多伦多天穹体育场安保人员　　表19.2	
保安部经理	2
专职安保人员	18
对等安保人员	110
活动安保人员	80

为了能够使这项法律性和维持秩序的活动各个方面都运转良好，我们提出了建议以下用房安排清单，这些在大型体育场的设计阶段就应该给予考虑。

- 安装有可以鸟瞰球场的玻璃窗和视频屏幕控制台的控制室（见第19.2.4节）；
- 拘留室，可以包括几个带有卫生间的隔间，比如说2个；
- 警察的餐饮和卫生设施；
- 等候室和问询处；
- 群体逮捕设施——可分为两个区域，每个区域能容纳30名观众。

这些不同类型的用房将在随后的段落进行描述。在重要的场馆，会把观众按约2万或更多人一个区块进行划分，每个区块都需要单独的安保设施。当体育场容量超过3万人时则需要采用视频监控覆盖。2万人以下的小型体育场只需要有一个警察控制室。在荷兰，有些体育场还设有审判室，是为了能迅速进行审断和处理。由于这例子较为罕见，所以这些需求应与当地警察局进行商讨后决定。所有这些用房的布局应该设计成链接式的，并且设有管制性的、安全的通道和出入口。

治安监控室

如果警察有自己的专用监控室（见19.2.4节），用房内需要设置一个面对观察窗的工作台，并配备电视与视频监视器、服务连接和联系体育场内部和外部的电话通信。该用房还应该与19.2.4节提到的体育场控制室相邻或结合设计。应为警察值班提供舒适的可移动座椅，同时公共广播员的座椅应该设置在边上，并最好设置在一角，以避免麦克风使用时的噪声干扰。另外除了在管理控制室中设置音频主控制台之外，这里可设置一个附属控制台。

在治安监控室内，所有的闭路电视屏幕应该有序地集中在一起，并由警察、安保人员和体育场管理人员监控。所有治安管制操作都必须由这间治安监控室监控，所有决策都必须由这间治安监控室制定，所有指令都必须在这间治安监控室内通过电话、无线设备和公众广播发出。另外，摄像头的角度和方位可以由监控室控制，这点也很重要。虽然以前用于全景监视的摄像头大多是静态的，当其覆盖可以环视赛场的观众区时，如果摄像头能够转动就非常有用了。它能够到达上下左右各个方位，同时可以锁定观众席的特定区域进行监视，也许还能识别某些个别观众。随着这种监控方式的不断发展，特定图像的硬拷贝打印输出成为可能，用摄像头记录所有图像的方式也越来越多地用于治安监控中。

19.7　卫生间

上文提到的所有管理设施中都必须有卫生

间。其中一些用房可以共用卫生间，但如果距离过于遥远的话则应该单独配备。在所有情况下都必须提供冷热自来水、肥皂、毛巾或其他干燥设施；这一空间也应当可以设置自动售货机、垃圾焚化炉和垃圾桶等设施。

要初步估算所需空间，设计咨询公司DEGW建议面积分配如下：

- 男卫生间每3人1m²，包含抽水马桶、小便池和洗手台。女卫生间每3人1m²，包含抽水马桶、洗手台。建议厕位大小1.83m×0.9m；
- 卫生间所有用房面积指标可按每个厕位1.68m²，每个小便池0.93m²，每个洗手台0.75m²设计。这些面积不包括外墙所占面积和入口门厅面积，但包括厕位间隔墙面积和小便池与洗手台前站位面积。

上述内容可与第10章、第16章结合阅读。

19.8　观众及员工急救设施

19.8.1　简介

除了第20章提到的运动员医疗急救设施外，也应该设有观众和工作人员的医疗急救设施。在欧洲大部分国家和北美地区这是法律规定的要求之一。而具体的要求则必须与当地医疗卫生部门协商。

英国相关的规章制度包括：

- 《卫生安全条例（急救）1981年条例》（The Health and Safety（First Aid）1981 Regulations）、《职业卫生安全管理条例1999》（The Management of Health and Safety at Work Regulations 1999）；
- 《消防安全及运动场地安全法案1987》（The Fire Safety and Safety of Places of Sport Act 1987）；

英国所有议会法案可以从www.opsi.gov.uk/acts.htm下载。

在欧洲共同体，《欧洲经济共同体指令89/654（European Economic Community Directive 89/654）》涵盖了工作场所的卫生健康要求，在第十九条直接规定"如果经过对建筑的规模、举办活动类型、事故发生的频率的评估而认为有必要，就必须设有一个甚至多个急救室。"这也许更有利于明确关于急救室的要求。

19.8.2　国际足联和欧足联要求

对于足球场来说，国际足联和欧足联建议新建球场"每个球场应配备急救室，为观众提供医疗救护。急救室的数量、大小和位置应与当地卫生部门进行协商后决定。"

在国际足联和欧足联的规则适用的体育场中，急救室一般都应该：

- 急救室位置应该方便观众和救护车辆从体育场内部及外部进入；
- 门和通道的宽度应满足担架或轮椅通过；
- 应有良好的通风采光，还应设有供暖设备、电器插座、冷热水（适于饮用）和男女卫生间；
- 墙壁和防滑地板应该平滑，并易于清洗；
- 应有用于存储担架、毛毯和枕头和其他急救用品的储藏室；
- 设置供内外部通信的电话；
- 在体育场内外应有清晰的标识系统，以便于找到其所在位置。

19.8.3　泰勒报告

泰勒报告（The Taylor Report）（产生于1989年4月15日英国谢菲尔德的希斯堡体育场（Hillsborough Stadium）惨剧）建议，"除了俱乐部专属的球员医疗用房外，在每个指定的运动场应该设置一个或多个急救室。"

英格兰足球联赛的医学工作组遵循此报告做出了一些具体的建议。这些并不是强制性的，但在此引述作为有用的指引。他们规定急救站应该在体育场四周设置，这样观众不会离其中一个过远而不便到达。应设有清晰的标识系统，最好能在比赛指南中标明。这些用房应该：

- 至少28m^2，并且形状规则。可以做一个有趣的比较，《英国运动场安全指南（UK Guide to Safety）》（见参考文献）建议如果体育场容量在15000名观众以上，则至少应有15m^{2}或25m^2；
- 在赛事举办时随时可用并仅可用于急救；
- 从体育场各个位置都容易到达，并且靠近通往医院的路线；
- 靠近卫生间（应是残疾人可使用的卫生间）和一个用于病人和家属等候用的专用等待室，并设有椅子；
- 门道应有足够的宽度，能满足一个担架加上医务人员通过的要求；
- 有良好的通风、供暖和照明条件，并且为禁烟区；
- 有足够的储藏空间用于存储设备。

用房设施应该包括：

- 能供三个病人同时进行治疗并有适当私密性的设施；
- 不锈钢水槽、工作台、洗手盆、下水道、冷热水供应（包括饮用水）、肥皂和烘手机设施；
- 所有表面应该是坚硬、不透水并易于清洁的（我们会添加关于地漏的要求，因为血液无法轻易从地板抹去而没有感染的风险）；
- 至少六个13安培的电源插座；
- 充足的垃圾处理设施，包括处理医疗垃圾和尖锐垃圾的设施；
- 配有与中央控制中心、紧急服务部门进行高效通信的设施。最好电话线路能与外部专线连接。

19.8.4　尺寸

推荐的房间尺寸在上文中已经给出。担架尺寸通常是1.9m×0.56m，因此可容纳担架和轮椅的最小尺寸为门宽0.9m、走廊宽1.2m。救护车通道应至少6m宽。

19.9　残疾人设施

英国的法律，例如《残疾人歧视法案》，以及其他国家（包括澳大利亚和美国等）的类似法规，都规定体育场的所有设施——包括管理人员设施——都应该能让残疾人无障碍地进入。请参见第10章。

第20章　运动员及官员设施

20.1　基本规划

20.1.1　概述

　　每个体育场无论规模大小，都必须为比赛参赛者提供相应的设施，但是所需的用房数量和类型是大不相同的：足球比赛或者橄榄球比赛可能只需要为两个球队及官员提供相应设施用房，然而如果是一个重大的国际体育赛事则可能会有上千名参赛者。

　　人们不大可能为此设置大量的固定用房，对于大型赛事则可能要部分地依赖临时性用房。因此下列的指引主要是对一个"合理"范围内的设施提出建议。

　　如果有一个主场球队，则大部分的用房应该主要满足他们的需求，因为他们日常训练需要经常用到这些用房及设施。如果该体育场有多个主场球队，则必须确定这些队伍是共享设施，还是必须提供单独的专属设施。这种情况一般出现在那些拥有大型俱乐部的体育场，其实共享一些训练设施是可行的。

　　球队更衣室对于体育场的常驻球队而言是一个十分特殊的区域。这是他们的家，很少有外人能够进入。应就设计、布局及具体要求与常驻组织进行密切协商。如果体育场还用于演唱会或其他用途，也要考虑这些方面的设施用房要求。

20.1.2　设施在体育场布局中的位置

联系外部的通道

　　运动员更衣设施与外部服务性通道之间应该有直接联系。这条通道用于大巴运送运动员出入体育场，也可以用于救护车的出入。

　　从运动员入口及比赛场地都应该能够进入这条服务通道，以便受伤运动员可以便捷地送上救护车。

进入赛场的通道

　　在运动员更衣室及赛场之间也应该设有直接联系的通道，并应设有防护设施。在比赛开始入场时，运动员和裁判可能会成为人群攻击的目标（如投掷物品），因此这方面的安全要求是十分严格的。在某些国家的足球比赛中，忠诚于球队是一个很深厚的传统，这就可能会出现上述的情况，下文给出了一些概括性的建议。

　　以举办世界杯足球赛和欧锦赛决赛的新建体育场为例，国际足联和欧足联建议。

在理想情况下，球队队员更衣室及裁判更衣室应有各自进入比赛场地的通道。这两个通道可以在进入比赛场地的入口处合并。

在理想情况下，球员和裁判进入比赛场地的入口应该设在体育场的中线位置，并与贵宾包厢、媒体看台、行政官员看台同侧，入口处必须设置一个可伸缩的防火管形通道延伸至比赛场地，并且要有足够的距离，以避免因观众抛掷物品而造成对参赛者的伤害。

这种管形通道应当能够伸缩和关闭自如，当比赛时有球员离开或进入球场时可以方便使用，但却不会因为通道过长造成视线障碍。

另外，进入比赛场地的入口也可以采用地下隧道，出口位置应该同样与观众有一定安全距离。

在这些走廊或安全通道内的任何一处都不应该有公众或媒体的任何打扰。

对于欧洲俱乐部赛事，欧足联仅简单地建议：

为了保障球员和赛事官员的安全，参与的俱乐部都应有一个安全进出比赛场地的通道。

位置

在可能的情况下，运动员及官员用房应与比赛场地同层设置，以便于直接而便捷地进入比赛场地。

20.1.3　设施规模

这方面的要求必须与客户及相关管理机构进行商讨后决定。

20.2　运动员设施
20.2.1　简介

下文所述设施应与媒体区（见18.1节）及球队管理官员用房（见19.1节）有直接联系，并且

在可能的情况下，与球队总监套房或球队主席包厢（见13.1节）也应该有直接的联系。如果这些设施不在首层，则应当设置服务电梯。

走道和门的宽度应该尽量宽敞，因为在比赛日这些区域会相当繁忙：其最小宽度为1.2m，最好为1.5m。良好的通风是防止冷凝必不可少的，还应该根据当地气候条件及比赛季节，在更衣室设置制冷或供暖系统。

整个区域应当设有安全措施，防止任何未经授权人士进入，公众和媒体是不能够随意访问的。应布置具有防护设施的通道与比赛场地直接联系，如20.1.2章节所述。

房间饰面应当耐用并且容易清洗，采用防滑塑料垫和耐磨地毯是更衣室的理想做法。

20.2.2　运动员更衣室

每个主场队和至少一个客场队都应该有一套更衣室或休息室。如果比赛是在2支客场队之间进行则应为两个队都提供此用房——除非该体育场的主场队允许别队使用其用房及设施（不常见），或者两支客场队愿意共用设施（更为常见）。一些体育场用揭幕表演的方式开始当天的比赛，这种表演通常是一些低级别联赛球队比赛或青少年球队比赛，甚至是另外一种运动赛事，这些球队也需要更衣设施。

每一间更衣室都应该为每个运动员（包括替补队员）设置单独的储物柜、座凳及挂物空间，每个这样的空间宽度约600～900mm，深度至少1200mm。对于足球比赛，国际足联要求提供20个这种单元，橄榄球比赛的要求与此相似。座凳的设计应该可以使衣服保持干燥并状况良好。美式橄榄球球队通常更喜欢个人小间或是开放的带有侧面隔板的挂物单元，而开放的座凳单元则在足球和橄榄球中较为常见。

对于可举办重要赛事的新建足球场，国际足联和欧足联建议设置4套独立的运动员更衣室。

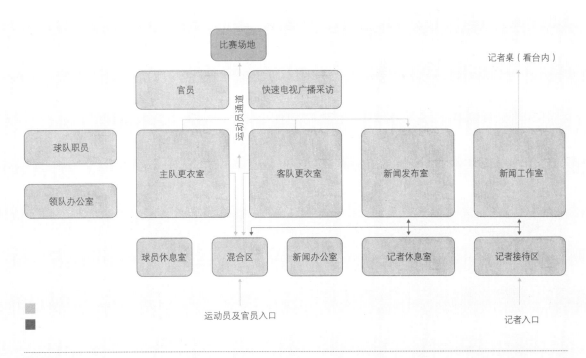

图20.1
运动员及官员设施、比赛场地、媒体设施的关系示意图

20.2.3　按摩室

每个更衣区至少有一个按摩台或长凳，在重要的体育场可以设置两个。

20.2.4　洗浴设施及卫生间

应该可以直接从更衣室进入洗浴间，而无需通过卫生间。作为一般规定，要求每1.5～2名运动员要有一个淋浴头，面积要求为每个运动员1.5m²，但具体要求必须与客户及相关管理部门讨论决定。

对于男性球队，卫生间应装有座便器和小便池，按每三名运动员一个设置，或根据客户和相关管理部门要求设置。洗浴室和卫生间都必须有良好的自然通风，所有墙壁地面都应耐用且不透水，并且可以彻底清洗。

应该为残疾人提供相应设施。指导原则参

见第10章和第16章。

20.2.5　辅助用房

应当设置以下用房作为上述更衣室用房的一部分：

- 一间大训练室，可用于准备和热身练习；
- 在比赛场地附近、途经更衣室的位置设置一个运动员急救室。

应当设置或在球队间共享的辅助设施如下，它取决于队伍的重要程度：

- 一个给球队使用的普通会议室，配有投影仪和屏幕等设备（这个房间也可用于其他功能，比如媒体采访）；

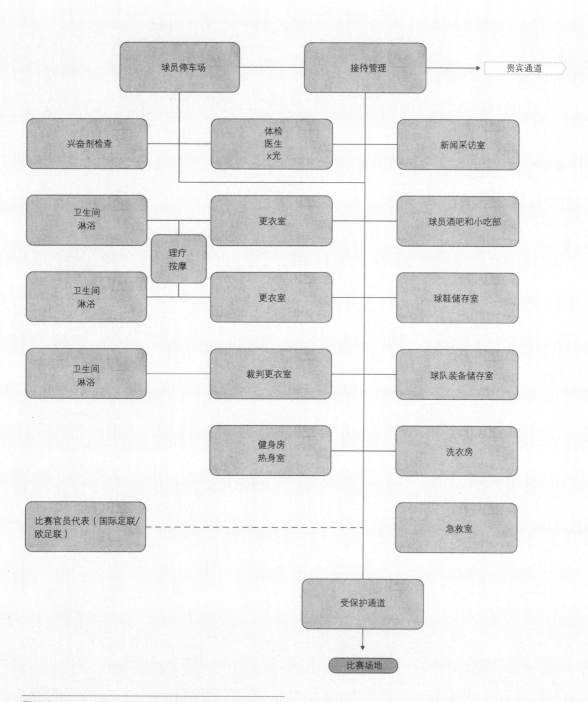

图20.2
各种运动员设施与裁判员设施的关系示意图

- 一个运动员酒吧和游戏区，供运动员在比赛或训练后休闲放松（应配备一个小厨房）；
- 一个健身房、重量训练、练习区；
- 一个桑拿和水疗区；
- 一间供运动员亲属使用的有独立卫生间的等候室；
- 一个设有架子和碗橱的装备存储区；
- 一个洗衣、晾衣区；
- 一个球鞋清洁、储藏室。

20.3　球队管理设施

这类用房不要与第19章描述的体育场管理设施用房混淆，除非在某些特殊的案例中，体育场管理者与球队管理者是同一个人或者同一个组织。

20.3.1　位置

这些设施的位置通常位于体育场的主侧，与体育场管理人员用房（见第19章）的位置接近，但很有可能设在其下一层。

20.3.2　设施

用房需求主要取决于体育俱乐部的大小规模，大概包括以下几点：

- 接待室约$12 \sim 15m^2$；
- 一般办公室和秘书室；
- 有专用出入口的主管办公室；
- 董事会议室或会议室约$25 \sim 30m^2$，配有吧台设施；
- 球队领队办公室约$18m^2$；
- 领队助理办公室约$12m^2$；
- 教练用房$12 \sim 18m^2$；
- 有可能需要一个助理教练用房；
- 一个连接到主管办公室的主席套房。

20.4　官员设施

每个赛事都必须有赛事官员、裁判长、仲裁人、司线裁判和裁判员，他们也都需要有单独的更衣室和卫生间。他们还需要一些行政管理用房，对于较小的体育场这部分用房可以共享。用房需求不仅取决于正在进行的比赛还取决于一天内举行的比赛次数。

20.4.1　位置

下述用房应靠近但却不能直接进入运动员更衣室。这些用房应该不允许公众和媒体进入，但是必须通过有防护措施的通道与比赛场地直接联系，如20.1.2章节所述。

20.4.2　设施及规模
更衣室

作为一般规定，裁判和司线裁判的更衣室应该有四个空间，按每个官员$2.5m^2$计算，并配备相应的储物柜、卫生间和淋浴设施。

房间内应该有一个稍微独立的空间，并设有桌子和椅子用于撰写报告。

关于确定设施规模最为准确的规定是国际足联和欧足联对于举办大型赛事的新建足球场的建议。虽然这并不一定适用于所有体育场，但是他们提供了一个很好的研究起点。

申诉室

每项运动都是遵循一个固有的比赛规则，如果运动员违反规则将会由该运动仲裁官员进行处罚。为了进行审判程序，需要一个申诉室。这个房间必须能容纳$5 \sim 6$人的评判委员会，加上$2 \sim 3$名其他官员。它不需要一个专门的用房，如果体育场的其他用房在位置和设计上符合要求的话可以共用（见19.2.3章节）。

赛事代表官员用房

国际足联和欧足联建议举办重要赛事的新建场馆需要为那些坐在赛场中心席位的赛事官员提供相应用房。用房应该靠近普通更衣室区域，面积至少16m²。房内设备应该包括：

- 一张桌子；
- 三把椅子；
- 一个储物柜；
- 一台电话。

20.5　体检室

20.5.1　位置

下述用房应该靠近运动员更衣室，并且能够便捷地出入体育场和比赛场地，如20.1.2章节所述。

20.5.2　设施及规模

应该优先考虑当地安全部门和相关医疗队的具体要求，而且必须作为任务书的一部分内容。以下是国际足联和欧足联对于举办大型赛事的新建体育场的建议。

体检室

应该有一个至少25m²的房间，并配备：

- 一张从三个方向都可以上去的，600mm宽的检查台；
- 两个便携式担架，在比赛时备放于比赛场地旁；
- 一个洗手池；
- 一个玻璃的药物存放箱；
- 一张治疗台；
- 一个有面罩的氧气瓶；
- 一个血压仪；
- 一个加热设备，如电炉；

- 在可能的情况下，应配置部分理疗设备。

可参见19.8节关于观众医疗设施的内容。

驻场医生用房

在较大型的体育场，随队医生应该有他们的专属用房，面积约100m²，房间应靠近体检室，并与其内部相通。

X光室

X光室面积约20m²，设应在体检室附近合适的位置，用于检查伤病。

药检室

举办重要赛事的体育场需要一个至少16m²的药检室，并配备以下设施：

- 一张桌子；
- 两把椅子；
- 一个洗手池；
- 一台电话。

应在毗邻用房的位置设有独立通道的专用卫生间，卫生间内应包含抽水马桶、洗手池和淋浴设施。靠近药检室应设有一个等候区，并配备8个座位、能供4人使用的衣挂或储物柜以及一个冰箱。

20.6　附属设施

根据体育场的大小，可以设置一些其他设施，它们将有助于体育馆的运营。这些附加的空间应该根据特定情况进行优劣分析。

- 媒体采访室：应该毗邻球队用房，并提供适于电视转播的电力和照明设备；
- 运动员赛前热身区域和健身房；

- 比赛场地的卫生间和饮水机，应靠近比赛场地入口通道设置；
- 可直接通往特定球队更衣室的、有遮盖的封闭空间或者隧洞。

20.7 残疾人设施

英国的法律，例如《残疾人歧视法案》，以及其他国家（包括澳大利亚和美国等）的类似法规，都规定体育场的所有设施——包括这些运动员及官员设施——都应该能让残疾人无障碍地进入。请参见第10章。

第21章　设备

21.1　照明系统

21.1.1　简介

当一个体育场发挥它的全部潜能，在晚上或者傍晚都需要开放时，综合的照明系统是必不可少的。需要配备以下两种主要的照明类型：

- 走道和疏散通道照明，使观众能安全地进入和离开体育场。
- 比赛场地照明，使参赛者和观众可以毫不费力地看清楚比赛和活动。有时还可能需要赛场电视摄像区域的照明，在这种情况下的要求则更加严格。

安全照明和赛场照明都是必不可少的，缺一不可；唯一例外的情况是：

- 夜间演唱会常使用自己的舞台灯光系统，其电力来自于体育场的电源供应（这是常见的做法）；
- 体育赛事结束时仍然是白天，但观众仍未全部疏散完毕时已经天黑（一般重要的体育场不会发生这种情况）。

在这两种情况下体育场只需要为观众提供应急照明。

21.1.2　观众应急照明

要求

应急照明必须满足以下几个主要功能：

- 疏散通道和出入口应有良好的照明，以便观众在紧急情况下都能够快速找到疏散方向和出口并安全地疏散，而不会在恐慌中发生绊倒、坠落等事故；
- 报警设备和消防设备点应有良好的照明，使它们可以容易地被找到。

照明设备应沿着每个走道和疏散通道布置，不应有任何黑暗死角，特别是在楼梯、楼梯平台、安全门处。在英国，沿着主要疏散通道中线的照度水平应该至少1Lux。在大于60m²的开放区域，核心区域的最低照度为最小0.5Lux；永久性的无障碍通道中线的最低照度为0.2Lux。

所有这些应急照明设施都必须无间断运作，甚至当总电源发生故障而停电后5秒内就能恢复运作。

安装设计

针对常规线路上照明设备的间隔问题，很难给出具体的建议，而对现有建筑进行考察或许是最实用的指引了。对于关键位置的照明设备，我们建议照明设备距离这些位置应在2m内，包括所有出口以及需要重点强调潜在危险和安全设备的位置。这些位置包括：

- 沿着每个梯段照亮楼梯梯级的前沿；
- 在所有楼梯的交接处，照亮梯级的前沿；
- 标高变化处附近；
- 每个疏散门前面；
- 每个防火门前面；
- 体育场安全疏散所需的每个安全出口或安全标志；
- 每个火警报警点和消防设备存放点。

在体育场结构下的大范围空间内，有时很难达到应急照明的照度为1Lux的建议要求。壁灯可以帮助解决这个问题，带灯光的标识牌在这里可以起到很大的作用。目前，这种标识牌由于成本问题（尤其是霓虹灯标识牌）已经不常用于体育场了。但加拿大的多伦多天穹体育场（Skydome）在这方面却引人注目，它利用霓虹灯广告牌在暗淡的灰色结构基础上创造出明亮而愉悦的气氛，也强调了它所在的位置。

备用电源

在正常供电发生故障的情况下，需要有备用电源以维持应急系统运作，或者维持整个赛事的继续进行。见21.6节。

21.1.3　为运动员和观众而设的比赛场地照明照度要求

如果比赛是在晚上进行，比赛区的照明要让运动员、官员以及那些在现场或在家里通过电视观看的观众都能清楚地看到场上的活动。这意味着整个比赛区域的亮度、对比度和眩光的水平都应该经过合理的设计。彩色电视传播的要求是最苛刻的，我们将在后面进行专门的讨论。

我们之所以能看到物体的原因，是因为它与其背景之间具有颜色或亮度的对比。球和比赛场地之间、或者运动员和跑道之间的色彩对比大部分被体育运动管理机构控制了，这通常是设计师无法控制的。一个有趣的例外是，若干年前在澳大利亚，克里·帕克（Kerry Packer）为在夜间进行的世界板球大赛引进了的黄色的球和鲜艳的衣服。这是特意想让传统的白色球服和深红色球能够在观众眼中更明显，并希望这项运动能够因为观众可以更容易地追随比赛进程而更受欢迎。而夜晚当球在高空处时，这也使运动员可以更容易看清球的位置。传统的板球比赛是在白天进行，在晚上当深色的球以深蓝色或者灰色的天空为背景时很难被看清。因此亮度和眩光是在一项运动中我们能够控制可见度的唯一因素。

晚间比赛的照度通常会低于同类型的室内比赛。这是由于以黑暗的夜晚为背景观看一个场景，其对比度更高，适应性更强。照度将取决于运动的特殊性，因为这涉及行动的速度，观看的距离、比赛物品大小和色彩对比的不同——越快的物体需要越高的照度；越高标准的比赛对照明的要求也越高。

照度还取决于场地的大小，需要提供最大

程度的照明使那些坐在最远处的观众也具有相同的视觉标准。最后对于一个体育场，应当考虑到随着年龄的增长，观众对视觉标准的要求会更加苛刻，我们需要更多的光线来达到同样的能见度。这种差异会很大，60岁的人达到同样标准的能见度所需要的照明程度甚至是20岁的人所需的四倍左右。

表21.1总结了各种运动类型典型的照明强度和光线均匀度。它只是作为一般性指引；在设计开始前，要获得最新的详细要求，应该遵循《国际照明标准（International Lighting Standards）》（在欧洲是BS EN 12193）、已发布的《体育照明指引（Sports Lighting Guides）》、和相关专项体育协会的建议。

所述的所有照度水平是最低的"维持平均照度（Em）"。"维持平均照度"标准是规范标准，其中包括可用期内的所有折旧因素。这适用于发生在维护期内的情况，为实现这一目标，所有的设计计算中都需要包括"维护系数"。这需要考虑泛光灯表面积累了污垢后的光损，以及使用若干小时之后灯管的输出损耗。

泛光灯的清洁程度会显著影响其性能和需要进行清洁的时间间隔。体育场的泛光灯系统需要较高的防护等级（IP）以防灰尘和雨水（IP65～IP66），确保在清洁和灯源更换之间的长保养周期内照明设备能达到最高性能。

眩光控制要求

体育运动中的运动员眩光是具有破坏性的，当比赛中一个运动员在他的主要视角中看到赛场灯光时，这种情况就会发生。当这种赛场灯光的眩光值超过40时，就基本上可以理解为这位运动员接受了过多的眩光，而不能够表现出最高的比赛水平。

运动员眩光是观看灯光者接受的光密度，使用阈值增量程序进行计算，这种程序可计算眩光条件，数值范围从0～100，0表示观者不会注意到这种眩光，而100表示这种眩光会让观者暂时丧失视觉。

对于从上向下观看的运动赛事来说，例如网球、板球和美式棒球，建议采用30这一较低的数值。另外，设计中需要特别注意，不管运动员移动到赛场的哪个位置，都要避免让运动员直接对视赛场灯光。

光溢散

溢散光是落到运动场或球场边界之外以及体育场和体育场用地边界之外的照明量。照明光落在运动场或球场边界之外是适当的，但落到体育场及其用地边界之外就不太令人满意了。溢散光的测量方法是拿着一把光度计，将感应器直接瞄准体育场的最亮点。所获得的数值是溢散到环境中的最大垂直照度值。

因此，我们将重点关注体育场外的照度，过度溢散到环境和周边建筑中的照明是不可接受的。地方政府环境法规可能会对此制定相应的标准，这些都需要遵守，如果没有这些规定，可以参看绿色能源与环境设计先锋奖（LEED（Leadership in Energy and Environmental Design））导引，它将建筑用地边界的照明溢散光限制在6Lux以下。

安装设计

正确的设计顺序是，综合考虑成本和其他限制条件来决定所需要的性能等级（见上文），然后根据这些要求竞价，并且只在那个阶段决定灯源的数量、类型及其安装高度和间距。在早期设计阶段决定照明塔的数量和高度，甚至每个照明设备大概的数量和间距，然后寻求报价，这是一个错误的处理过程（就像有时做的那样）。另一些灯源类型和泛光灯可能需要不同的间距和位置来达到相同的效果，直至获知

表21.1

室内运动照明推荐值

运动	级别	水平照度	真实垂直照度	摄影机垂直照度	均匀度
篮球	I	2500	1300	1500	0.8
	II	1500	900	1000	0.7
	III	750	–	–	–
保龄球	I	2500	1300	1500	0.8
	II	1500	900	1000	0.7
	III	750	–	–	–
拳击/摔跤	I	4000	1800	2000	0.8
	II	2500	1500	1600	0.8
	III	1000	–	–	–
冰壶	I	2500	1300	1500	0.8
	II	1500	900	1000	0.7
	III	750	–	–	–
体操	I	2500	1400	1800	0.8
	II	1500	1000	1500	0.8
	III	750	–	–	–
冰球	I	2500	1300	1500	0.8
	II	1500	900	1000	0.7
	III	750	–	–	–
室内足球/橄榄球	I	2500	1300	1500	0.8
	II	1500	900	1000	0.7
	III	750	–	–	–
网球/排球	I	4000	1800	2000	0.8
	II	2500	1500	1600	0.8
	III	750	–	–	–
乒乓球	I	2000	900	1700	0.7
	II	1200	500	900	0.7
	III	500	–	–	–

注释：
1. 所有计算和测量值是在1m（36英寸，AFF）位置获得，采用0.75的维护系数。
2. 级别：
　　I　国家或国际播放
　　II　国家或俱乐部播放
　　III　娱乐性训练

		室外运动照明推荐值			
运动	级别	水平照度	真实垂直照度	摄影机垂直照度	均匀度
棒球	I	2500	1200	1500	0.7
	II	1500	900	1000	0.65
	III	750	–	–	–
曲棍球	I	2500	1200	1500	0.7
	II	1500	900	1000	0.65
	III	750	–	–	–
美式橄榄球	I	2500	1200	1500	0.8
	II	1500	900	1000	0.7
	III	750	–	–	–
足球	I	4000	1800	2000	0.8
	II	2500	1200	1500	0.7
	III	750	–	–	–
长曲棍球	I	2000	1000	1200	0.8
	II	1000	700	800	0.7
	III	750	–	–	–
橄榄球	I	2500	1200	1500	0.8
	II	1500	900	1000	0.7
	III	750	–	–	–
网球	I	3500	1400	1800	0.8
	II	3000	1200	1500	0.8
	III	1500	–	–	–
田径	I	2000	900	1200	0.7
	II	1200	500	600	0.65
	III	500	–	–	–
排球	I	2000	1000	1200	0.8
	II	1000	700	800	0.7
	III	500	–	–	–

注释：

3. 所有计算和测量值是在1m（36英寸，AFF）位置获得，采用0.75的维护系数。

4. 级别：

　I　国家或国际播放

　II　国家或俱乐部播放

　III　娱乐性训练

照明设备是何种类型才能决定其间距。受限于这些条件，遵循以下通用说明可能会有帮助。

小型体育场通常是靠侧边照明系统来照明，它包括安装在比赛场地一侧三个或四个泛光灯，其安装高度不低于12m。为了减少眩光，安装的位置和比赛场地中心之间的夹角应该在20°~30°之间，为了确保为运动员在比赛场地边界有足够的照明，安装的位置和边线之间的夹角应该在45°~75°之间。

较大型的体育场可以使用灯塔或高杆灯，沿着灯塔一圈设置照明设备，这样任何特定类型的比赛都可以有最佳的照明。转角部高杆灯可能是最常用的在用系统。它们可能很昂贵，但其优点是不会阻挡比赛场地的任何视线。

从各自一边或端部的中心算起，它们应该从场地侧边偏移至少5°，且从比赛场地端部偏移至少15°，以确保它们在观众和运动员的主要视线方向之外。高杆灯的一般高度应该至少是灯杆和场地中心水平距离的0.4倍，安装位置应该与前述相同以减少眩光。然而，灯杆高度的最终值很大程度上受比赛场地表面眩光值范围要求的影响。转角部高杆灯并非最佳的照明布局方式，因为它们会在球场上造成强烈的阴影。

对于特大型的体育场，照明系统要在一定程度上依托于体育场结构设计：

- 露天体育场或许会采用上述的四个角部高杆灯系统，最低高度大约35m，根据体育场的大小，可能会需要在周边额外地使用一些高杆灯来补充。需要注意的是，这些高杆灯可能会在结构和设计美学方面出现重大的问题，尽管如今泛光灯技术的发展使得泛光灯所需数量大大减小，从而使建筑结构尺寸也相应减小。当美学成为一个主要的考虑因素时，可使用可伸缩的灯杆来解决这个困境。

- 对于有屋盖的体育场，照明设备可能是以连续条状形式安装在屋盖前边缘。这些设备应该安装在离比赛场地表面至少30m高的地方以减少眩光的风险。眩光可能是一个无法解决的问题，因为光线延伸到观众的角度近乎水平。但从积极的一面来看，屋盖边缘照明会使得垂直面的照明增加，这有利于电视转播。在某些情况下采用高杆灯和屋盖边缘照明混合的方式可以解决这个问题。

对于更大型的方案，会采用两个或三个可切换照明度的照明系统，以应对从训练到全过程的电视转播赛事等不同类型赛事活动的要求。另外在不同类型的赛事和活动中，可远程控制、可旋转的泛光灯是照亮比赛场地不同区域所必须的。这些问题必须在设计初期与客户协商。

关于灯塔的结构设计，桁架式灯塔现在已经很少使用，因为静态的高杆灯更便宜、更容易维护，且对建筑外表面的影响较小。铰接式或升降式高杆易于定期清洗和维护，如果要维持灯的性能，这些都是很重要的。在规划条例里禁止使用固定高杆灯的地方，可以使用伸缩式高杆灯，但这是个极其昂贵的解决方案。当高杆泛光灯数量过多以及灯杆高度高于45m时，可能采用内部通道结构。

看台屋盖外侧的泛光灯照明是除了高杆灯照明系统的另一个可选方式，它提供了一个机会，可以将体育场设计成连续屋盖的形式。然而泛光灯系统会对屋盖边缘造成极大的荷载，这个必须在一开始设计体育场的时候就予以考虑。如果一个体育场屋盖明显悬于观众席之上，并几乎延伸到比赛场地边界时，则可能需要在屋盖边缘下方设置泛光灯，目的是为在边界的运动员提供足够的垂直照度，以达到方便观众观看和摄像设备摄影的目的。为了进入照明设备进行维护的需要，还应考虑在屋盖边缘上方或下方大量设置小通道以组成检查系统。

泛光灯一般沿着两侧主要看台布置，仅允许有限数量的泛光灯沿着屋盖轮廓线的端部布置，以便限制主要比赛方向上的眩光。在球门中心线两边大约15m的区域范围内不允许布置泛光灯，以防止在球类比赛中对门将造成眩光的干扰，包括足球和曲棍球。

21.1.4 为电视提供的比赛场地照明
赛场高解析度电视（HDTV）

由于摄影机技术对比度的革命性进步、以及人们对摄制品质更好的高解析度数字视频的需要，体育场照明系统正在进行革新以满足这些新需求。这场革新中关键的变化是赛场上的照明均匀度、"阴影控制"、赛场垂直照度和主摄影机垂直照度要求、超显示动作视频技术、无闪烁环境和LED照明。

均匀度是转播摄影机整个可摄范围内的照度变化。如果使用较早的模拟摄影机技术，在整个随动拍摄范围内均匀度变化幅度达到40%的情况下，视频质量也不会有明显的降低；然而，在高质量数字视频中，10%的变化都能观察到。另外，球员落在其他球员和场地上的阴影也会被察觉到；而白色会显得更白，暗色也会显得更暗，参赛者身上的一些细节会丢失掉。数字视频所形成的影像突出了整个可摄范围内图像的对比，然而捕捉参赛者和观众脸上因赛场争夺而产生的情绪变化，对整个转播工作的成功可以起到关键的作用。赛场照明的目标是限制这些强烈对比的情况、提高均匀度并减少参赛者周围落在参赛者和球场上的阴影。

赛场垂直照度和主摄影机垂直照度是摄影机在随动和静止拍摄时所接收到的实际照度。为赛场上所有摄影机位提供达1400Lux的赛场垂直照度，随动拍摄范围内均匀度达到10%，

这都是普遍的状态。另外，为主摄影机提供1800 Lux的照度以及20%的均匀度也是很常见的。一些赛事需要更高的照度和均匀度，而另一些则要求较低。按照正确的照度值和均匀度值进行设计，并遵循国际上的导引，是体育场成功的关键。

在设计中要考虑超慢动作视频的要求。因为观众的需求和增加收入的需要，慢动作和超慢动作对于转播产业来说正变得越来越重要。在一般的欧洲室外运动中，要求照明应支持每秒600～1000帧（fps）的摄影速度。美国室外和室内运动则要求600～800 fps的速度。未来的转播业将会要求重要国际赛事摄影速度达到1000～1500 fps，这些新的需求将迫使人们拿出新的解决方法和革新方案。

由于国际赛事中超慢动作数字视频的要求，无闪烁体育赛事转播照明现在已经是必需的了。当转播fps比用于赛场照明的高压气体放电灯（HID）中镇流器线频率更快时，就会产生光闪烁。这种闪烁会对参赛者造成频闪效应，导致数字视频质量的低下。这种闪烁或频闪状况发生在摄影速度每秒500帧的条件下。对这些问题有几种解决方法，设计师需要清楚了解避免在超慢动作摄制中发生闪烁的新技术和新的设计方法。

LED（发光二极管）技术及其在赛场照明中的应用在正在不断发展。LED照明与HID运动照明之间的差异很大，主要在于镇流器、灯具、耗电量、控制与色彩评级。LED技术将解决许多目前体育照明设施的技术问题。目前在室内和室外运动中都正在尝试使用LED技术。这一技术似乎很有前途，但还需要一些时间才能完全应用于体育设施并在成本方面具有竞争力。LED最大的优势是减少了为达到照亮赛场所需光通量而消耗的能源。我们预计使用LED可以节约30%～50%的电网电能。

未来体育场的赛场照明系统在创新、能源可持续性，以及为新的数字体育迷和媒体客户创造新的视频产品等方面有许多的机遇，也存在一些挑战。赛场照明系统将不再仅为赛事提供足够的照明，还需要提供更多的东西。赛场照明系统将需要以一种独特的方式增强赛场的竞争感觉并为庆祝胜利营造气氛，从而提升赛事的水平以吸引更多观众并为各方创造更多的收入。

安装设计

设计一个能达到上述标准的照明系统，需要大量的专业知识，并需要借由复杂的软件进行大量计算机运算。强烈建议以彩色电视（CTV）转播为目的体育照明和安装设计应该在相关专业人士的协助下进行。

照明系统的布置应该考虑到，对于方向清晰的体育比赛，电视报道将只会从体育场的一侧拍摄，否则来回切换摄像机位置会使观众感到困惑。也应当重视对次要的、可移动和轨道式摄像机的要求，因为转播机构希望加入新的摄像视角来加强电视体验。

泛光灯效率的增加，使它能够更便宜、更容易地提供彩色电视摄像机需要的照明数量和质量。这主要是因为高压气体放电灯（HID）设计技术的不断进步。光源从具有大型螺纹和弱校准的巨大管状和椭圆灯具，演变成长寿命高性能的小型无封套的双头灯，并且有复杂、紧凑、稳定的光学系统。

因此大多数老式的照明塔被替换为新型的轻质高杆灯结构，与旧型号相比，它在安装数量上仅需60%的新型泛光灯，却实现了更优的照明亮度和更好的视觉质量。

21.2　闭路电视系统

闭路电视系统（CCTV）在体育场可以用于两个方面——安保和人群控制（它在这方面的使用无处不在），以及信息通知和观众娱乐，而这部分巨大的潜力还没有被充分地利用。

21.2.1　用于安保的闭路电视系统

为了更好地对人群活动进行控制，几乎所有重要的体育场现在都已经装有闭路电视系统，使得管理人员可以在比赛之前、期间和之后都能对人群密度、活动模式和潜在的问题出现地点进行监控。

摄像机已经越变越小，越来越不起眼，这样就可以不为人知地监控观众且不会使人产生恐惧感；尤其是在计算机增强技术得到应用的今天，图片质量已有所改善，可以从一个视频记录里识别出个别观众。微型化程度的一个已经投入使用的显著例子是，在空心三柱门里面安装一个150mm×25mm的摄像机来拍摄板球比赛的特写镜头——毫无疑问将会有更小的摄像机面世。

回到安全方面，在体育场的每一个角落都放置摄像机毕竟过于昂贵，但是安装设备纵观所有区域，加上有目标地监测所有潜在问题区域，必须被视为现在所有新建体育场设计的一个基本特点。

首先，管理人员应该能清晰看到所有观众的进场，这样便可以提前发现潜在的问题。例如伦敦温布利体育场的控制室连接着约五英里外的一个交通枢纽的摄像机，这个地方有许多汽车从一个主要的高速公路转弯后前往体育场。警察能够识别球迷车辆并在必要时能够及早做出预防措施。

接着，他们应该能够监控人群聚集，以及在观众入席过程中，监控各种人群密集区域的情况——例如旋转栅门、主走道、公共大厅和楼梯等。

系统整合

上述的监控设施不应该是孤立存在的，而应包含在一个完整的电子通信系统中，包括电话、公共广播、人群监控和记录、外围屏障入口控制、普通安保、消防监控、火警和紧急疏散系统。其他如时间和上座情况、停车控制、电梯控制等也可以整合到系统之中。

这里举例说明这种综合系统一般如何操作，如果有人企图非法进入安全区域，电子监控系统可以监测到，然后激活一个记录摄像机、通过自动拨号将报告传递给体育场的安保人员并建议必须采取的方法步骤，对入侵者发出预先警告，发出警报，记录下视频并通过计算机打印输出整个事件的过程作为备案。所有行为都会被记录并存为可靠的档案，将人为的失误降到最低。

理想情况下，上述的所有服务应该来自一个单一的相互关联的信息来源，有一点很重要，那就是应听取专业人士的建议，以避免子系统之间不兼容的问题，从而得以共同运行为体育场管理达到最大利益。同样的道理，这里给出的信息也应该结合本书的其他章节如音响系统（第21.3节）、消防报警系统（第21.5节）等等进行阅读。

备用电源

一个备用电源系统对于安保服务至关重要。

21.2.2　用于信息通知和娱乐的闭路电视系统

闭路电视系统可以为观众提供比赛的连续评论、赛场上运动员的录像回放和信息、其他比赛的精彩镜头，以及其他还未想到的可能性——所有这些都在小型个人电视接收器或安装在比赛场地上方的大屏幕上定向播放。

这些不仅仅是噱头，而是管理部门一系列技术中的基本要素，其目的是赢回观众，因为

人们的另一种选择是在舒适的客厅里免费观看体育比赛，可以观看特写镜头、动作回放及其他类似的东西。依靠有线电缆和卫星电视，赛事的电视转播一直在增长，体育场必须通过艰难的努力来留住他们的市场。

目前，一些俱乐部和体育场会在比赛进行之中将现场直播的文本、影像和评论发送到移动电话和其他设备上，也会在赛后将这些信息登载在网络上。随着这些设备复杂程度的提高，以这种方式传送给观众的内容的质量将越来越高，涵盖面也会持续增加。

当前有两种技术正用于在体育场内的固定屏幕上传送信息。

记分牌

将简单的数字或文字显示在比赛场地上方是常见的做法。常在记分牌上显示分数、时间、比赛当前时间和剩下时间、球员和球队的名称和数据等；甚至小型体育场或体育馆也有这种类型的记分牌。相关的指引必须从相关运动管理部门、生产和安装公司、独立的咨询公司获得，以确保正确的位置、定位、尺寸和规格。如果在早期设计阶段没有充分考虑这些方面内容，则可能无法安装一个完全令人满意的系统。

彩色视频显示器

这是一个与上述完全不同的技术，更昂贵但也更具观赏性。彩色视频显示器就像一个巨型的电视屏幕，可以显示动作回放、过往比赛的精彩片段或者在其他场地同时进行的比赛，当然还有商业广告，这是一个体育场有效的收入来源。它们正越来越成为重要体育场建设的一个标准要求。

除了吸引和取悦观众来增加门票收入外，预先在大屏幕播放娱乐资讯也可以有效地减缓

人们进入和离开体育场的速度。在终场哨后保证一定比例的观众停留在座位，而不是争先恐后地退场——这可以使得体育场更加安全。如果有趣的娱乐视频节目能吸引观众在比赛之前和之后停留更长的时间并使用体育场餐馆和其他设施，则可以为体育场带来更多的收益。

电视屏幕可以是永久固定装置，也可以用至少六小时的时间为特定场合架起临时装置。由于这些屏幕的安装、维护和运行的费用非常昂贵（最大尺寸的屏幕要花费数百万的费用），对大多数体育场来说，"赛时临时租用"的方法可能是唯一可行的。

特大屏幕特别适用于演唱会和节庆活动；它们可以由较小的部分组成，组合而成的大型屏幕几乎可以是任何尺寸的。到本书撰写时止，最大的显示屏是悬挂在德克萨斯州达拉斯的牛仔体育场（Cowboys Stadium）（见案例研究）内的两块$1000m^2$的屏幕。这些屏幕由一个控制台控制，使屏幕区域可以显示一个巨大的单一图像，或者一个个小图片的拼贴，最大程度地给观众带来兴奋和愉悦。

这些昂贵设施的选择、位置和运行是最关键的问题，必须对其作出恰当的决定。有一些要求是显而易见的——例如：

• 所有观众必须能轻松地看到屏幕；
• 屏幕不得以任何方式妨碍看向球场或比赛的直接视线；
• 阳光不能直接投射在屏幕表面，除非该屏幕经过特殊的设计而可以在日光中观看。

其他方面的要求技术性过强，且常常发生改变，在此就不再赘述了。设计者在做出决策前必须咨询独立咨询公司和该领域相关公司的专业建议（可参见附录2，视频显示屏和电子记分牌）。

21.3　音响系统

设计不合理或不恰当的音响系统都会损害体育场的性能，因此必须认真对待声学设计。在美国有确凿的案例，参赛者不得不戴耳塞才能专注于比赛。有很多让观众不满的案例，不是因为广播系统声音太大而影响了舒适度，就是因为声音太小而在背景噪声下难以听到或难以辨别。

21.3.1　要求

设计这样一个系统的第一步，是尽可能清楚地定义当使用时系统必须达到的效果。需要考虑的事项如下。

具体功能

管理者需要体育场的音响系统至少有以下四个不同的功能：

• 与看台上的观众进行交流和沟通（常规公告、赛时评论等等）；
• 在紧急情况下给出信息和指示；
• 提供娱乐（音乐、轻娱乐等等）；
• 广告。

有时上面的一些功能会相互冲突，为应对这种可能性，必须在任务书阶段确定好明确的优先顺序并使它成为系统的一部分。一个典型的优先序列，其中第一项优先于其他任何项，其他依次类推，排序如下所示：

1 从治安控制室发布的警务公告（第19.6节）。

2 从比赛及活动控制室发出的管理公告（第19.2.4节）。

3 一般公告和比赛评论。

4 赛前活动信息。

5 音乐和其他娱乐。

6 广告。

可听度

有效的音响系统必须能在嘈杂的人群背景噪音中被听到。因此设计者必须通过测量（对于现有体育场）或计算（对于一个新建体育场）来确定实际上的背景噪音等级。

人群噪音通常被设定为L值，在比赛期间只有十分之一的时间声场强度可以超过这个值，在确定该值时更重要的是要考虑其峰值（例如进球时）。作为指引，音响系统应该按上述说明比人群噪音强度高大约6分贝。

下一步是确定声音在体育场分布的均匀度，不能够让一个区域的观众听清楚而其他区域的观众听不见。均匀度应该大致让至少95%的观众席保持在16分贝和23分贝之间，但在不那么重要的区域允许只有75%或80%，比如入口大厅和旋转栅门处。

扬声器必须进行适当的设计并选择合适的功率容量，以维持上述性能，适应各种不同程度的背景噪音。现代化的音响系统就可以做到这些，因为它可以根据背景噪音强度自动进行调整。

清晰度

有足够的音量并不一定能保证清晰度（如果邻居家有一个大功率高保真音响，你就能明白这一点），这时必须在4khz八度频段内测量、指定和计算声音强度。紧急消息往往是合成的并且不能被误读，因此，音响系统的任何测试都应该模拟真实的使用情况，不能局限于简单的朗读"一、二、三、测试……"。

播放音乐

如果一个体育场打算用于多种功能（现在这是常见的），它就必须适合举办演唱会等活动，演唱会对声音质量有着最严苛的标准。依照这些标准设计永久性音响装置，其价格将非常昂贵——如果体育场不常用于演唱会等活动的话就更是这样。在这种情况下可以使用临时系统，但对于如何安装这些临时系统、使用时体育场声音效果如何，以及永久系统和临时系统之间的关系都必须进行谨慎的考虑。如果在这些问题上缺乏深谋远虑将会导致许多声学问题。

盲人或听障人士设施

可以在某些区域安装"感应线圈"助听系统，让盲人和听障人士可以听到解说。参见第10章。

21.3.2 设计

体育场形状和材料

声学设计最初并不由音频系统开始，而是由体育场本身的形状和材料开始。在全露天的体育场中，其形状和材料的影响会很小，但在全封闭或有巨大屋盖的场馆内，声音反射和噪声累积的影响是严重的。一个显而易见的例子是，两个相互平行的坚硬表面（比如声音从屋顶反射到坚硬的地板上；或者在两个平行的墙面之间）都可能产生回声和过多的混响，使得声音的清晰度减少或受到破坏。

这并不是说，从人群中反射来的声音必须被彻底消除。在温布尔顿中心球场，由于人群兴奋产生的嗡嗡声，在关键时刻被金属屋盖反射回来，非常有助于给观众一个亲切的分享体验；在有屋盖的足球场中，回声环境同样会增加兴奋度。

但是这些方面都必须在控制范围内。特别容易产生声学问题的区域是在碗状体育场的角落、上层悬挑看台下方的座位（甚至在露天体育场内这些地方的声音强度也会增强）和封闭式体育场的屋盖下方区域。如果屋盖是穹顶的，由于曲面的聚声效应，这个问题会更严重。通常封闭式体育场屋盖下面必须采用具有吸音表面，可以将吸音面板固定或悬挂在屋顶底部（如果屋盖是实心的），或者在屋盖板两层之间插入吸音材料（如果它是一个双层的织物屋盖）。

当设计全封闭式体育场时需要注意，不规则的形状可能会比规则的矩形或曲面产生更少的声学问题；被线脚或不规则的东西打断的建筑表面比平整的表面可能产生的问题更少；并且吸声材料应该设置在合适的位置，这也是控制混响和避免回声的关键点之一。

上面的注意事项只是概括性的，设计时应当寻求专业人士的协助。

扬声器的位置

按照第21.3.1节的性能标准来设计这个系统是专业人士的工作，本书在这里无法给出详细的建议。在英国体育理事会（Sports council）已经出版了一份优秀的指引，是由足球体育场设计咨询委员会（Football Stadia Advisory Design Council）编写的，该指引应当仔细研究。但有一点，与体育场设计者直接相关的是声音分布模式。

共有三种布局方式：扬声器集中式布置、扬声器局部分布式布置，以及扬声器的全覆盖式分布系统。

集中式的系统是将所有扬声器汇聚在同一个位置，这使得它在这三种布局中最为经济。这种配置的缺点是对声音分布的控制较少，如果所有的声音来源于一个点，这样那些接近扬声器的人会觉得太大声，而那些远离扬声器的人又会觉得太小声。在露天体育场里，它通常设置在碗形建筑的端部，毗邻视频显示屏幕或者作为视频显示的一部分。在封闭式体育场里，它通常设置于比赛场地中央正上方，并且悬挂在屋盖下，这很可能是使用集中式系统最适当的位置——但是这样一个中央的位置也可

能使混响时间的问题恶化。

局部分布式系统设有几组扬声器，间隔均匀地环绕碗状体育场安装——例如，安装在泛光灯照明的灯杆上。它也被称为"卫星系统"，在美国的带屋盖体育场中非常普及。

全覆盖式系统在欧洲更受欢迎，它在整个观众区均匀分布扬声器。它是三种布局中最昂贵的，因为需要大量的电缆布线。它可能不能为比赛区域提供良好的声音投射，因此如果比赛区要提供给公众举办其他活动，例如音乐会，则可能需要额外的临时系统。但是除了这个缺点外，这种系统在声音质量和控制方面确是三种布局中最好的。扬声器设置在碗状体育场的每一层看台，也可以单独为每片座席区服务。如果需要的话，通过微小的延时可以较好地实现声音与视频播放的同步。

21.3.3　控制室

无论采用哪种方法，公共广播系统必须由体育场控制室控制，控制室应能够看到整个体育场，并且设于不远处的治安控制室应有第二控制权。其他使用该系统的播音员可能位于场地的各个区域，应在比赛场地层设置供麦克风使用的插座，用于运动员的采访和专业主持人进行大众娱乐，尽管可以使用无线麦克风，但是还是应该设置这些设施。其他关于控制的考虑因素一般包括谁应当得到信息以及音乐输入设备的类型（目前常用CD播放器）。广告通常会打破背景音乐，除非广告是配合视频播放的，不过这有点困难。

21.3.4　音响系统的一般设计标准

体育场的音响系统技术说明一般包含以下标准：

1　应设定设计进行的基础以及安装时性能判断的基础。

2 应说明实际工作的标准和规范，它们是设计进行的基础。

3 应将系统功能规定为如下内容：

a）传达紧急信息。

b）提供公共广播信息。

c）播放其他具体信息。

4 应规定频率响应。下面是一个范例。

一般公共区域：

a）频率响应预均衡。整个系统100Hz26kHz16-3dB（基本上流畅）。

b）频率响应去均衡。整个系统100Hz26kHz63dB。公共大厅、旋转栅门和入口。

c）频率响应预均衡。整个系统的语言仅200Hz26kHz1623dB（基本上流畅）。

d）频率响应去均衡。整个系统的语言仅200Hz26kHz63dB。

5 清晰度评定应该根据给定的用时噪声来规定。

6 应该量化声压级和范围，如下面的例子：

a）对于95%的公共区域，声压级为6dBA L10。

b）对于95%的公共区域，范围为62dB以内，在这里L10是指测量时间内10%的时间超过的噪声级。

7 应该确定不同的区域,并且系统应该允许通向不同的独立区域或一组区域。下面给出一个典型区域类型作为指引：

- 北侧看台；
- 北侧公共大厅；
- 北侧旋转栅门；
- 南侧看台；
- 南侧广场；
- 南侧旋转栅门；
- 东侧看台；
- 东侧公共大厅；
- 东侧旋转栅门；
- 西侧看台；
- 西侧公共大厅；
- 西侧旋转栅门；
- 行政套房；
- 停车场；
- 餐厅。

8 应该标示出系统的优先级，警察和安保部门应给予最高优先级。一个典型的优先级顺序如下所示：

- 治安控制室内的警察播音员；
- 赛事和活动控制室内的管理播音员；
- 一般播音员和评论员；
- 赛前表演解说员；
- 音乐娱乐和DJ；
- 广告。

9 任何额外的要求都应该标明。

应设置一个设备用房以容纳音响系统。该用房可能会大得令人吃惊，必须尽可能靠近控制室。一般来说，该系统应放在架子上，其平面大约为800mm×600mm，高度为2m。除此之外，应在设备各边各留出约1.5m以便进行维护。电缆线槽的网络将由设备房引出并分别延伸到体育场的各个部分。在设计早期就应考虑到它们穿越体育场的路线及其保护措施。

21.4 供暖和制冷系统

因为传统上许多体育运动都是在露天观看，体育场的封闭区域一般也没有供暖或空调，在比赛中场休息时间人们不得不穿着户外的衣服去购买食物和饮料。然而体育场的一些区域需要正常的供暖和制冷设备，包括餐厅、包厢这些观众会长时间停留的区域，或者是俱乐部区、体育场行政办公室或工作区域。全封闭的体育场可以选择是否为比赛场地、以及它周围的观众用房提供供暖或制冷。

体育设施的供暖和制冷，特别是碗形座席区，需要一些专业知识以便设置一个环境可持续系统，但同时也要维持观众的舒适度。

穹顶、全封闭屋顶和可收缩屋顶的体育场是能源消耗大户，会影响到我们的自然环境。如果采取既战胜极端环境又保证可持续性不会受到损害的策略，无论在炎热还是寒冷气候中，体育场馆环境可持续的目标都是可以达到的。这一策略必须包括一个综合性的措施，同时涉及规划、设计、建造和运营，使这些用能大户可以将它们对环境的影响最小化。

结合计算机模拟技术的进步，例如3-D建筑信息模拟（BIM）和计算机流体动力学（CFD）的计算，以表现碗形座席看台的气流运动和模型温度层结，对于项目成功是十分必要和重要的。近年来在光伏太阳能板、非机械制冷、自然通风、地源热泵以及置换通风技术等方面取得了显著的进步。这些技术使用了节能技术，以节约能源和降低生命周期成本，而同时也使碗形看台和公共大厅维持舒适的环境。

极端气候条件下大型体育场的供暖和制冷是另一种挑战，因为规模、为气温协调所付出的努力和成本可能会成为总成本的一个重要部分，其原因在于开放式的结构及持续变化的制冷或供暖负荷。设计时必须考虑将制冷和供暖系统与关于生命周期的问题和赛事系统运营结合在一起。为这些独特的建筑物提供制冷和供暖的关键因素，是通过控制温度、湿度和通风，使它们运作良好、节约成本、可持续，并能够为让来此观看赛事或活动的支持者们乐在其中。

为极端气候下的体育场寻找环境可持续的解决方案，包括最初的和一些新的想法，促使新西兰达尼丁为举办橄榄球世界杯建成了世界

上第一座全盖顶的体育场（见案例研究），同时卡塔尔在FIFA足球世界杯赛新场馆设计中也采用了可再生能源，特别是在其天然气储备十分丰富的情况下，这是十分值得肯定的。

21.5　火灾探测和消防系统
21.5.1　体育场布局和建设

消防安全设计并不是从安装系统开始，体育场的合理布局和建造方式才是第一道防线，安装系统则是第二道防线。不幸的是，建筑规范和条例很少针对体育场给出具体的要求，而将适用于表面上类似的建筑类型的规范应用到体育场设计中常常是不恰当的，因此我们建议在设计初期就与当地消防和安全部门进行讨论。

在许多国家，目前的体育场应对火灾的设计方法是在发生的风险、扩散的风险、探测及控制系统和观众疏散系统设计之间取得一个平衡。这些关于体育场消防安全设计的不同方面内容都集中到"风险评估"中，以取得一个恰当的整体安全度。

根据上述情况，防火分区成为体育场平面布局中的一个关键问题。应该根据体育场的位置、大小和布局来选择合适的分区方式，受到认同的做法是将高风险区域（例如制作熟食的特许经营店）与其他区域通过防火卷帘门分隔开来。原本公共大厅和楼梯间需要设置大量防火门，但它们可能会抑制观众人流，从而导致疏散中的风险，采用上述的方法后，这些空间就可以避免使用过多防火门了。

21.5.2　所安装的系统

火灾探测设备、火灾报警和消防设施必须设置在诸如厨房这样的高风险区域，在有屋盖的体育场内应该设置在所有区域，这种做法也适用于全封闭的体育场，因为那里的比赛场地还会用于贸易展览或其他使用易燃材料的活动。

探测和报警系统很可能会与其他电子服务设施连接在一起，如21.2节所述。使用水的消防系统会包括：

- 自动喷水灭火系统；
- 玻璃钢夹砂管和消防箱；
- 带连接口的消防用水总管。

关于体育场功能、使用模式、疏散方法（见第14章）和建材的深入分析，必须与相关部门进行讨论再行设计，并作为任务书阶段的一部分内容。

21.6　供电和赛事的继续进行

对于举办重要赛事的I级体育场来说，由于电力供应的问题而延迟或取消赛事是不可接受的。而对于II级和III级体育场，对供电设计的要求较为宽松，可以参考当地规范和设计标准；不过对II级和III级，我们建议采用一般的供电规模以满足所有用电负荷，并应带有紧急发电和不间断电源设备（UPS），以满足关键的生命安全用电负荷，例如火灾报警、公众控制系统、电梯、消防泵和出口照明，最低限度可以适应安全撤离体育场的要求。

I级体育场应有足够的现场发电设备，即使地方电网供电出现问题，也可以让比赛继续进行。设计中必须考虑市政电源的可靠程度以及备用设备的大小和容量。一些需要考虑的问题包括：设备高架安装与地下安装的比较；过往10年内电力断供的历史记录；复合设备；专用的放射式电路与共用的放射式电路的比较，等等。最低限度是新建的电网容量必须为"N+1"式的。

建筑内的供电设备布线要考虑充分的电源冗余，并装设有手动式或自动式的联络开关。当主电源中断，现场电源必须立即启动，但在备用电源开始运作之前可能会有一小段时间的

滞后。因此备用电源必须具有不间断运行的能力。赛场照明一般采用高强度灯具，如果它们熄灭了，会需要数分钟来重新开启。可以通过发电机或UPS来达到不间断运行的效果。赛事必须继续进行，备用供电系统必须能够承载所有的用电负荷，使赛事所需的重要设备系统在整个赛事期间都能完全不间断地继续进行。一般我们会假设至少3个小时的持续时间。

可靠性的量度可以认为是可用部分与理想中100%可用的百分比率。对于高规格的运动赛事，不能存在断电的风险。这就需要在一些电子设备上采用不间断电源；一些设备可以容许存在一些启动时间，这些情况下启用现场发电机会是最好的解决方法。工程师必须对负荷进行分类，决定冗余容量以及UPS和发电系统的规模，这一般包括生命安全、赛事和生命安全、赛事必需和赛事关键负荷等等类别。

有必要对体育设施内新建市电设备和冗余分布设计以及设备正常运行时间进行充分的分析，从而保证赛事能够成功举办。

21.7　给排水设备
21.7.1　要求

当数万人在一天的大部分时间内都聚集在一个地方，特别是在夏天，会消耗大量的液体并最终回收。我们已经给出卫生间设施的要求，但这些器具的运行需要有足够的水。根据赛事持续的时间和类型，其耗水量大约为每人5~10L，为了不至于无水可用，这些都必须进行规划设计。同样重要的是整个体育场内的供水流速，其目的是确保所有级别的设施都能有均匀的水压。如果该体育场被规划为城市或农村基础设施的一个重要组成部分，那么可能现有供水干管已经能够满足需求。然而由于水管理部门通常意识不到一个体育场需要的用水总量，因此在设计初期就进行确定是非常重要

的。如果供水干管供水量不足以提供足够的水压，就必须在用地内设储水设施并用泵输送到目的地。

21.7.2　安装设计

储水设施的规划方法有很多。可以是具有完全泵循环系统的大型地下储水罐，或者在各个区域设置较小型的储水罐，又或者是两者的结合。建筑内允许储水并可由此提供重力供水，这种储水的储存容量将受到建筑设计的影响。大多数地方政府都会对用地内最低储水量提出要求，并要求总储水量中有足够高的百分比来满足重力供水。当地卫生部门的另一个常见要求是提供饮用水的出水口必须直接连接干管，以避免在储水罐内发生水污染的可能。当体育场最高看台层高于地面20～30m，并且局部水压不足以达到时，这有时会是一个难题。当其余的设施都以其峰值速率从同一干管中抽水时，这也会是一个难题。一些南美的体育场会将水塔与体育场及照明设备结合在一起进行整体设计，例如库里提巴。

在赛事或活动举办期间，无论采用哪一种方式来提供充足的用水，这个系统在大多数时间都是闲置的。根据这段时间的长度，这一系统可能会需要在闲置期排空。必须为每一个储水罐和每一条管道提供排水口。假如排水点被置于该系统的最低处而可以自行排水，通常可以通过采用在体育场的每个部分设置一个排水点的方法来达到这个要求。除了在闲置期排空外，在冬季数月的寒冷气候中，必须保护有水的储水罐和水管免受冻害。其解决方式通常是使用"跟踪式"供暖并在储水罐和水管的裸露表面使用保温材料。如果系统是在一个采暖空间内则不需要跟踪供暖，只要供暖设备的运行至少能防止气温降至冰点以下就可以。在水被分配到体育场的正确区域之后——包括比赛场地本身——还需要一个排水系统来把大部分的水再次带走。如果这个体育场所在的区域属于大型城市基础设施的一部分，这就不会是个问题。

21.8　信息技术

体育场为规划、实施和支持信息技术提出了独特而复杂的挑战。这些场馆拥有包括商务、球队、联盟、设施运营、赛事运营、媒体、饮食服务和票务等在内的多种多样的使用者群体。而许多系统都在为这些使用者服务，以支持赛事的举办或非赛事日的常规商业运营。当我们将这些支持性的基础设施与巨大的实体空间整合在一起时，所有这些系统都需要得到恰当的安置。

近来在技术上的进步为与公众使用者的互动创造了新的机遇，包括使用无线（Wi-Fi和蜂窝技术）及网络视频和数字信号［交互式网络电视（IPTV）］的智能手机。它在增强球迷体验的同时，也增加了场馆运营商的收入和赞助机会。

撰写信息技术设计任务书是评估和确定信息技术要求的起点。这在概念上与确立项目和提出面积要求的建筑设计任务书相似。这一程序应当邀请经验丰富的技术顾问参与，他们可以提供相关知识并指出发展趋势、一般系统容量、功能、使用和可选方案等。这种规划在实际操作中不应只是技术性的，也要关注商业和运营的目标。任务书阶段必须与商业和运营等相关组织内重要的决策者以及技术主管、项目经理、建筑师和承包商等进行商讨。

大多数信息技术系统都会融合到一个共同的网络平台上，它被称之为互联网协议（IP），理解这一点也是很重要的。这在技术和实体上都会产生限制，而这些在规划和设计阶段都是需要被考虑入内的。IP是使用以太网连接以链接系统、设备和使用者的实际数据标准。

IP是一般应用的共同标准，这些应用包括电话（VoIP）、数据（LAN）、因特网、无线LAN（Wi-Fi）。电视（IPTV）、销售点系统和安防摄影头。IP也经常应用于各种系统脊线，例如音响、安保和建筑管理。未来可以期待所有的信息技术都将最终围绕IP通信来发展。规划阶段应使用当前的信息技术和工业标准，也可依此预测未来的标准。

21.8.1　设计元素

下述是在设计阶段需要确定的重要元素。

21.8.2　通信机房

支持目前和未来信息技术的基础是以通信机房规划开始的。我们必须理解，这一系统需要大面积的专用设备用房，包括接入和分开市政系统的用房、主通信机房以及一个数据中心，这对支持性服务器、核心交换机以及其他头端设备是很重要的。也许通信机房规划最重要的部分就是多个中转（或配送）通信机房。由于信息技术都融合到IP，所有设备都必须遵循"数据"的标准。要保证连接任何接口的电缆总长度不超过90m，这些通信机房的位置是十分重要的。任何电缆线段超过这一长度将不会正常运作，当然也就不能支持未来的信息技术。所有的通信机房都采用了敏感电子设备和布线，所以它们应当是专用的，并与电气室分开。通信机房应当在垂直方向对齐排列，形成

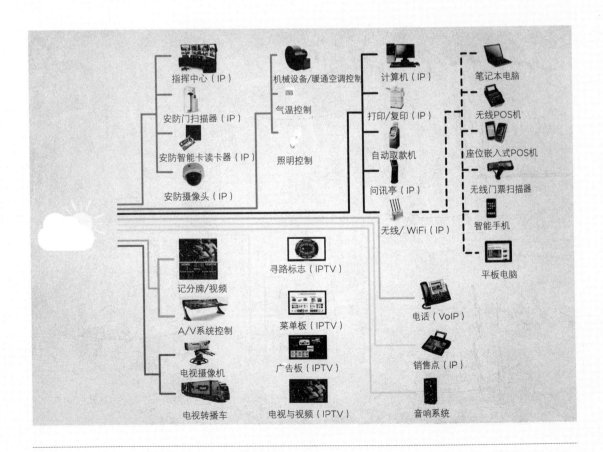

图21.1
体育场内典型通讯系统的示意性图表

一条垂直的通管，从而方便整个体育场内电缆的安装。建议可考虑与带有其他通信设备和低压系统的用房协同确定位置或共用房间。所有通信机房的大小都要依房间的类型、所支持的系统、布线密度和业主要求来决定。

21.8.3　结构化布缆系统

通信基础设施应当使用工业标准结构化布缆系统。结构化布缆系统使用的是一种星型的结构。在这种结构中，光纤电缆将主通信机房与每个中转机房直接连接起来。应当考虑使用不同线路的独立冗余脊线，以维持正常运行时间，因为体育场收入、赛事运营和顾客满意程度都有赖于网络的运行。

21.8.4　融合式数据网络

应采用企业级别的融合式数据网络，从而使所有基于IP的系统的数据连通到同一脊线，而非提供独立的网络。这些系统使用可用的当地网络，它们可能是电子片段式的并受到安全防护。脊线上行线需要较高的带宽以确保充足的传输能力。应认真设好冗余核心交换机和网络上行线以保证正常运行时间。

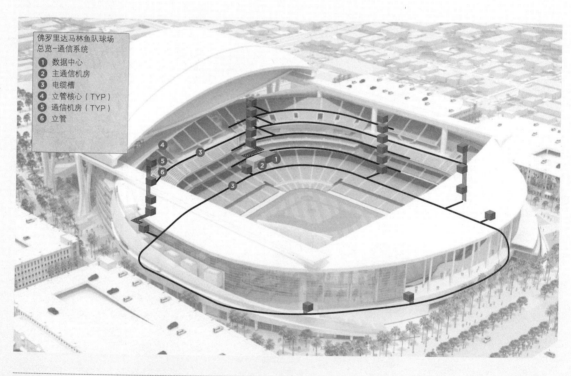

图21.2
体育场主要数据网络的轴测示意图

21.8.5　无线系统概述

市场上智能手机和平板电脑的大量出现，已经改变了我们进行商务活动以及日常生活的方式，影响着我们的社会互动、决策制定和行为。人们希望持续地接触到信息：社交网络和媒体实时共享已经加入了传统音频、文字信息和邮件服务。无线系统必须具有足够的覆盖面，让整个体育场内的设备都可以接收到信号，其容量应满足所有人使用。智能手机和平板电脑设备使用的是两种不同的无线技术：一般是Wi-Fi和移动连接，它们甚至可能因移动载波的不同而变化，这就使其变得更为复杂。使用分布式天线系统（DAS）和Wi-Fi LAN网络就可以适应这两种需求。

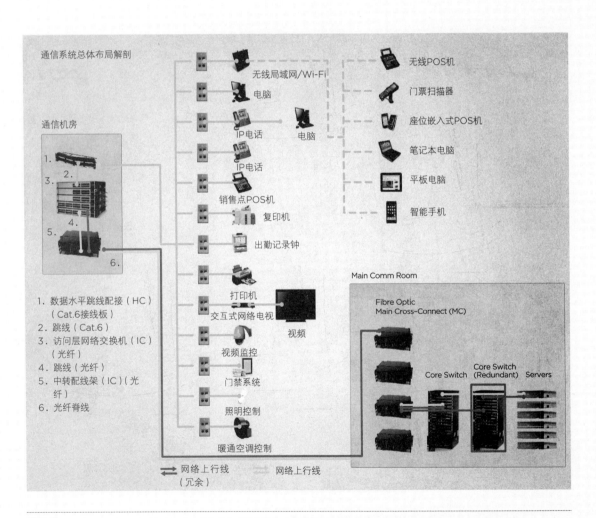

图21.3

通信系统组件图表

21.8.6　无线局域网（LAN）（Wi-Fi）

Wi-Fi是一种在全世界广泛应用的无线技术，在笔记本电脑、智能手机、平板电脑和其他电子产品上都有应用。它可以提供较高的带宽，在体育场中已经普遍使用，以支持商业、门票扫描、办公区和媒体工作区等功能运作。大体上说，Wi-Fi使用的是设置在网络覆盖区域内的电子访问接入点（APs）。他们一般具有内置或辅助天线，从而接收某种覆盖模式中的信号。这些AP是与数据网络（LAN）相连接的。

21.8.7　分布式天线系统（DAS）

DAS将来自多种移动载波的无线信号整合到一个单一的系统之中。这就使天线及其分布可以在一个单一系统中协同工作，而不是为每个移动载波安装自己的系统。同样的DAS也有希望应用于支持紧急事件响应者（警察、消防、救护车、政府）以及场馆运营者的无线电通信。这种系统要求设置一个中央无线设备机房以容纳DAS头端和移动载波设备。

DAS的使用是十分重要的，因为当前与移动网络相联系的局域覆盖通常都不够强大，不能完全覆盖场馆，或者达不到高上座率体育场馆的容量要求。覆盖和容量的不足将导致出现无信号区、电话掉线和低速带宽等情况，还会降低设备的电池寿命。而DAS可以在整个场馆内部和碗形看台区形成均匀的覆盖。

21.8.8　冗余

不同组件的冗余对信息技术都是很重要的，它可以保证系统的正常运行时间。冗余设计时应考虑系统中所有的核心和网络组件。

第22章　维护

22.1　简介
22.1.1　维护策略

就像汽车有计划地进行保养一样，体育场规划设计者应该为建筑和比赛场地制定明确的"维护周期"，它们可以通过维护手册的方式传达给业主。

为了成功地执行这个策略，体育场管理者需要：

- 训练有素的职员；
- 适合这些人操作的设备；
- 使用恰当数量和质量的材料；
- 在体育场周围配备足够的储藏空间和工作间。

22.2　比赛场地维护
22.2.1　天然草皮的维护

理论上，如果采用恰当的维护措施，天然草皮的比赛场地几乎可以长久使用。而人造草皮通常每5～10年就必须更换。但在实践中如果滥用体育场的草皮，则会对草皮造成不可挽回的破坏。草皮的实际寿命取决于以下因素：

- 磨损强度。这方面的差异性是非常大的：在北欧，比赛仅限制在夏天的几个月内，每年使用时间大约50个小时，而在南欧一年到头都可以进行比赛，每年使用时间大约在500个小时甚至更多；
- 使用类型。比赛场地越坚固，它可以承受的使用次数就越多。

遵循下文简述的步骤是至关重要的。更详细的指引将由相关顾问和专业供应商提供，他们在最初阶段就会详细说明比赛场地的具体要求，正如7.1.3节中所述。

修剪

修剪工作是非常重要的，应根据体育项目的具体要求在正确的生长期进行修剪。草皮应该在长到一定高度才能进行修剪，曲棍球用草皮至少要长到40mm，足球用草皮至少要长到60mm。然后再修剪到比赛需要的高度：曲棍球20mm，足球40mm，英式橄榄球则需要稍微更高些。

施肥

需要定期增加养分，这必须对草中残余物质进行分析。重要的是把握施肥的恰当时机和数量，这些因素将受到相关体育运动的影响。肥料和种子的撒布应该要确保比例精确、分布均匀。

灌溉

根据该地区的天然降水量，应在天然降水之外使用中央控制的自动喷淋系统作为辅助。灌溉通常在夜间进行，因为这个时间水分蒸发最少，并且没有"灼伤"草地的危险。还有另一种更好的灌溉方法，即在地表之下安装一个多孔渗水管网为草皮根部供水，其中还混合了养分和杀虫剂，如7.1.3节所述。

许多体育场现在利用人工泵系统从降雨中回收灌溉用水。在曼联足球俱乐部的老特拉福德球场，百分之八十的灌溉用水来自雨水的回收利用。

排水

必须安装排水系统，不管是该系统是"被动式"还是"主动式"的，以确保能够迅速排除多余的降水或灌溉用水。排水系统在7.1.3节中已有阐述。

修复和维护

体育场中由于比赛造成的天然草皮磨损，必须通过播撒新的种子或者铺设移植新的草皮来进行修复。杂草需要通过通气、打孔或开缝和打磨等方法移除；并且土壤硬化的区域必须通过开缝和打孔来松土。应该使用草坪通气装置、穿孔机和清扫设备，尤其是在会发生观众入侵球场事件的地方。这是因为在这些区域，土壤由于观众的踩踏变得过于密实，从而妨碍了草皮的良性生长。

清洁

天然草皮场地应该像人造场地一样定期进行常规的清理。可参见下文关于清洁的内容，其中大部分内容同样适用于天然草皮。

保护

一定要避免草皮遭受霜冻以及其他因素的损害。地下加热是一个有效的方法，它是对抗霜冻的有效措施，并且能够更有效并快速地除雪。这个方法在气候越冷的情况下越有效。在斯堪的纳维亚地区的国家通常采用金属膜布篷来保护体育场草皮免受霜冻。

22.2.2　人造草皮的维护

用于曲棍球的人造草皮主要是非填充型的，遵照国际曲棍球联合会［International Hockey Federation（FIH）］的要求使用场边灌溉系统。这种类型的场地应通过常规的清扫或吸尘器保持场地无污物、树叶以及其他碎屑。在一些特定的气候条件下，可能会因为场地余留的大量积水，造成苔藓和藻类的滋生，这只能通过化学药物处理并辅助抽水的方式来解决。

足球和橄榄球这类运动使用的人造草皮（或人工合成草皮），通常填充以硅砂和橡胶造粒的混合物。这种填充材料在维护时需要保持均匀分布以维持其运动性能，铺刷或拖席是达到这一目的的最好方式。需要时不时地进行松土以减轻土壤受压实的情况。这种类型的表面也应该定期进行清洁。

人造草皮上的白色划线可以嵌入草皮或绘制在表面。划线并非永久性的，需要定期进行重划。

22.2.3　田径跑道聚合面层的维护

人造地面比天然草皮需要的维护少，但认为铺设人造地面之后便无需维护是错误的观念。人造地面并不是无需维护的。

必须根据制造商的建议加强对场地使用的限制。其中很最关键的是对田径赛事中使用的鞋钉长度的做出限制。定期进行维修、保养和清洁是必不可少的。

修复

修复时应该保证不改变面层的原始属性。例如，如果面层是多孔的，那么修复材料也必须是多孔的。只有专业人士才能对聚合面层进行修复。

跑道的标记，如果在建设时就合理地画于场地表面，一般可以维持十年的时间，十年后需要重新划线，这个周期取决于跑道的使用率。

清洁

场地内的污物和有害物质的数量是惊人的。它们包括车辆上滴出的汽油和其他燃料、口香糖、到场人员的纸屑、沙子、草屑、树叶、鞋底的污垢、苔藓和藻类以及来自周围环境的空气污染。所有这些必须通过定期的人工或机械手段来进行清理。人工清洁包括用喷水器冲洗、扫地、使用清洁剂、使用除苔藓剂和除草剂以及拔除杂草。处理口香糖的冻结剂、以及高压水设备则是一些更专业的技术。

常规清洁和"家务清洁"应该定期每天或每周进行；除这些操作外，还应辅以每年一次的大扫除，可使用高压抽吸法进行深度清洁。因此，跑道附近需要有充足的供水。

保护

当用于体育运动以外的活动时，特别是在需要重型车辆进入场地的情况下，应当做好场地面层的保护措施。

22.3　看台维护

22.3.1　设计因素

看台地面应该设计为无障碍的，并且没有安装设备、死角和裂隙，这些地方会积聚垃圾，且清扫机器也不容易对其进行清理。因此最好是选择竖面安装的座椅（可留出地面，使之无障碍），它远比踏面或前端安装的座椅要适于清洁（参见12.6.2节）。还应记住座椅自身也需定期清扫，还可能需要除雪，最好能指定使用翻板类的座椅。

为了让清扫机器容易且快速的移动，通道应该有足够的宽度。在早期设计阶段应就机器车辆所需的最小宽度获得专业的指引。

最后，应该设有大量的设施点，例如压缩空气排气口、供水口、排水口、垃圾处理槽等等。在设计早期阶段必须获取清洁专家的专业建议，以确保清洁承包商可以在建成的体育场内高效地工作。

下面的清单列出了在设计开始阶段就应该考虑的重点事项：

1．座椅安装在看台阶梯上的方式。

2．座席过道宽度应方便出入。

3．第一排座席前面的过道宽度应该允许垃圾收集车通过。

4．垃圾处理槽应该靠近座间通道。

5．每层看台应该在方便的位置设置供水点。

6．每层都应有整体式压缩空气系统的排气口。

7．首层应设垃圾压缩机，并设有重型车辆通道。

8．体育场每层都应设置垃圾箱。

9．清洗看台用的排水口。

10．栏杆安有可开启小门，使垃圾可以由

此处被推出去。

22.3.2　清扫方法

除了比赛场地，看台也需要维护，在每次赛事或活动后清扫看台是这个过程中最重要的一个环节。有时候会把看台清扫推迟到下一个赛事或活动即将开始之前。如果这些赛事或活动相隔一段时间，看台尤其是座椅将需要再次清扫。这就意味着在赛事或活动之间的那段时间内体育场会非常脏乱，这会有损体育场的形象。其次，在赛事或活动结束后立即进行清扫的话，一些洒出的饮料和食物尚未粘在看台台阶上，这样通常会更容易清扫。当体育场定期举行赛事和活动时则不需要考虑这方面的问题，但对于大多数体育场，赛事或活动的间隔时间可能要好几个星期。

清扫的流程对人员和设备这两个方面的要求是非常高的。在早期规划阶段最好要考虑清楚这个问题。如果要使清扫流程尽可能简单，台阶和看台的细部需要进行精心的设计。在看台栏杆上设置可开启的小门是非常实用的，特别是当垃圾箱放置在这个小门的前面或下面的时候。

清扫体育场所需的时间取决于它的设计，但可以给出大概的指引，即每清扫1万个座位需要30～40个工时。清扫的方法有赖于可使用的设备，并且在某种程度上取决于需清扫垃圾的类型。远东地区的体育场需要使用更多的水，因为大多食品都没有用纸包装，而且体育场内快餐通常很多是流食。可以通过人工使用扫帚打扫的方法将垃圾沿着每排看台清扫到一起，然后沿着一层层看台阶梯向下清扫成一堆。也可以使用机械鼓风的方法，这种方法更加快速。然后将垃圾装入垃圾袋，用手运下看台，也可利用服务电梯搬运。还可采用一些更复杂的方法，例如设置一个压缩空气抽吸系统，使用大口径软管连接在每层看台上的关键部位，通过这些软管将垃圾吸入大型的压缩器，收集后装上卡车运走。在荷兰的乌得勒支体育场（Utrecht Stadium），垃圾被吹扫入座席与比赛场地之间的壕沟，然后被集中在一起并清除。

第23章　运营和资金

23.1　体育场财务
23.1.1　简介

体育场要为业主赢利是困难的，但并非不可能。根据国际足联为足球俱乐部制定的FIFA公平竞赛规则，体育场的商业部门让创造利润的机会最大化，这一点比起以前来说更加重要了。因此想要实现持续可行的发展，起点就是要对包括体育馆的建造和财务运营等内容作出一个全面的可行性研究。该可行性研究的成果将会影响最终方案的设计、形式和内容，研究需要应对以下几个因素：

- 项目的初始建设成本；
- 体育场预期的运营成本；
- 预期的收入产生。

以下说明依次针对上述几个因素，给出的建议是粗略的。在不同国家之间、不同类型和大小的体育场之间都存在很大的差异，并且在短短数年内各种费用成本的变化是相当大的，因此本书若提供具体的数据容易产生误导。所以我们注重原则而不是细节。在实际项目中，可以雇用造价咨询公司和其他专业人士来给出精确指导。

23.2　建设成本
23.2.1　每个元素的成本
建设成本的重要驱动因素

当规划一个新的体育场时，理解建设成本的驱动因素是很重要的。体育场估价普遍用国际公认的平均每座造价来衡量。然而这些数据可能会产生误导，因为它对一个体育场是否能成功发展并不具有代表性，观众容量相同的体育场之间其数据也会有巨大差异，这通常是由于商业需要的驱动。例如，一个结合了大量的商业设施的体育场与没有这些设施的体育场相比，平均每座造价会高很多，但投资回报也更大。

一个新体育场的开发要涉及除建筑物的建造成本之外的许多附加费用，例如购买土地、贷款、地方当局和咨询顾问的费用。这些都必须算入总的成本当中。

建设成本是一个复杂的算式，需要对任何体育设施的关键成本动

都柏林阿维瓦体育场
（Aviva Stadium）
Populous 事务所和斯科特·泰隆·沃克建筑事务所（Scott Tallon Walker）

因有所了解。虽然关于用地的具体问题如拆迁、电力、给水和其他服务设施的连接、外部工程、合同条件、位置和项目计划等，往往解释了体育设施之间建设成本的巨大差异，但它们并不是全部。

对于所有项目，特别是在早期的可行性研究阶段，重点是要考虑其主要组成部分，因为它们每一种都将会影响到建设成本：

　　a）比赛区。
　　b）碗形看台。
　　c）主体屋盖。
　　d）用房（交通、接待、卫生间等设施）。
　　e）垂直交通。
　　f）外围护结构。

在下面的章节，在体育场造价咨询方面具领先地位的富兰克林体育商业公司［Franklin Sports Business（FSB）］，对影响这些主要组成部分的成本的关键因素进行了深入的分析：

比赛区

比赛区的成本受诸多因素的影响，包括当地的气候条件和赛事或活动计划日程。当地的气候条件决定了供暖和灌溉方面的要求，但更重要的是赛事或活动计划日程将决定体育场

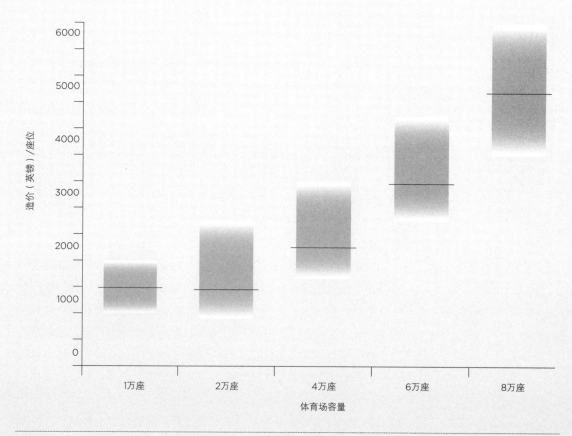

图23.1
体育场容量与每座造价的关系

地板的构造。一个为体育赛事和其他活动设计的体育场，比如德国的维尔廷斯球场（Veltins Arena），由于它采用了可滑出体育场建筑的球场设计，使成本不仅包括比赛场地，还包括一个箱体和传动装置来让球场滑进滑出，并涉及其下固体地面的建造。虽然这改善了体育场的功能，但也丧失了一部分有价值的开发空间，因为必须为比赛场地在体育场外预留一片区域，以便当该场地闲置时可以"停泊"进去。

其他要考虑的因素包括田径跑道、人造草皮和日益增长的对天然草皮的需求，所有这些因素都影响着比赛区的整体设计和成本，它们

可能对设计和体育场其他部分的成本产生冲击性的影响。

由于所有这些变量的存在，比赛区的成本可以有很大的差异，范围常在50万～1000万英磅之间。

碗形看台

碗形看台区是观众观看区域。有两个主要标准需要考虑。

首先，观众舒适度和观看质量会受到座位宽度、排距和"C"值的影响，所有这些都会影响平面面积和看台高度。一个例子就是新老温

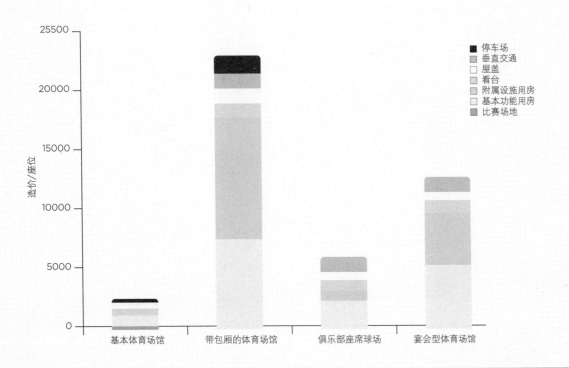

图23.2
不同类型用房的每座造价比较

布利体育场的看台对比，看台容量只从8万个席位增加到9万个座席，但看台却比原来大了1.5倍。显然这样的舒适度需要花费更多的金钱去建造，然而这也会鼓励观众在体育场停留更长的时间，这意味着他们可能会在体育场花更多的钱。另外，给予每个观众更多的空间意味着观看区会更适合比传统的90min足球比赛更长的活动，比如全天候的演唱会或节庆活动。

第二个影响因素是容量，不仅仅是因为座位越多成本越高，事实上是需要的看台规模越大，平均建设成本将越高，这归因于额外的吊车工时、额外的支撑结构和建设施工复杂性的增加。

成本的其他影响因素，包括残疾人观看的要求（见第10章）；座席的质量（见第12章）；清洁要求；以及上层看台的悬挑深度，这可使

观众更接近赛场。

主体屋盖

在大容量的场馆，屋盖的花费相当大，因为结构需要更大的跨度并覆盖更大的面积。屋盖的成本与看台面积有很大的关系。看台面积越大，覆盖它的屋盖面积越大，所需的成本也越高。因此屋顶的成本与看台成本一样受到一些相同因素的影响，如座席区的座位宽度、排距等。但更重要的是，屋盖跨度越大，就会要求支撑屋盖的钢架级别成比例地提高。在某些情况下跨度翻倍则需要四倍的用钢量，因此需要大约四倍的建造成本。

当谈到屋盖的时候，其他需要考虑的问题包括：环境条件（例如，需要计算雪荷载吗？）；材料的选择，包括透光区域的大小，

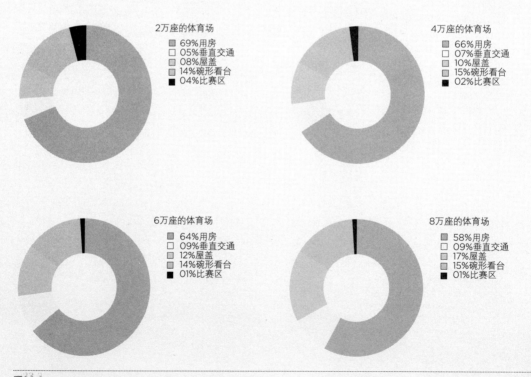

图23.3
不同规模体育场各组成部分造价百分比细目

以满足天然草皮需要和媒体的要求；以及屋盖是否需要遮盖比赛区，是固定关闭还是为某个赛事或活动暂时关闭。观众席和屋盖的成本解释了为什么容量不同的体育场之间成本差异巨大。事实上对这两个元素的研究显示，座席容量和平均每座造价之间的关系并不是一条直线，而是一条指数曲线（见图23.1）。

用房

一般来说，仅举办体育赛事的场馆会在看台下设有用房，面积相当于每位观众约$1m^2$。然而体育场之间的差别很大，可能是同等容量的体育场成本中变数最大的一项。例如法兰西大球场（Stade de France）提供的总用房面积只有$1m^2$/人以下，但新温布利体育场将提供将近$2m^2$/人的面积——因为加入了许多可增加收入的附属设施。

用房面积可分为以下五大类，即：

- 观众设施；
- 接待设施；
- 运营设施；
- 参赛者设施；
- 非核心设施。

观众设施包括对一般公众有偿使用的区域，它们包括公共大厅、卫生间和特许经营店。再一次要说的是，根据所提供体验的质量不同，各运动场提供的空间也存在差异。简单地说，就是如果提供更大的大厅、酒吧和餐厅面积，就可以吸引观众停留更长的时间并使他们更容易地获得食物和饮料，这些都能提高人均消费。

接待区由团体包厢、宴会套房、俱乐部大厅等组成，这些空间通常会具有每平方米最贵的成本，但它们每平方米的收益也最大。接待

区的规模和层次在很大程度上取决于当地的市场，并在确定内部总建筑面积和最终成本中扮演了非常重要的部分。如果进行合理的设计，它们也能在非比赛日作为一个不错的收入来源，例如用作会议室、餐厅和其他社会活动等用途。虽然这可能需要额外的投资，但这也可能是收入来源中重要的一部分，正是这些收入来源使得该项目的财务更具可持续性。

运营设施，例如建筑用房的支持性设施，用于让体育场"运转"，这些用房也因体育场的不同而变化。越大的体育场需要越大的运营区域来处理体育场和赛事活动的管理、安全、技术维护、垃圾管理、媒体等区域。虽然这些区域可以按最少值进行设计，但这必然会导致运营方式缺乏灵活性和运营效率低下。表面上项目的建设成本看似不高，但日常运营成本却增加了，因为许多工作会需要更多的劳动力，而且建筑内可举办的其他活动的范围和频率也受到限制。

在加入附属功能之前，理解真正的回报与投资关系是非常重要的。例如，在体育场中加入许多团体包厢不会只是把包厢建起来而已，还会增加看台的空间供给和座席的质量以提高舒适度，也会增加屋盖的总面积。此外，还要附加额外的独立专用流线，还要加入附属运营空间（例如厨房），最后可能还要为此提供更多停车位。事实上，加入团体包厢的成本可能会是包厢本身成本的大约四倍。图23.2的分析对在大型体育场中加入公司招待设施的典形的总附加成本与仅有基本设施的一般体育场馆作出了比较。

运动员设施即更衣室和其他提供给赛事或活动参与者的区域，这些设施要根据体育场的计划功能做决定。如今场馆不仅要容纳主要比赛运动员的更衣室、热身区和休息室，还需要考虑赛前热场活动以及女性官员及运动员独立

区域的需求。虽然这些设施的总面积大小确实根据场馆容量的增加而增加，但两者的关系却并不呈直接的比例关系。

体育场是大型的建筑，它在看台下方创造出大量空间，但这些空间却常常没有得到充分利用。这时候可以将这些空间用作非核心设施。它们可被装修成为商业办公室、娱乐场、商店、酒吧、教育设施等，在某些情况下，建筑与基础设施的共享能降低成本。虽然总面积和开发的成本都明显增加了，但是添加这些元素可以吸引独立资金、创造新的收入来源并确保体育场在常规赛事或活动时间外仍然富有活力。这一切有助于保证体育场长期的可持续发展。

当思考是否要将非核心设施纳入体育场建筑之中的时候，考虑到以下问题是很重要的：

- 与建设一栋独立建筑相比，这在成本方面有什么好处？
- 这些空间会因体育场结构受到损害吗（例如柱子间距以及只有一个朝向）？
- 在与体育场品牌联合之后会增加这一空间的价值吗？

垂直交通

对于更大容量的体育场，越来越大比例的用房被置于体育场的上层。这不仅意味着用房本身的建造成本变高，对于竖向交通的成本也会有负面影响。设计一个4万座的体育场可以使至少75%的观众不用爬楼梯就能到达公共大厅。相比之下，对于一个典型的8万座体育场来说该比例显著减小，只能达到40%，而且不可能更多了。因此为了保证观众的安全疏散，确保体育场各项功能设施的有效运转，需要大量的楼梯间、电梯间、甚至在某些情况下还需要自动扶梯。

外围护结构

最后一个会影响体育场总造价成本的建筑元素是外围护结构。它除了提供安全防护，并将室内外环境隔离开来，还可以与屋盖一起共同创造一个独特的体育场形象。虽然这需要更多的投资，但创造一个即时可识别的体育场形象对体育场冠名权交易谈判会有极大的帮助。近期的成功案例包括都柏林的阿维瓦球场（Aviva Stadium）和慕尼黑的安联球场（Allianz Arena）（见案例研究）。

每座体育场都是独一无二的

任何项目成功的关键是最大限度地发挥它的优点和潜能。解决方式并非将重点放在创造收入上，而是必须找到项目建设成本、创造收入和运营成本之间正确的平衡关系，这将产生最大的利润。

使用材料的质量和类型将会影响运营成本，因此提前进行规划是非常重要的。例如，该项目的设计寿命是多长？材料的选择应牢记这一点，从而尽可能避免昂贵的补救措施或更换作业。例如不对屋盖的钢材做保护处理可以节约初始成本，然而如果在10～15年后进行重新维护所需的费用非常巨大，因为在这过程中需要大量的临时性工作。采用建筑生命周期的成本计算，对于决定选择最合适的使用材料和最终最经济的全生命周期成本的解决方案是非常重要的。

如果理智地看待这个问题，当建筑使用年限超过25年以上，建筑的使用成本是建设成本的10倍以上，因此可以通过选择初始投资，节约全生命周期内的使用成本。

质量也可能影响对产品的需求，这一需求应该在任务书阶段进行评估。你试图面对什么样的市场进行营销？在比赛日接待设施可以创造很多的收入，但在非比赛日，如果这些设施不能积极地与周边设施竞争，就很难创造收入。

很重要的一点是，在早期就应当理解每种组成元素的范围和要求，这样造价顾问才可以生成现实的资金预算，这些预算也才能被结合进商业计划之中，以计算这些方案能否在所需投资基础上作出长期的回报。最后一点需要考虑的是，体育场可能在未来会需要扩建，也许是永久性的扩建，也许是临时的。在许多情况下，体育场的初始设计任务书都会依据一次性或低频率赛事的要求提出设计标准，而在该建筑剩余的寿命中，其运作可能远远低于设计容量。

在这种情况下，是否可以建造一个初期降低容量但具备一定灵活性的建筑，未来可以进行永久性或临时性的扩建（例如临时包装）？对此进行调查研究是值得的。

如果该体育场设计时要求能够举办未来的重要赛事，例如世界杯足球赛或奥运会，其容量和用房需求会在赛事的短短几个星期之间大大增加，就会需要进行临时性的扩建。这一举措的好处在于：

1）降低初始建设成本。

2）降低日常运营成本。

3）临时包装成本被纳入赛事成本。

4）建筑容量略微低于市场要求可以引起这方面的需求，并增加销售值。

关于设计中提供未来扩建的灵活性，其不利之处在于它在第一阶段工程中将付出更多的成本，例如有扩展空间的建筑基础，这可能永远都不会需要，但如果能将初始建筑设计得可以接纳将来的转换，通常会更比后日临时转换要更为节约资金。当正在进行改建工程时，也可能会对创收机会带来一些负面影响。然而在大多数情况下，利远大于弊。

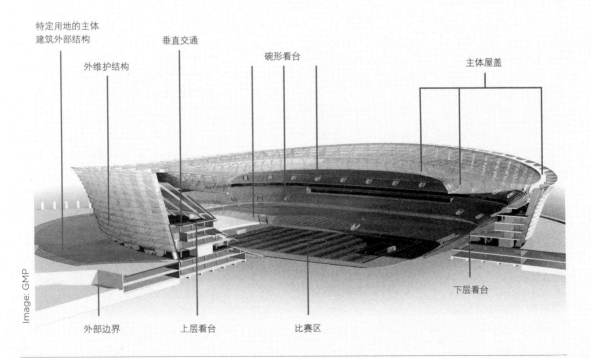

图23.4
显示主要建筑组成元素的体育场剖透视图

23.3 运营成本

23.3.1 运营成本和建设成本的比较

在热情建设一个新体育场的过程中，项目的建设成本通常是经过细致研究和策划的，然而运营成本受到的关注要少得多。这可能是因为与建设成本相比，运营成本在规划阶段很难量化，而且也因为运营成本给人感觉是一个未来才需要考虑的问题，而不是目前的问题。

这种方法往往是适得其反的，因为任何建筑整个生命周期的运营成本通常远远超过初始建筑成本——大多数国家的能源和劳动力成本持续上升，使得这一趋势可能更加恶化。一个体育场方案应该不仅仅将物有所值体现在最初成本上，同时还应该体现在其全生命周期成本上。这包括：

- 每年比赛场地和体育场结构的维护，使它们能保证安全和满足功能要求；
- 体育场、比赛场地和地面的清洁；
- 体育场的实际运营（人事、照明和供暖、安保等等）——建筑设计应该能让这些活动高效地进行。

在所有这些情况下"物有所值"并不仅仅是指最低成本，还是指维持一个令人愉快的、高效的、吸引人的体育场的最低成本——因为只有通过吸引顾客消费，业主才可以获得投资回报。

在本书第22章对维护和清洁进行了描述，在第21章对照明、安保以及其他服务进行了描述。

在人员安排上需遵循下面一些注意事项。这只是一些常规的必要事项，还应该根据每个项目的具体情况具体分析。

23.3.2 人事成本

人员编制是运营策略的一个重要考虑因素，它包括许多不同类型的员工，有训练有素的专业人员，也有一般未经训练的工作人员。典型的员工类别包括：

- 行政人员；
- 体育场维护人员和场务员工；
- 技工：包括电工、木匠、园丁、清洁工和一般工人；
- 无资质的辅助工人；
- 临时活动管理人员；
- 餐饮人员；
- 赛时工作人员；
- 安保人员。

必须为所有这些人提供足够的用房和需要的设备（参见第19章）。

23.4 收入来源

23.4.1 资金来源

体育场完全由地方社区提供资金，这可能是全世界最常见的方式。但私人融资的重要性与日俱增。越来越多的钱来自顶级体育俱乐部和个人。在美国私人融资通常都局限于小型的室内场馆，一年需容纳多达200场的赛事或活动，以确保它们的生存。大型体育场通常每年可举办赛事或活动的天数大约仅为20~75天，因此很难证明这么一大笔融资的可行性。对比赛或活动日的限制主要是由于大多数体育场采用敞开式屋盖，使它们容易受自然因素的影响，另外一点则是因为可以吸引5万~10万名观众的赛事活动数量有限。流行乐团宁愿预定三个晚上的2万人的场地而不愿选择预定一晚的6万人舞台，因为就算所有三个晚上门票都未售完，他们宁愿取消最后一晚的表演，也不愿在一个缺乏气氛的、只坐满半场的体育场内表演。完全盖顶或穹顶体育场可以达到每年大约200个比赛或活动日。研究表明可以实现高达250甚至300个比赛日。

如今体育场的资金来源通常是私人和公共资金两者的结合，常运用许多不同的方法来达到财务平衡。下面我们列出一些方法并分析他们通常采取的形式。

赞助

私营公司将资金注入体育场开发有许多种原因，有些是因为喜爱运动，并不要求投入资金一定要有回报，也可能是有计划的商业投资，以换取某种形式的特许经营。一个大型饮料公司可以投资数百万资金，以换取自己的产品成为体育场的独家饮料。相关内容可参见第25章。

广告

体育场每年的比赛日数量越多，就会有越多的观众将出席，它的广告权价值就越大。如果赛事或活动将通过电视转播，这又会大大增加广告收入。可以设置广告位的位置遍布体育场的各处，从体育场四周的固定展板到比赛场地外环绕的固定或可移动的长形板不一而足。屋盖的前沿和上部的楼座也可作为广告位，但如果这不经过认真的判断，可能会破坏体育场的观感。在比赛前后，碗形座席内的视频显示屏和彩色电子计分板以及观众用房内的数字信号和电视也都可以用来投放广告。

座席

创造收入最显著的部分就是出售座票，收益最大化的关键是根据一系列不同品质和位置的座位来制定票价。私人招待区和俱乐部专用区就是要提供这类座席给所有想出席赛事活动的人，并具有常常接受提前付费的优势。提供更多的私人设施成为了新项目生存能力的决定

性因素。在欧洲，座票销售往往占体育场收入的大部分，但在美国从分级座票获得的收入低于从特许经营获得的收入。

一种日益流行的融资形式是预售座票，尤其是较昂贵的体育场座位。体育场的业主有了固定时期内的收入保证，便可以从银行贷款对已经预售出的座位进行改造。这种长期的季票或许可证可以和体育场公司的股份相挂钩，使得它在某些情况下更容易出售。

体育场冠名权

世界各地有许多体育场是以为其提供资金赞助的公司而命名的。这是另一种形式的广告，但并不一定要这样做。在过去五年中，冠名权合约的价值有了很大的增长，现在在全世界这都是一种常见的做法了。这一概念是美国率先提出的，他们在签订合约数额方面仍然领先世界其他地方，例如，据报道纽约大都会体育场（Metlife Stadiium）的冠名权价值就高达25年4亿美元。

特许经营权

在一个体育场，出售特许经营权是有效地出租摊位给餐饮行业，让他们在场馆内销售产品和商品。这是一项巨大的收入来源，但特许经营区域必须在前期进行合理规划，以确保它们对预期竞争特许经营权者有巨大的吸引力。这种特许经营权出售的一定比例通常是协议内容的一部分，但不同体育场会有不同的做法。

停车

在一个体育场，机动车辆和自行车停车位往往是有限的，因此可以开发这部分需求而对停车位使用进行收费。根据停车位数量，这部分收入可能会是非常巨大的，因为停车收费往往是比赛实际票价的四分之一到一半。

俱乐部资金

如果一个体育场实际上不是属于一个俱乐部，而是属于一个独立的组织机构，那么俱乐部要使用这些设施可以通过对场地的资金投入来实现。俱乐部通常会期望从获得体育场的部分股份或者通过收入分红来获得回报。

土地交易

在英国，越来越多的足球俱乐部正在发现这种方法比较适合他们的情况，因为他们缺乏资金来改善其运动场地，但却拥有土地。只要其土地有足够的价值，他们通常可以通过售卖其现有的土地的来换取资金，再在不那么值钱的土地上重建一个新的体育设施。土地置换还可能涉及地方当局，地方当局将不需要的过剩土地卖给俱乐部，让其从原位置搬走。

企业联合集团

简单地说就是好几个公司或个人一起进行开发投资。他们的动机可能各不相同，但如果他们对新体育场的期望中存在某些共性的话，这就并不重要了。

土地捐赠

政府部门如果觉得在将一个体育设施保留在这个地区内具有巨大的社会效益，就会提供土地给该设施建设使用。采用这种捐赠方式通常是因为它是这个城市拥有的唯一资产。

减少税收

在某些国家，当地方税收的控制在地方政府管辖范围内时，可以通过减少这些税收来促进某些项目的建设。在英国这个方法是不可行的，但在美国，城市政府部门只要乐于协助一个体育场的建设，便可以在项目开发中减少或推迟地方税费的征收。

增加税收

这是一种与上述类型相反的方法，也可以在相同条件下运作，一个城市可以通过征加税收或引入一种新的税收形式来支付一个体育场的建设开支。在美国的一种很流行的方法是旅游税，按一定的比例添加到酒店和旅馆的账单中，这样来到这座城市的人将帮忙为设施建设买单。

政府债券

在地方政府以及中央政府可以发行债券的地方，会使用一系列不同类型的债券。这些债券可能采用从一般责任债券到收益债券的各种不同形式，一般责任债券的出售是为体育场建设筹措资金，并通过城市的一般税收收入来偿还，而收益债券则是通过体育场运营时的运营收入来偿还。

电视

赛事转播权常常都属于活动主办方，而不是体育场。但在某些情况下，体育场也会因电视转播权的出让而得到相应的报酬。

俱乐部债券

这是一种完全不同类型的债券，它在英国常用来资助新项目的开发，就是为公众提供一段固定时期内座票的购买权。这个时期可以从几年到125年不等，最近很多足球俱乐部的常用时长为125年。这种方法使俱乐部有资金用于新的开发，并能通过座票的出售来维持他们未来的收入。

补助金

就开发商而言，迄今为止最有吸引力的融资方法是城市或地方政府直接补助。拨款的理由可能有很多，款项也可能是非常巨大的。据报道，美国佛罗里达州提供了3000万美元来使一个专业团队进入该州。补助金也可以采取特定的财政援助的形式，例如道路系统、排水和一般的基础设施，在开发的初期阶段这些是十分有意义的。

博彩收入

有时候这是一个政治敏感的话题，但是，体育博彩产生的收入是巨大的。尽管博彩收入很大程度上来自赛马，但所有的体育运动都会发起某种程度的博彩。在许多国家体育设施可能将会受益于一定比例的利润再投资。在美国押注橄榄球和棒球是违法的，但在英国和其他许多国家却不是这样，在足球场不难找到比赛的押注网点。

外部收入

收入可以来自项目主要运营范围之外的地方，从而为该项目筹措资金。这通常涉及与体育场共同开发而更具财务生存能力的功能。它们有时被称为"能力赋予型开发"。它们可以是与体育功能直接相关的设施，如运动和健身俱乐部，也可以是完全无关的活动，如办公和居住。这些功能开发如果是孤立的是不可能成功的，但与体育场结合就完全可能，它们能增加体育场的价值并保障规划申请的成功。在某些情况下，可以先建成其中某些或所有的设施，从而改善项目总的现金流。

非赛事或活动日的活动

虽然它们不太可能对总的财务状况有重要的贡献，但出租体育场的俱乐部区、餐厅、包厢等用于举办会议、婚礼、派对、或其他任何适合的活动，可以帮助改善整个体育场的财务状况。如果体育场毗邻补充性的功能设施，这些活动的频率有可能会增加。

23.5 成本和收入的控制
23.5.1 典型细目

如果可行性研究表明上述所有因素都能达到平衡，使项目具有可行性，那么下一个步骤就是确保体育设施中的所有部分都能进行有效的资金控制。这包括仔细记录和检查所有事务的收入和支出。明确各项收入和支出来源是非常重要的，因为它有助于日后进行评估。

在下文中我们列出了各类典型细目。其中一些项比其他项分量要重得多，阅读时应注意这一点。最终融资成本可以占到总数的70%。

收入

1 出席的观众。
2 非比赛日的游客。
3 来自会费的俱乐部收入。
4 广告收入。
5 电视转播收入。
6 赛事或活动场地租赁。
7 冠名权。
8 停车。
9 商业空间租赁。
10 饮食销售。

支出

1 员工成本。
2 行政管理成本。
3 维护费用。
4 公共关系。
5 运营成本。
6 燃料和能源。
7 机械和维修。
8 举办赛事或活动的成本。
9 税收（如果有的话）。
10 融资和折旧。

23.5.2　俱乐部参股方针

运作策略的一个重要方面与球员有关，而他们使用的是由俱乐部拥有和经营的体育场。球员、经理和教练的技术水平在很大程度上决定球队的成功，球队的成功又决定了俱乐部的资金实力。这个算式中的一个重要因素是"购买"职业运动员和训练他们的成本。联赛系统对培训来说是很理想的，因为它给了所有的俱乐部找到新的、有前途的球员的机会，他们可以通过训练他们来获取想要的经济效益，但北美地区的大学系统或许更好，因为它有效地将培训成本推向了教育体系。因此美式足球和棒球训练球员的成本相对较低。

限制参加队伍的数量也有利于一项运动的资金稳定，尽管这违反了大部分业余体育运动的原则，因为他们认为应尽可能实现广泛参与。例如英国的橄榄球联盟如今拥有大约2000个注册俱乐部，然而与此同时，英国足球联赛也正处在阻止联赛约60个俱乐部进一步减少的艰难时刻。有一个理论是，如果顶级俱乐部的数量减少了，而观众的数量至少保持不变，那么留存下来的俱乐部就会拥有更多的观众。消灭你的竞争对手，从而增加你的市场份额，当资金风险和利润如此之高的情况下，体育运动成为了市场竞争的地方，这明显是不可避免的。

美国体育运动成功的原因之一，是美国橄榄球和棒球管理机构通过不给予新俱乐部比赛参与权的方式，对允许参与比赛的俱乐部数量作出了限制。这增加了对拥有比赛参与权的俱乐部的需求，因为重要城市重视一个大联盟球队带给他们社区的认可度和经济利益。球队驻扎在该城市可以促进社区文化发展，并增加外来球迷的在当地餐馆和酒店的二次消费。这使体育俱乐部在进行合同条款协商时处于一个有利地位，例如他们是否搬到一个城市或他们继续驻扎在一个城市。由城市地方政府为一个俱乐部建设一座新的体育场甚至为球队转移支付资金，这是很常见的事情。

23.6　结论

体育场必须设计一系列严格的资金控制措施，包括最初的建设成本和持续的运营成本两个方面，应通过设计来实现收益的最大化。这既是所有项目的开始，也是结束，但相比其他形式的开发，体育场开发总体来说是更加困难的工作。因此，在他们的资金规划方面容许犯错误的空间更少，比如许多组织已经发现在过去他们成本上犯的错误。现代、安全、高效、美观的新体育场是可能出现的，但如果它们想要像祖先传下来的那些体育场一样存活得长久，它们还必须在财政收支平衡表上证明自己的能力。

第24章　可持续设计

24.1　什么是可持续设计?

可持续设计,也被称为环境可持续发展(简称ESD),已成为建筑中日益重要的考虑因素。它是当今时代的主要议题之一。

"可持续发展"被引用最多的定义来自于1987年布伦特兰委员会(Brundtland Commission):"可持续发展是既满足当代人的需求,又不对后代人满足其需求的能力构成危害的发展。"

可持续设计要充分认识到建筑和自然环境相互依存的关系;旨在利用来自生物过程的无害能源,消除对不可再生能源和有毒材料的依赖;并力争提高资源效率。

既保护环境甚至提升环境潜力,创造这样的建筑是建筑师的责任。

国际奥林匹克委员会(IOC)

国际奥林匹克委员会(IOC)将环境问题视为一个重要议题。这是他们的三个政策目标之一,其他两个目标是运动和文化。

全球社会已经越来越清醒地认识到环境带来的威胁与挑战,奥林匹克运动也是一样。现在的事实是,奥运会已经不能忽视公众的期待和这一星球的需要了。它必须支持的不仅仅是环境保护,还有可持续发展。

有许多问题需要考虑。这些问题包括选址与景观,它们不仅仅决定着环境影响,还有可达性、与使用者的亲近性以及视觉影响。也包括建筑的建造,如果不经过恰当的规划,它可能带来侵扰,并会损害环境资源。还包括能量,它可能将资源耗尽,增加空气污染,导致全球变暖,并增加损害人类健康的风险。伦敦2012年的体育场馆被宣称是所有现代奥运场馆中最可持续的。

可持续性将是未来一个极为重要的课题。投影图显示地球气温的上升已经为它带来了巨大的影响。正如下文图表所显示的那样,气温上升仍会持续。

在发达国家,社会使用的能源中约有一半来自于建筑的建造和运营。这导致了二氧化碳的排放,它对地球是有害的。图24.2显示了发达国家各生产部门的一般能量消耗比较(基于英国统计数据)。

建筑设计师需要将这个问题分成两部分来应对:建设需要的能量总额,以及实际使用所需的能量总额。

2012年伦敦奥运会手球馆铜盒子体育馆(Copper Box),本图表现了设于上部结构底部的自然光导管
美克(Make)建筑设计事务所与Populous事务所。

279

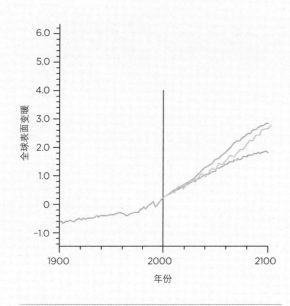

要尽可能减少建造中使用的材料数量，减少全世界体育和娱乐场馆对环境的影响，有三个关键要素：

重新使用（reuse）

减少能耗（reduce）

循环再生（recycle）

图24.1
预计全球表面变暖。数据来自于联合国政府间气候变化专门委员会（第四次评估报告）

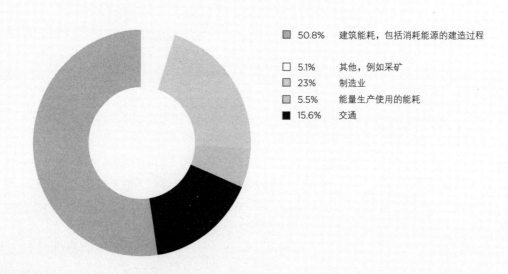

■	50.8%	建筑能耗，包括消耗能源的建造过程
□	5.1%	其他，例如采矿
▨	23%	制造业
▨	5.5%	能量生产使用的能耗
■	15.6%	交通

图24.2
典型的国家各部门能源消耗的图表

24.2 重新使用

当规划一座新的建筑时，第一件要调查清楚的事情就是：是否有现存的建筑物可以再利用、整修或对其进行非常规的重新设计。

重新使用：温布尔登

温布尔登中心球场的重建是对体育场馆进行非常规再设计的优秀实例。其业主，即全英草地网球俱乐部，意识到要维持温布尔登网球公开赛的崇高声望，他们必须要对设施做出提升。但是，他们不愿砸掉现有的中央球场，而是决定对其采取一系列的改善措施，包括一个全新的可伸缩屋盖。原建筑中约有75%都得到了再利用，1922年的原有设计得到了保留（见案例研究）。

温布尔登其他需要升级的体育设施都将从这种遗产与创新结合的做法中获益。

重新使用：交通

只要有可能，现存的交通基础设施都可以利用。新交通设施可能留下的遗产也要进行仔细的规划。

有些时候，重建最重要的地方不在于体育场本身，而是当地交通设施。在20世纪90年代，英格兰足球协会为了建设新的国家级球场而考虑了数个可能的选址位置。然而，现有体育场其中一个最大的优势就是已经发展了80年的公共交通系统。考虑到可持续性的问题，原地重建新体育场比重新选址而被迫建设全新的交通设施要好得多。

为迎接2000年悉尼奥运会，建设了一条新的轨道线路。这条轨道将市中心与霍姆布什湾(Homebush Bay)联系在了一起，而该区是主要奥运体育设施的所在地，包括主体育场、游泳中心、媒体中心、运动员村以及曲棍球馆、网球馆和篮球馆。

在北京，奥运会利用了原有的大学体育设施，它们原已具备良好的交通条件。对中国首都城市交通系统建设的大量投入使数个重点工程得以完成，包括：

- 为国际机场建设的一个新的航站楼和第三条跑道；
- 道路网络系统中的五环和六环；
- 北京地铁的4条新线路，其中一条从市中心直接联系机场。

重新使用：临时建筑

临时建筑对于需要举办如奥运会这样的一次性重要赛事的城市来说特别有用。

临时建筑有很多种形式。它们包括：

仅用于一个重要体育赛事的临时建筑，过后会被拆除。2012年伦敦奥运会就建设了一些这样的场馆。

临时加建在现有体育场馆中的模块化大看台结构，可以应对一次性大量流入的观众。与此类似的是，2014年韩国仁川亚运会的主体育场原来将容纳7万名观众，赛后容量则会缩减为3万人，并将变身为当地的一个公园。位于奥地利克拉根福的海波球场(Hypo Arena)，在2008欧洲足球锦标赛中可容纳32000名球迷。现在赛事结束后，它也可能会缩减其规模。悉尼ANZ体育场的一个特点就是为2000年奥运会特设的临时看台，使其容量达到115000人。当赛后它们被移除之后，体育场规模即被缩减为8万人（见案例研究）。

被设计为可以在其他场合再次组装和利用的临时设施。例如，悉尼水上运动中心（Sydney Aquatic Center）的临时看台是为2000年奥运会而建的，后来又作为伍伦贡展场（Wollonggong Showground）的一部分重新搭建。

伦敦2012年奥运会体育场设计容量达到8万人，以满足奥运会赛事的需要。其上层看台在赛后被移除，仅余下25000人的容量。

24.3 减少能耗

体育场在整个城市建筑中是个大块头。当谈到可持续设计的时候，它们对能量的使用是个重要的课题。这一产业必须要学会在初始建造过程中减少能量的使用——即所谓的建材能耗——而在以后的工程中再次利用这次的建筑材料。

运行能耗——用于建筑供暖、照明和制冷的能量。

建材能耗——用于新建筑建造的材料和建造过程的能量。

减少能耗：建材能耗

在办公建筑中，大多数能耗是运行能耗，用于为建筑室内空间供暖、照明和制冷。常举办音乐会的体育馆情况也类似。例如伦敦的O2体育馆，使用时间达到每年200天。

但说到体育场，使用率就低得多了。用于建造体育场的能耗——建材能耗——要远远超出其生命周期内的运行能耗。许多体育馆设计寿命为50年，但其中许多在这50年间总共只使用了18个月。当它们走到使用寿命的终点时，它们又需要大量的能量来拆除——比一般办公建筑还要高得多。

这就是在体育场建造或整修中为什么要采用节约的建筑设计和材料使用如此重要的要因了。

应根据生命周期成本以及可能对环境造成的影响来选择建造中使用的材料。应考虑的因素需包括在提取、加工、制作、运输、作业和废弃过程中使用的能量和造成的污染。最好要考虑建造中使用材料的寿命，以便在需要置换

之前延长其使用期限。应避免采用使用有毒物质制造的材料。

体育场馆的设计应具有灵活性，注意与多功能使用的结合。

体育场馆也可以与商业和会议等设施连接起来。

伦敦的O2体育馆已经成为世界上最受欢迎的娱乐场馆了，2010年它售出了234万张门票。类似这样的场馆在设计时就应考虑可以举办各种类型的音乐、体育和娱乐活动，这点是很关键的，这样它们建造时所使用的建材能耗才不会被浪费。

减少能耗：运行能耗

体育场馆的设计应更加具有灵活性，从而可以举办各种类型的活动，每年至少应运作80天。一座体育场如果能够容纳完全相异的赛事或活动如橄榄球与田径，或是流行音乐会与大型会议，在其使用期限内它就将成为一座更具可持续性的场馆，因为它对建材能耗的利用更有效率。

另一个解决办法是在一座体育场内设计两个场地，这样可以满足数个相关群体的需要。这防止了不必要的建设，分摊了建材能耗，并能使收入最大化。

每座体育场都应尽可能地充分利用。多功能体育场馆也应当接纳与体育功能有象征性联系的非体育功能和设施。例如旅馆功能可以结合私人观赛包厢设置，还可以纳入会议空间、教育设施、社区设施等。

减少能耗：可持续建筑
节能设计

谈到建设可持续建筑，最重要的问题就是节能设计。创新性的轻质结构将减少所需的建材，并且使用在制造过程中会产生较少二氧化

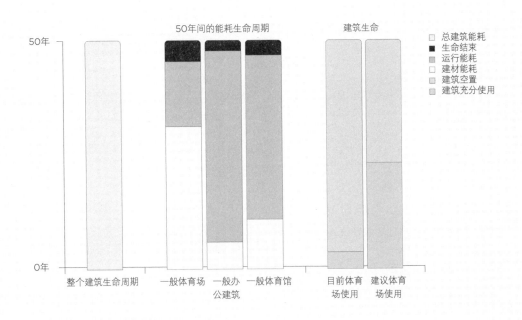

图24.3
体育场和其他建筑类型全生命周期能耗对比

碳的材料。这既减少了总建材能耗，也降低了财务成本。使用的材料越少，设计越简单，所节约的能耗和资金就越多。

可持续材料

比如说，木材使用起来比钢材要容易得多。在当地总能寻找到木材，也能为木材制定巧妙而简单的结构方案。铝材和不锈钢材是建材能耗量最大的建筑材料。不锈钢的建材能耗量比钢筋混凝土多6倍。要是说起二氧化碳排放，铝材和不锈钢材就是主要的罪魁祸首。

体育场馆建筑材料的选择要依赖于以下几个因素：尺寸、性能、位置和用途。尽管建材能耗较小，混凝土却并不总是最好的选择，因为在长度相同的条件下它比钢材要重得多。比起外部包层，基础和上部建筑消费的建材能耗要多得多，所以在这些部分设计师和工程师要尽可能少地使用钢材和混凝土。

再生材料

再生材料的使用愈来愈多，这对减少建筑结构的建材能耗是很重要的。

运输

建筑材料从来源地到建造地点的运输往往被忽略。比如说，从加拿大横跨大西洋将木材用船运输到英国，其建材能耗比通过公路用车把木材从英国北部运到南部还要少。海洋货物运输的建材能耗最少，而航空货物运输则能耗最高。

地形

尽可能利用用地的现有地形是很重要的。可以将看台与用地的自然坡度结合建造。

轻质与节能的建筑意味着在建筑中使用了较少的材料。这反过来又意味着基础和地基工程量的减少。利用现有地形（即将较低的碗形看台融入地形建造）可以减少所需材料，从而减少建材能耗。

减少能耗：通过设计使运行能耗最小化
使制冷、供暖和照明能耗最小化

要做到这一点，应考虑建筑和开窗朝向、建筑外围护结构有效的保温隔热以及自然通风井、导光管和活动遮阳设施。

可以使用高效的控制系统，从而以最小的能耗迎合这些复杂的、波动的需求。

可再生能源

它可以极大地减少能耗需求。近年来，风力涡轮机和太阳能电池板效率越来越高，但还是需要数年、甚至数十年，才能使其效益可以补偿生产这些设备所需的经济成本和建材能耗。

自然采光与通风

在可能的条件下，都应尽量利用自然光。同时，在气候条件允许的时候都应该尽可能采用自然通风。

立面设计

建筑立面是建筑的外封，在冬天它可以减少建筑内部热量的流失，也可以减少夏天进入建筑的热量。在温带地区确实是这样。但在热带地区和炎热的气候中，应考虑适当促进穿越建筑的气流。地理位置的需要应当得到充分考量。建筑需要智能化的立面系统，包括遮阳设施和高科技材料，以减少所获得的太阳辐射。澳大利亚悉尼的ANZ体育场是这方面的优秀实例（见案例研究）。

导光管

体育场是进深很大的建筑，因此如果可以安装导光管和光纤，将日光导入室内，这些体育场将受益良多。这些设备将减少对电力照明的需求。

比赛场地

一些草地球场使用了被称为生长光的设备，以帮助草地的生长，仅使用5个小时这种生长光就相当于60个家庭一整天的照明能耗。最大化地使用自然光——例如通过体育场屋盖设计让更多阳光可以透入——可以减少对人工照明的需求。人造草皮球场完全不需要阳光，而且，尽管在制造过程中其建材能耗更高，但它们可以容许体育场更频繁地使用。

自然采光

在体育场屋盖上采用透光性材料将有助于自然采光。它有两个好处：首先，它减少了对人工照明的需要；其次，它可以给比赛增加户外的感觉。

在适当的地方，透光屋盖和墙体也可以考虑用于其他体育建筑。但室内体育馆由于要依赖多功能使用，为了艺术展览或娱乐活动，可能会要求设计封闭的比赛或表演区以阻挡日光的进入。

应尽可能采用自然光，在设计建筑结构时就应将其考虑入内。可以使用建筑外围的光架将自然光反射进入室内空间，也可以使用光井将日光导入建筑内部。

体育场内的支持性用房常被深深地埋入观众席的下部。在其中工作以运作体育场的人们将受益于自然光照射的空间。同样的，餐厅和社交空间也会从中受益。光井和中庭是实现自然光利用的两种手段。

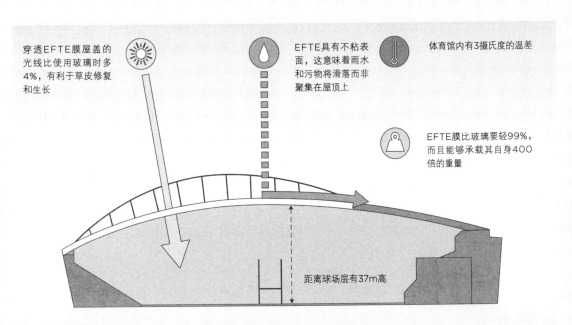

穿透EFTE膜屋盖的光线比使用玻璃时多4%，有利于草皮修复和生长

EFTE具有不粘表面，这意味着雨水和污物将滑落而非聚集在屋顶上

体育馆内有3摄氏度的温差

EFTE膜比玻璃要轻99%，而且能够承载其自身400倍的重量

距离球场层有37m高

　　新西兰的福塞斯巴尔体育场是第一个既拥有固定屋盖和天然草皮球场的体育场。球场使用了混合草皮系统，其表面是100%的天然草皮，但采用了人造纤维进行加固。

图24.4
新西兰达尼丁的福塞斯巴尔体育场（Forsyth Barr Stadium）剖面示意图（见案例研究）

热量控制

　　建筑结构应当有良好的保温隔热措施。墙体的保温隔热性能是以其U值来计算的。低U值就意味着较好的隔热性能。这有利于最小化冬天的热量损失以及尽可能减少夏天过热的情况。

　　如果建筑是气密性的，将会使需要用于控制建筑室内温度的能耗降至最低。还可以使用一种换气系统让室外新鲜空气进入室内，而同时不会失去对温度的控制。

　　遮阳防晒：为朝向太阳的大面积玻璃窗安装遮阳设施，将避免过热以及因此需要的制冷能耗。这些遮阳设施也会增强建筑的美学效果，设计时甚至可以将太阳能电池板结合入内。

　　节能设备系统的使用将减少体育场寿命期限内的运行能耗。认真对其进行布局是十分重要的。

热回收

　　在温带气候中，利用废热来预热进入的新风可以减少供暖成本，并且可以对产生的部分热量进行回收利用。

照明控制系统

　　良好的控制将避免为空置空间照明，这会造成能源的浪费。

供暖和通风系统

　　与照明控制系统类似，这一系统可以保证只有正在使用中的空间被供暖。

自然通风

这是一种减少空调需求的很好的方式。悉尼ANZ体育场是利用烟囱效应的优秀实例。空气被吸入垂直风井的底部，沿风井穿越体育场，提供了凉爽、新鲜的空气，而不新鲜的热风则从风井的上端被驱逐出去。风井内的电扇有助于促使旧空气排出，它可由屋顶上的太阳能电池板提供电能。

LED照明

现在所有人都了解节能灯泡了。LED照明则更为节能，寿命更长，在制造时所需要的建材能耗也更少。

可再生能源

可再生能源在体育场中的应用越来越重要，它们可以为体育场提供部分的能量。再生能源是那些可以自然地补足的能源。建筑中可以应用的四种主要类型是：太阳能、风能、地热能和生物质能。

太阳能电池板和光伏系统

传统的玻璃太阳能电池板发电效率在17%左右，往往是将光能转换为电能的最好选择。但这些电池板大而笨重，且在制造中需要相当多的建材能耗。新一代的薄膜光伏电池系统更加轻便、廉价，且灵活性更强，许多材料都可以用于制造薄膜光伏电池。

大型体育场屋盖为使用光伏电池进行微能发电提供了很好的机会。虽然许多人都认为电池板需要倾斜一定角度来朝向太阳，事实上当它们被安装在平屋顶上时可用效率约达88%。

风力涡轮机

为提高效率，风力涡轮机需要被置于高风速的地区。它们建成后体量很大，需要大量的资金成本，并消费大量建材能耗。小型涡轮机，例如20m高、6kW的单元，也许造价较低，但需要许多年才能收回成本。同时，120m高、2MW的大型涡轮机建造时成本很高，但三年内就能收回成本。

风力涡轮机的位置选择可能会是个挑战，特别是在城市地区。要考虑到许多问题，例如外观、噪音以及从涡轮机叶片落下的冰块，但先进的科技有助于解决这些问题。选址对涡轮机效率有重要的影响。为了高效地工作，它们必须被建设在平均风速较高的地区，并且远离大型建筑造成的湍流。比如说，如果一座风力涡轮机被置于50m高的体育场附近，它需要离开体育场500m远——两者间不可有其他建筑——以便机器高效地运行。这在城市地区是很难做到的。

地热

通过热交换的废水也可以再利用而产生能量。在附近拥有合适的河流或水源的条件下，也可以从那里重新获得热能。

24.4　循环再生

循环利用是体育场建造、运行和拆除过程中一个关键的问题。使用循环再生材料可以极大地缩减建材能耗。

循环再生：水

体育场用水的节约使用和循环利用是十分重要的，因为灌溉和卫生设备都需要大量用水。体育场屋顶常常是收集雨水的理想位置。在悉尼ANZ体育场，雨水被收集起来用于冲洗厕所和浇灌球场，还可以作为景观灌溉用水。

循环再生：钢材、铝材、玻璃、混凝土、砖和旧建筑拆除废料

钢材是体育场内最需要回收利用的建材

了。钢材原料的提炼需要大量的能耗，所以任何循环利用的措施都是巨大的节约。结构用钢约60%可以回收。在全世界范围内，每年约有4.4亿吨的钢材被回收利用——相当于每天150座埃菲尔铁塔。即使只在这一基础上增加1%，我们每年也可以节约36500GWh——这是10座大型发电站生产的电量。

铝材在制造时需要大量的能源，但由于其熔点较低，它特别适于循环利用。

相比之下，生产玻璃的能耗要低得多，它也可以很容易地被回收再利用。要寻找革新性的方式来回收利用更多的玻璃，这点是很重要的。目前它已经被用于建筑的覆层和铺地了。

钢筋混凝土制造时要比上述材料节能许多。目前，大多数用在混凝土中的钢筋都是100%的再生材料，而传统的混凝料可以被来自建筑废料的混凝土所取代。

其他的废料如来自高炉的废渣可以作为传统水泥的补充。

回收再利用的例子还包括使用碎石混凝土作为地基骨料和填料。

2012年伦敦奥运会

2012年伦敦奥运会主体育场、水上运动中心和铜盒子体育馆的基础都使用了很高比率的再生混凝土。奥运会主体育场屋顶的环形梁使用了再生的煤气管道。

24.5　种植与绿色屋面

绿色屋面

现代规划法规常常会坚持要求实行某些方面的绿色屋面技术——即栽种植物的屋面。在某些仍在努力应对洪患的城市中，这些屋面类型有助于潴留雨水并减少流进排水系统的水量。它们还能帮助控制建筑的供暖和制冷与吸收二氧化碳。但不利的一面是，它们会增加建筑的

重量，并增加初始建造过程中的建材能耗。

种植

应认真考虑落叶树种的配置，使冬日的阳光能够透入建筑之中，而到了夏季树叶繁茂之时又可以为建筑遮阴。地理位置会是一个主要的决定因素。

24.6　认证

若建筑师想要以一种更加可持续的方式推进设计和建造建筑，认证与建筑评估是一种重要且有益的方式。现在存在多种评价方法，包括英国绿色建筑评估体系（BREEAM）、美国绿色建筑评估体系（LEED）和中东地区的阿布扎比绿色建筑条例（Estidama）。现在全世界有许多这样的评估体系。在早期就应当基于建筑的用途、建造和选址对建筑进行认证。

24.7　未来的技术

在未来，通过采用能量收集技术，体育场可能会成为能量的生产者而不是污染者。例如，它们的外立面可以被涂上特殊的光伏漆料，将太阳能转化为电能。观众经过旋转栅门时和沿着公共大厅走动时所产生的能量，可以在体育场的其他地方得到重新利用。观众产生的废弃物将在建筑内部被回收并再利用以产生能量。将体育场与其周边建筑和交通网络联系起来后，所有可用的能量将被尽可能地高效利用。

为举办一次性体育赛事所建的最大型的体育场，可以被分解为较小型的、适应能力更强的建筑。体育场的某些部分可以在其他地方重新搭建，从而为那里的临时场馆提供看台。体育场将根据所举办的赛事或活动、赛季的变化以及观众的人数扩张或缩减。它们必须要融入周边的城市肌理，同时将交通、地方社区和商业社会因素考虑入内。

伦敦2012年奥运会中，一个能源中心为奥林匹克公园和主体育场提供了高效而低碳的电能。这有可能成为未来场馆的发展方向。能源中心采用的新技术包括生物质锅炉和热电冷联产系统（CCHP）。后者收集电能生产中作为副产品而产生的热能，比传统发电要节能30%。

奥运会组织者的总体目标是将整个奥林匹克公园内的碳排放减少50%，上述这些技术都对此做出了重要的贡献。用地范围内的热能网络为体育公园自用热水供热，也为水上运动中心的游泳池及其他场馆建筑供热。能源中心设计具有一定的灵活性，可以应未来数年的技术发展而变化。

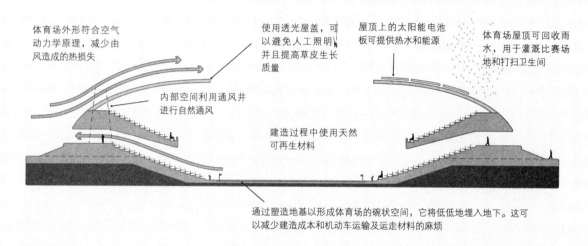

体育场外形符合空气动力学原理，减少由风造成的热损失

使用透光屋盖，可以避免人工照明并且提高草皮生长质量

屋顶上的太阳能电池板可提供热水和能源

体育场屋顶可回收雨水，用于灌溉比赛场地和打扫卫生间

内部空间利用通风井进行自然通风

建造过程中使用天然可再生材料

通过塑造地基以形成体育场的碗状空间，它将低低地埋入地下。这可以减少建造成本和机动车运输及运走材料的麻烦

图24.5
低能耗体育场的典型剖面

第25章　品牌激活

在体育场产业中，收入主要来自于以下三个方面：

- 门票销售；
- 转播权；
- 赞助。

现今赞助商已经在寻找类型更多样的、更成熟完善的方式来吸引观众，而不再只是利用墙上静态的广告牌了。碗形看台外部和体育场的环形大厅及广场，建筑的每个部分都被广告所占据。这样的话，你怎样才能将设计与增加收入的需求结合起来呢？

25.1　收入最大化

最初的、也是最明显的一点就是，要优化设计使之能够吸引相关企业或顾客。一个城市法律公司可能会想要一套木板制作的广告，然而以数字信息起家的公司则希望有更加高科技的广告方案。例如O2体育馆拥有为其带来巨额保证金的冠名权合作商，但同时体育馆还为10个创始股东和近100个套间持有者提供了帆布广告面，他们每一位都在寻求投资的回报。对于设计师来说，其目标是为所有赞助合作者创造独特的机遇，使之不会被其他广告杂音所淹没。很关键的一点是，一个品牌广告的出现及其影响力发挥不会减弱其他品牌广告的价值。

25.2　时间，而非空间

从前与建筑相联系的广告都是标识型的：仅仅是占据一块实体空间的标语口号。它们都是固定的，很难改变。现在，技术上已经允许使用各种方式进行广告了。可以看看纽约时代广场的例子——数百幅宣传标语浮华闪亮，每一幅还配有旋转的时间。这是一种更具可塑性的品牌打造形式。主要赞助商或创始股东的品牌在聚光灯下出现的时间可以更长、更频繁，同时那些提供资金较少的商家也仍然拥有出镜的机会。

这种时间的概念不只是用于让品牌名字和盛装的信息闪烁而过。暂时弹出的广告结构也是一种越来越受欢迎的品牌广告方式。从建筑实体的特性上说，特别是对于体育场，不可能为所有的品牌分配固

伦敦酋长球场（Emirates Stadium），俱乐部的身份标识与主要赞助商阿联酋航空公司（Emirates Airline）的广告在整个场馆内和谐相处
建筑设计：Populous 事务所

291

定的版面。体育场建筑需要有无限的空间。通过临时的吊舱或弹出广告，你可以为品牌提供出现的机会，并给球迷制造一个重要的视觉焦点，而并不需要一个固定的结构。这也增强了球迷区的体验。如果可以让品牌选择重新设置在体育场馆外部，它们就可以在赛事结束很久以后还继续保持与球迷的互动。这种互动可以根据特定的赛事及其观众进行调整。

25.3　通过整合激活品牌：球迷的体验

我们不再做广告了，我们只是做些很酷的东西。

——司马裴（Simon Pestridge），耐克英国市场总监（《Revolution》杂志）

这回避不了一个问题：我们的建筑怎样才能成为这些很酷的东西的一部分？换言之，你怎样创造一种体验？

要回答这个问题，很重要的是要理解品牌。品牌的基因是什么？你如何将其整合入建筑之中，使球迷或访客可以与品牌进行三维的互动，而在他们观看喜爱的球队比赛或乐队表演时所获得的积极体验，如何能延伸为围绕品牌的积极感受？

可以看看伦敦O2体育馆的例子。在建筑外立面上，与众不同的蓝色品牌广告非常醒目，但并不会气势压人。在建筑内部，这种色彩得到了延续，在不知不觉中提醒着观赛者场馆赞助商的身份。从导向标识和照明设备、一直到饮食特许经营商家，通信公司O2的身份特性随着建筑空间流动，就如同血液流过身体一样。

25.4　将球队品牌与商业特性结合

伦敦酋长球场，即阿森纳足球俱乐部的主场，是另一个富有想象力的品牌激活案例。入口处巨大的混凝土字母拼成Arsenal的字样，既可以作为反恐的汽车屏障，也可以是一个会面的地点，也是当地孩子们的攀爬架。同时它也使俱乐部深深扎根于当地社区。俱乐部自身的宣传与主要冠名权赞助商Emirates的广告之间进行了谨慎的平衡——这是许多现代体育场要重点考虑的问题。

在过去的数十年间，球队已经成为其自身所拥有的品牌。这一行业的先锋有卡伦·布拉迪（Karen Brady），她已经通过创新性的社区推广延伸了足球俱乐部的品牌，如伯明翰城队。例如，阿森纳俱乐部在Facebook上拥有800万球迷，但在球场内却只有6万张座位。在美国，只有7%的全国橄榄球联盟（National Football League）球迷曾经踏足过NFL球场。社交媒体、忠诚卡和移动信息的世界已经大大地拓宽了球迷的体验，而以往他们只是买票而后出门前去观赛而已。

在设计体育场时必须考虑到这个问题。俱乐部的身份标识要保持强烈而清晰，因为正是这一身份标识才是商业品牌所愿意联合的首要方面。品牌共赢是最终目的：这是赞助商与业主之间的完美结合。

25.5　程序

在设计进程之初，是不可能知晓体育场未来的赞助商或冠名权股东的。因此你要创造一块空白的广告空间，它可以有无数种处理方案，所有方案的目的都是为了吸引不同的赞助商。建筑外部的空间也将是重要的一块，内部和外部元素必须要协同工作。这很像是制造一辆一级方程式赛车，专家研究制造各个组成部分，最后创造一个完美地共同工作的整体，从而给观赛者一种不间断的品牌体验。

附录1　　体育场任务书指引

基本设计信息

委托情况	可行性研究 初步设计 详细设计 施工图 监督	前期研究 董事会要求 当地政府要求
财务	财务限制 最大成本 潜在收益	目前收入 计划收入
程序表	计划时间表 建设动工日期 目标完成日期 禁工期因素	确定分期建设安排 确定融资安排

项目目标

紧凑性	提供良好可见度 最小视距	包含跑道 附加的体育运动
餐饮	参赛者 观众 家庭设施 私人包厢 招待套间 俱乐部设施 管理人员	
便利	交通便利 在城市中的位置	
舒适	吸引人的环境 易懂 清晰的标识	
灵活性	空间布置 空间并置 空间关系	
经济性	初始建设费用 年度维护成本	

项目参量		
客户需求	面积分配表	参赛者 观众 管理人员
交通运作	小汽车、公共汽车、步行、轨道交通	公共和私人车辆 体育场内部和外部
体育场容量	座席和站席	考虑趋势 设计成可转化的形式
用地内设备	目前和未来	分阶段布置设备
分期建设	灵活地选择	使用模式 分期融资
安全与控制	警察和赛时工作人员	

场地考虑因素		
调研与勘测	新旧体育用地	以前的土地使用情况 地质勘测 土地污染
可达性	出入口和通道 群众安全	便利 安全隔离区域
约束条件	边界 建筑 道路和路权	房契 规划限制
朝向	日照朝向 常年风向 微气候的因素	比赛场地维护 运动员舒适性 观众偏好 太阳能电池板 风机
特殊困难	识别特殊问题	地基土稳定性 地下水位
特殊优势	用地共享 独特位置	体育与休闲业 商业因素 酒店因素
停车	场地内 场地附近 远离场地 观众停车 贵宾和运动员停车 来访观众和球队大客车停车位	规划要求
消防队	消防车通道	
周边街区	视觉影响 施工影响	咨询地方当局 地方机构

观众

体育场容量	各观众类型所占比例 站席数量	灵活布置 不同质量等级
体育场出入口	活动时坐满所需时间 限时离场分析	法律要求 遵循案例经验
座席区	过道位置及尺寸 径向或纵向 主走道布局	法律要求 最小步行距离 方便使用的尺寸
卫生间设施	邻近观众 靠近餐饮点	男女比例 残疾人卫生间 所需数量
餐饮点	合适的数量和类型	食物分配方针 酒精/不含酒精
急救中心	集中或分散 运作方法	邻近救护车停车位
公共大厅	足够宽度 通向卫生间 通向餐饮点	不受全长的限制 足够的标识 起集散空间的作用
残疾人设施	轮椅通道 坡道、电梯或自动扶梯；没有台阶	法律要求 需考虑人数 考虑分散布置

运动员

可举办活动的设想	足球 橄榄球 美式橄榄球 澳式橄榄球 残疾人赛事 音乐会 多功能使用	
比赛场地所需尺寸和类型	热身设施	
防护措施	俱乐部要求	
练习场地、设备	不受天气影响	
教练和替补队员	场边座位或球员休息处 不影响视线	保护不受观众干扰 通向球队用房
球队用房	更衣室、淋浴室 治疗处 装备储存间和休息室	管理人员要求 教练要求 舒适的温度
通往场地的通道	隧道 通到比赛场地的受保护通道	球队隔离通道 延伸到比赛场地入口前

裁判长、裁判员、司线裁判	更衣室、淋浴室 休息区域和储存间	邻近球队用房 通向管理处
媒体		
报刊	位置和数量 记者座席 摄影位置	当地要求 国内要求 国际要求
电台	位置和数量 播音员隔间 缆线设备	当地要求 国内要求 国际要求
电视	位置和数量 播音员隔间 采访工作室	当地要求 国内要求 国际要求
媒体配套设施	餐饮和休息区 采访和简报室 媒体用车 电视转播车停车位	设备要求 管理部门通往该区通道 外部位置和联系
管理		
管理部门	大小和位置	体育场管理部 球队经理 财务部 餐饮管理部门
主管	休息室和娱乐用房 观赛包厢	董事会和宾客用房 通往观赛座席/主管座席
赞助商和俱乐部区	休息区 观赛包厢	通往主管用房 品质良好
场务人员、赛时工作人员和志愿者	更衣和卫生间 设备储存间	货运通道 化学制品安全储藏室 通往比赛场地
私人观赛区域	数量、位置和类型 不同质量等级	好的餐饮和服务 好的观赏位置
餐厅	大小符合日常使用 邻近主要的厨房 宴会厅/大厅 活动日可户外使用	餐饮策略 货运通道
私人停车	电视转播车停车位 主管、贵宾和球队停车	根据体育场决定尺寸 邻近管理区域
控制室	体育场管理控制 治安控制	
常规设备		
系统类型	集中或局部单元 紧急备用设备	线路分配短捷 设备靠近负荷中心

设备位置	地下层、地面或屋顶 各自的设备区域	通风管道 输送管道
燃料类型	燃气、汽油、煤、电 以太阳能替代	多个系统 运行成本
空间要求	燃料储存间和设备 车间区域	车行通道
热工考虑	建筑保温 分区能源控制	分区控制能效 非赛时控制
安保要求	咨询警察局和其他部门	
消防要求	消防喷淋装置、警报器和软管 应急灯	备用发电机 启动时间
清洁	供水供电 材料储存	清洁策略 人力需求
日常装置	电力和照明 通信与信息技术 公共广播和闭路电视	位置和维修 醒目的视频面板 使用电缆还是无线

辅助区域

常规	任何特殊区域 时间和使用期限	
泛光照明	比赛标准 观看标准 电视转播标准	彩色电视转播要求 和电视公司进行讨论
视频或显示屏	观看位置 合适的尺寸	一端或两端
比赛场地供暖	电缆 热水或热空气	替代经济学
看台供暖	座位下辐射热 混凝土板加热	票价经济学
公共大厅	照明和通风 环境控制	通常不供暖或制冷
电话和信息技术	管理要求 媒体要求	根据标准决定
通信	警方控制人群 管理部门和警方	和警方讨论

附录2 视频显示屏和电子记分牌

自本书的第一版出版以来，大屏幕和电子记分牌有了极大的发展。实际上，它们已经成为现代体育场一个必要特征，而这一领域的技术发展十分迅速。在21.2.2节关于设备的内容中已对此了进行详细阐述。

大型体育场经常使用大屏幕彩色视频显示器（LSVD），但在体育场预算较拮据的情况下可选择有限视频功能，只提供文字信息和高品质图像。对于那些选择使用这类技术的体育场来说，与制造商和供应商尽早沟通是非常明智的。下文提供简要的指引：

大屏幕彩色视频显示器（LSVD）是一项重要的支出，应当精心挑选合适的设备，以满足体育场的需要和光照条件，并在甲方的预算范围之内。同时，也需考虑记分牌、视频制作房间和LSVD的集成设置，任何一个要素的规格和性能都会到影响其他要素。

视频显示屏现在可以作为更大型的组合系统的一部分，通过无线信号将图像传送到整个体育场建筑内的小型屏幕上，如手机或其他手持设备以及因特网。

某些系统出售时会附带一些视频编辑软件，但在某些情况下，需提供编辑软件去编辑屏幕显示内容。

简单记分牌公司的专业知识通常并不适用于LSVD公司，反之亦然。为了使每个体育场的投入都获得最大回报，无论是否有此使用需求都应提供高清晰度（甚至是超高清晰度）。例如，记分牌只需技术含量较低的灯泡排布方式，然而如果在板球比赛中使用相同的技术进行动作回放，显然是不恰当的。

技术

在大型屏幕方面，发光二极管（LED）技术已经超越其他所有技术，现在它可以提供高分辨率、高刷新率、可以在日光中观看的足够亮度并且节能的屏幕了。

这种屏幕是由三种基本色彩组成的：红、蓝、绿。当它们组合在一起，可以产生出1670万种理论上可能的颜色。

生命周期

虽然屏幕的生命周期成本是重要的，但在体育场的实际情况中，它们的寿命并非那么重要。多数体育场每年使用屏幕时间仅为250小时，而大多数LED显示屏的寿命约为10万小时，因此这并非主要考虑因素。但是，其维护、整修和运作成本是其生命周期分析中的关键组成部分；同时也要考虑屏幕的先进性可以保持多久，要过多久它们才会变得过时。

质量

屏幕图像的质量主要取决于用来产生像素的发光二极管的质量，以及屏幕的像素间距。通常较小的间距（即像素更接近彼此）会产生更好的图像。576×720的分辨率是推荐最小值。视频处理器对于图像质量也有高度的重要性。控制系统应当至少可以接入HD—SDI信号。在过去几年间，像素间距愈加缩小，目前用于体育场的一般像素范围是16mm、20mm或26mm。

屏幕的尺寸和位置

既定位置的屏幕尺寸在理想的条件下取决于屏幕高度，其高度应为观众席到屏幕最大视距的3%~5%。屏幕本身应该有一个高宽比，通常为4：3或更合适的16：9。一个体育场的最大观看视距约为200m，因此屏幕应该高6m，宽8m或10m。由此得出屏幕为48m²或60m²，如果是LED屏幕，它将重约3.5吨。应注意的是，屏幕也有最小观看视距，约为8m。使所有的观众看到屏幕，这显然是最必要的。屏幕水平可视角度不应小于140°（±70°），垂直可视角度不应小于60°（±30°）。

随着特殊LED屏幕的生产以及更强大的投影设备的发展，其他显示移动图像的方式也变得更加可行。带状或弯曲LED屏幕能够以各种富有想象力的方式在建筑各处安装。

成本

当这些因素都被考虑进去之后，预算将成为选择屏幕的决定因素。应联系制造商咨询商品价格，但必须注意的是，成本的比较应将支撑结构、电力供应和控制软件考虑在内。制造商可能会以优惠的价格提供大屏幕及其他电气设备，以抵消广告费用。

屏幕公司

目前，市场上存在超过4000个屏幕公司，但可能只有20~30个被认为是主要的供应商。

计划

采购策略可以考虑租用的方式，如果使用率较低，那么这种安排会非常具有吸引力，它可以是独立包装，或者分成两到三个包。订货到交货的时间安排如下：一个月进行招标，一个月留给投标者作出回应，另有四到五个月进行生产，最后一个月进行安装。

附录3 案例研究

简介

　　这些案例来自世界各地，以下按字母顺序排列。我们用这些例子来说明对不同设计挑战的回应，如位置、气候和环境的影响。它们也反映了不同用途：有些是多功能的，有些只用于特定运动。很多采取了创新技术，其中一些具有可开合的屋盖。大多数案例规模较大，因此为建筑师在设计上制造了很多挑战。尽管每个场馆的具体回应方式不尽相同，但在体育场设计方面都有一些值得关注之处。

01．安联体育场（Allianz Arena），慕尼黑，德国

02．阿姆斯特丹竞技场（Amsterdam ArenA），阿姆斯特丹，荷兰

03．ANZ体育场（ANZ Stadium），悉尼，澳大利亚

04．亚利桑那红雀球场（Arizona Cardinals Stadium），菲尼克斯，美国

05．阿斯科特赛马场（Ascot Racecourse），阿斯科特，英国

06．阿斯塔纳体育场（Astana Stadium），阿斯塔纳，哈萨克斯坦

07．美国电话电报球场（AT&T Park），圣弗朗西斯科，美国

08．阿维瓦球场（Aviva Stadium），都柏林，爱尔兰

09．布拉加市立球场（Braga Municipal Stadium），布拉加，葡萄牙

10．牛仔球场（Cowboy Stadium），达拉斯，美国

11．顿巴斯球场（Donbass Arena），顿涅茨克，乌克兰

12．酋长球场（Emirates Stadium），伦敦，英国

13．福塞斯巴尔体育场（Forsyth Barr Stadium），达尼丁，新西兰

14．绿点球场（Greenpoint Stadium），开普敦，南非

15．亨氏球场（Heinz Field），匹兹堡，美国

16．马林鱼棒球场（Marlins Park），迈阿密，美国

17．墨尔本板球场（Melbourne Cricket Ground），墨尔本，澳大利亚

18．电信穹顶体育场（Telstra Dome），墨尔本，澳大利亚

19．南京奥林匹克体育中心（Nanjing Sports Park），南京，中国

20．大分体育场（Oita Stadium），大分，日本

21．奥林匹克体育场（Olympic Stadium），伦敦，英国

22．椭圆球场（The Oval），伦敦，英国

23．瑞兰特体育场（Reliant Stadium），休斯敦，美国

24．萨尔茨保体育场（Salzburg Stadium），萨尔茨保，奥地利

25．足球城体育场（Soccer City Stadium），约翰内斯堡，南非

26．老兵球场（Soldier Field），芝加哥，美国

27．法兰西大球场（Stade de France），巴黎，法国

28．施蒂利亚体育休闲综合体（Statteg Sports and Leisure Facility），格拉茨，奥地利

29．温布利球场（Wembley Stadium），伦敦，英国

30．西太平洋体育场（Westpac Stadium），惠灵顿，新西兰

31．温布尔登AELTC（全英草地网球和门球俱乐部）中央球场（Wimbledon AELTC: Centre Court），伦敦，英国

01. 安联体育场（Allianz Arena），慕尼黑，德国

安联体育场于2005年建成，由赫尔佐格和德梅隆（Herzog & De Meuron）设计，是2006年世界杯开幕式主办地。它是两个当地足球俱乐部的主场：拜仁足球俱乐部和慕尼黑1860。这个6万座的体育场以它独一无二的表皮成为杰出的建筑。这个半透明的发光体由大量闪闪发亮的白色菱形气囊组成，每个气囊都可在光束的映射下呈现白色、红色或淡蓝色，这也是两家俱乐部的颜色。如果其中一支正在体育场内主场作战，那么外表皮也可发出相应的颜色，以至于人们在很远就能识别哪支队伍正在比赛。体育场的外壳是多层充气结构，它用一个气泵站保持其所有充气组件的内部气压。即使是对于那些并不对足球感兴趣的人来说，这个外观随时变化的体育场都十分具有吸引力，甚至已经成为城市的纪念碑。

其设计理念是基于三个原则：第一，体育场被展现为一个可以改变外观的发光体；其次，为球迷建立一个类似游行的到达体验；第三，形成类似火山口的体育场自身室内效果。

体育场的外壳和结构骨架设计自始至终都是为了实现这三个关键概念。因此，主楼梯沿外壳的最大斜率布置，游客接近体育场的过程类似于游行队伍，这种感觉得到了强调。作为一个巨大的发光体，体育场成为机场至慕尼黑市中心沿线北部一片开敞景观中的新地标。停车场被布置于体育场与地铁站之间，从而为球迷的到达和离开创造出一个人造景观。因为在这个体育场只有足球比赛，所以座席与球场直接相靠，三层看台中的每一个都尽可能地靠近比赛。

建筑设计：赫尔佐格和德梅隆（Herzog & De Meuron）

02. 阿姆斯特丹竞技场（Amsterdam ArenA），阿姆斯特丹，荷兰

阿姆斯特丹竞技场，于1996年完工，是第一个拥有可伸缩屋顶的欧洲体育场。它可以在25分钟内打开和关闭。这个最先进的体育场拥有52000个座位，音乐会时可以增加到68000个席位，是阿贾克斯足球俱乐部的主场，也举办了一系列非常成功的娱乐活动。这个体育场每年举办超过七十个重要活动，一半以上为音乐会、舞蹈派对、宗教会议、产品展示以及其他体育活动，例如荷兰国家队的国际比赛和美式橄榄球赛。阿姆斯特丹竞技场有各种各样的企业设施，包括一个皇家套间、贵宾休息室和套房以及16个迎宾用房，可设置2500个座位以及2000个商务座席。

该体育场位于阿姆斯特丹东部，并通过几个地铁和铁路车站与市区连接。

该体育场下方设有一个可容纳2000辆小轿车的大型停车场，在体育场步行距离范围内有12000个停车位。该体育场内的设施不断升级，包括更新了一个音响系统，并引入了更多的自动扶梯和电梯从地下停车场向上爬至第二层看台，因为这是段漫长的路途。屋顶以两个大拱架为支撑，并有两个纵向梁固定在上面，与比赛场地的长方形形状相对应。半透明屋面板被连接在拱架上，正是通过这些板的打开或关闭来形成可伸缩的屋顶。

阿姆斯特丹竞技场有两块大型视频屏幕，还有一个内部支付系统，可使用智能卡进行消费，智能卡相当于电子钱包。其配套设施还包括一个博物馆和球迷商店。

建筑设计：罗伯特·舒尔曼和斯洛尔德·索特斯（Robert Schuurman & Sjoerd Soeters）

03. ANZ体育场（ANZ Stadium），悉尼，澳大利亚

ANZ体育场（原澳大利亚电信体育场和澳大利亚体育场）是有史以来最大的奥林匹克体育场，在2000年悉尼奥运会开闭幕式上接待了11万人。它是悉尼的标志性景观，同时兼顾耐用性和适应性。它已被重新配置以容纳8万个座席，并增加了一个矩形赛场，以适应联盟式橄榄球、联合式橄榄球和足球的比赛要求。它也可用于音乐会、展览和公众集会。球场的理念是提供一种灵活的、多功能、经济上可行的场馆，并具有广泛的吸引力。

设计主要的特点之一是透光的马鞍形体育场屋盖，屋盖离地面高58m（或者说16层楼），凌驾于赛场之上。这是一个双曲抛物面，与类似形式的悬臂屋顶相比，它可以为两倍以上的观众提供庇护，而且还可以将雨水回收储存在储水罐中以备浇灌赛场。屋盖向球场倾斜，这增强了热切的气氛，并可优化体育场声学效果。屋盖靠看台结构和两条295m长的桁架进行支撑。

观众可以通过4条螺旋形坡道、电梯和自动扶梯到达看台。出于安全、便利和高效的考虑，体育场的观众流线、运动员流线和服务流线绝不产生交叉。

这个体育场是环境可持续的。所采取的被动式设计措施包括通风以及自然冷却和采暖。屋顶回收雨水用于灌溉赛场。

建筑设计：Populous 事务所和百瀚年建筑设计事务所（Bligh Voller Nield）

04. 亚利桑那红雀球场（Arizona Cardinals Stadium），菲尼克斯，美国

亚利桑那红雀球场位于亚利桑那州凤凰城郊区的格兰岱尔，有65000个座位。

该项目设置了可开合屋顶，庇护观众免受沙漠里的太阳肆虐。此外，体育场包含一个可移动的比赛场地，成为北美的首例。大部分时间此赛场放在户外，当橄榄球比赛和其他体育赛事需要使用时，可利用钢轨将其移入场内。这样可给草地生长提供足够的阳光，并使建筑能在非赛时举办展览会、音乐会或其他活动。

球场以仙人球的形态，融入进周围的环境中。外表皮由巨大光滑的面板和富有戏剧性的垂直凹槽交替组成，仿佛是一座灯塔，灯塔的颜色和光线映射出亚利桑那州沙漠中的灿烂天空。钢板、玻璃、水泥和织物屋顶混合在一起，在设计中创造出连绵的线条和纹理感。

除了作为亚利桑那红雀橄榄球队的主场外，这座新球场已经被选为2008年美国橄榄球超级碗大赛的主办地。

建筑设计：Populous事务所与艾森曼建筑事务所（Eisenman Architects）联合设计

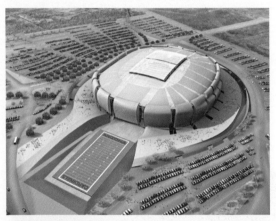

05．阿斯科特赛马场（Ascot Race-course），阿斯科特，英国

看台建于2006年，在它所形成的令人惊叹的新背景之下，上演着顶级纯种马以及世界级骑师争夺最高荣誉的赛马比赛。如时尚领域般典雅，如战斗一样令人兴奋，新的阿斯科特赛马场展现了让观赛者满意的基本要求：有吸引力、时尚、有品位且简单明了。

新的3万座看台就栖息在山顶，可以一览北面风光和温莎大公园全景。

480m的看台采用了浅拱形双曲抛物面的形式，其概念为"树丛间的建筑"。以平面上的一根细长的曲线去拥抱赛马场。

新看台拥有崇高、典雅、建构式的建筑艺术，它形成了亮马圈、户外公共空间和社交活动的一个背景。戏剧化的大型看台和用地边缘的原有建筑，以及因成熟的落叶树显得与众不同的大型户外公共草坪，它们结合在一起，为观赛者提供了丰富的空间体验。阿斯科特赛马场备受喜爱的特殊体验被保存下来，使新的建筑空间更令人振奋。

内部的拱廊与建筑长度齐平，它既隔离又连接着观看和餐饮功能。拱廊的南立面设计为室内广场引入自然光，在建筑中心提供了让人心境平和的庇护空间。

阿斯科特赛马场内有许多华丽的树木，仿佛教堂般的拱廊由高耸的钢结构构成，其灵感正是来源于树木的形式。大中庭充当着看台的"环境之肺"，由轻质玻璃和钢屋顶覆盖而成。游览其中，尽是戏剧性的形式和屋顶光线形成的线条。

建筑设计：Populous
事务所

06. 阿斯塔纳体育场（Astana Stadium），阿斯塔纳，哈萨克斯坦

阿斯塔纳体育场（Astana Stadium）座落于哈萨克斯坦首都阿斯塔纳的新体育大学校园内，容量为32500座。

它拥有可开启的屋盖，为减弱当地极端气候的影响，它采用了全空调环境。球场是达到FIFA标准的草皮球场。

这是哈萨克斯坦国内第一个现代体育场工程，也是苏联国家中第一个采用可开启屋盖的体育场。

2009年7月3日哈萨克斯坦总统宣布其正式启用，而它在两年以后举办了2011年亚冬会的开幕式。

该体育场的构想是成为一座多用途的场馆，可举行足球和其他运动赛事，也能承办大型表演和大规模的文化盛典。其形态设计是源于要创造一个高效的封闭体并确保简单的可开启屋盖设计。其整体形态是个圆柱体，屋顶可以沿着较短的东西轴水平移动。主次桁架连接着体育场碗形空间四角的柱子。可移动屋盖部分全部覆盖着光亮的聚碳酸酯，而屋顶天窗沿着外围环绕体育场一周，恰好与外围桁架和墙体结构相吻合。体育场结构设计以这种方式而格外引人注目，观众也可以由此理解建筑是如何运作的。

建筑设计：Populous事务所与Tabanlioglu Architects合作设计

07. 美国电话电报球场（AT&T Park），圣弗朗西斯科，美国

美国电话电报球场拥有美好的一切：旧金山的天际线、东湾的山丘和金门海峡上生动的海上落日。球场充分利用其壮观的地理优势，创建与城市的无缝联系，把海湾变为独一无二的设计特征。《旧金山纪事报》称它为"城市仍然可以光彩耀眼的铁证"。

观众通常乘坐公共交通工具到达这里。旅程变为体验的一部分，从活泼的有轨电车到风景优美的奇迹之旅，或是精力充沛地漫步到了第二大道。游客到达之后受到钢铁、水泥和砖块的迎接。球场拥有巨大的规模和比例，它沧桑的立面重新捕捉到了这古老比赛的精神并回应着市场南街区的文脉。通过两侧的钟塔，立面与城市街道路网和周边街区尺度融合在了一起。

回顾此滨水建筑的建筑语言，最重要的是让公众即使没有门票也可以看到青翠的比赛场。这一业主与建筑师的共同合作成果，或许是努力使建筑、比赛和城市合为一体的最令人信服的例子。

建筑设计：
Populous 事务所

08. 阿维瓦球场（Aviva Stadium），都柏林，爱尔兰

崭新的阿维瓦球场于2010年启用，容量为5万座，以取代旧的兰斯当路球场（Lansdowne Road Stadium），即1876年第一场国际橄榄球比赛的举办地。新的球场由爱尔兰足球协会和爱尔兰橄榄球联盟筹建，以作为他们国家队的新主场，同时他们也要求球场具有足够的灵活度，以便在球场上举办音乐会，也可以在休息室和公共大厅内举办会议和社交活动。

用地靠近城市中心，一条轨道穿越其间，周边三侧环绕着住宅，最后一边是一条河流。复杂的用地条件为设计团队提供了指引，他们希望能

创造一个回应用地和周边环境要求的建筑。建筑物曲线的形态以及向南侧倾斜同时向着北侧更显著地倾斜的屋顶，让阳光可以照进附近的民宅。体育场的屋顶和墙体都覆盖着聚碳酸酯板，因而充足的阳光得以进入比赛场地及其周边空间。

这是一座环境友好型体育场。设计者采取了措施以减少体育场建造期间和生命周期内的能耗。在设备系统中，体育场利用发电机的废热给水加热，同时雨水被收集起来用于灌溉球场草皮。由于球场座落于城市之中，用地内并没有为观众提供停车场地，这就意味着小汽车出行的减少。观众可以通过步行或公交系统到达体育场。

建筑设计：Populous 事务所和斯科特·泰隆·沃克建筑事务所（Scott Tallon Walker）

建筑设计：
苏托·莫拉（Souto
Moura）

09. 布拉加市立球场（Braga Municipal Stadium），布拉加，葡萄牙

布拉加市立体育场位于克拉图山北坡的Dume体育公园内。这个体育场是为2004年欧洲足球锦标赛而修建的。它有两个不同寻常的特征：首先，它与周围的岩石环境已经融为一体；其次，它只有两面看台，沿着足球场的侧边修建。

选择这个地方作为基地可以避免新工程阻断山谷中的河流。这两个看台中每一个都可以容纳15000名观众，非常与众不同。在不到一年里有近百万立方米的花岗岩被挖出

山坡，导致西面看台几乎是"插入"岩石之中。人们从上部进入看台，入口离底部高度有40m。该入口视线宽阔，可以看到体育场和周围乡村景色。内部有宽敞的通道和公共大厅以及大面积的贵宾区，包括比赛场地之下设置的双层停车场、独立出入口和餐饮设施。

东看台是一个独立的、坚实的钢筋混凝土建筑，可以通过8条坡道进入，由此形成了服务于下层看台的回廊，通过楼梯与上层看台联系。两边看台都被强烈突出的屋顶完全覆盖，并仿照秘鲁印加桥梁用绳子将两侧屋顶连接在一起。

10. 牛仔球场（Cowboy Stadium），达拉斯，美国

由于深切地担忧电视对球迷上座率造成的负面影响，NFL达拉斯牛仔队的体育场业主为设计师设置了一个挑战，即希望体育场内能够给予观众"实时/实地"的体验，使之从各个方面超越在家观看的感受。而HKS事务所的回应是，在设计中将三种建筑类型（体育场/礼堂/电影院）有效地融合成为一个全新的体育场形制。

达拉斯牛仔队的新体育场位于得克萨斯州的阿灵顿，它于2009年启用，是世界上最大的穹顶体育场，可容纳11万人的体育场内设有8万座席，在端部的平台和阶梯上则为观众设置了站席。它拥有一副可开启屋盖，端部墙体也可以打开，室内完全为空调环境。

观众在现场观看赛事的同时，还可以通过一个大屏幕欣赏动作特写镜头。这一屏幕高15m，宽达55m，高高地挂于球场中心上空，它会提供一些补充性的信息（球员个人历史等等），并在赛事进行时播放动作回放。VIP房和公共大厅区内超过3000个的LCD屏幕确保了球迷可以一直关注并获得相关信息，而不管他们位于体育场内何处。

该体育场设计时也考虑了可以容纳许多其他的体育赛事、音乐会和会议等功能，它们可以作为补充性的收入来源。这些用途范围广泛，从传统的会展及交易会到摩托车越野赛，从牛仔竞技表演到足球、流行音乐会、音乐剧和歌剧，都可以在此举行。

受到古希腊古罗马传统的创造市民和公共空间精神的感召，顶尖的当代艺术家受到委托，在整个场馆的公共区域内设计制作一些主要的装置。它们无价而永恒，是市民价值附加于体育场的一种体现。

建筑设计：HKS事务所

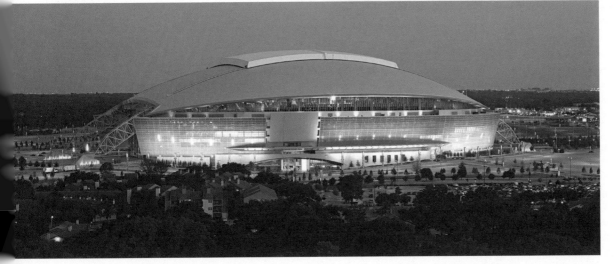

11. 顿巴斯球场（Donbass Arena），顿涅茨克，乌克兰

该球场是当地的顿涅茨克矿工足球俱乐部（Shaktar Donetsk）的主场，可以容纳52500人就座。它于2009年8月启用，以庆祝乌克兰的矿工节。它的所在地区正是以采矿而闻名。

建造工程于2006年6月27日开始，为建造该体育场及其周边景观共花费约4亿美元。它是乌克兰第一座UEFA五星球场，举办过2012年欧洲足球锦标赛。

其设计构思是"公园中的宝石"，即顿涅茨克的列宁斯基共青团公园（Leninsky Komosol Park），这是一个具有重要文化意义的场所。当地也将其称之为"顿涅茨克的钻石"。

该球场外观呈与众不同的宝石形，立面全部覆以玻璃，面积达24000m^2。当夜幕降临，球场内亮起灯光，很容易让人们联想起美丽的钻石。

屋顶设计部分地是对附近存在四片矿场和两条断裂带的地质性难题的解决方案。它从北向南倾斜以获得理想的阳光和通风，从而维持球场草皮的生长。

除了体育赛事，该场馆也举办音乐会和表演。用地内开设了咖啡馆和餐厅，还设有一间俱乐部博物馆和品牌商店。该体育场拥有1000个小汽车停车位（其中245个设在地下）以及可容纳830人的45套团体包厢。它已经获得了数个奖项，包括：由顿涅茨克设计和建造俱乐部（Donetsk Design & Construction Club）颁发的2009年顶尖建筑工程奖（Top Construction Site Award），2009年最佳国际MOBOTIX项目奖（Best International Mobotix Project Award），以及2009年乌克兰最佳建筑工程奖（Best Construction in Ukraine prize）。

建筑设计：阿勒普联合设计事务所（Arup）

12. 酋长球场（Emirates Stadium），伦敦，英国

酋长球场已经成为伊斯灵顿区内市政建筑引人注目的新成员，是将体育场作为城市更新工具的优秀案例。之前这里是6万㎡的棕地，其中两条边界都靠近铁路沿线，这个先进的6万㎡座体育场取代了受人尊敬的海布里球场（Highbury Stadium）。设计回应了用地苛刻的特性，球场在维多利亚时代的联排式住宅后面戏剧性地崛起，在与众不同、意想不到的街景中显露出来，形成两种尺度不可思议的并置，此外体育场通过两条新的桥梁与周边街区互相联系。

球场采用椭圆形的形式，八个核心筒环绕着圆周布置，并用钢三脚架支撑着两个主要桁架，形成一个边界清晰的屋顶轮廓线。通过材料可以清楚地解读建筑功能，在基座层使用钢化玻璃板材作为外表面，以回应因有大量群众使用而必须更坚固耐用的环境。在较高层表面叠加以编织的光滑钢丝网，清晰地表达出垂直交通核心筒的清水混凝土表面。金属复合屋顶看似是漂浮在清水混凝土的座席区之上，起伏的玻璃为上层座席的后部提供庇护。

体育场的上层和下层看台都提供了普通观众席以及部分残疾观众席。在两层看台之间设有企业俱乐部和行政包厢设施。俱乐部层提供

了餐厅和网吧空间，形成独特的混合体，还为其设有专用的场内座席，俱乐部上面还有150个行政包厢和高级私人会员俱乐部。

酋长球场是整体城市规划的催化剂，使原体育场西侧的贫困、未利用区域得到再生。作为英国最大的城市更新项目，此项目将会带动超过2000间新房建设，包括重要工人住房和社会住房，并创造超过1800个就业岗位。

体育场采取了一系列绿色综合设计措施，例如，使用被动环境系统加热和冷却建筑物。体育场也有助于此区域以前瞻性和可持续性的方式再发展。

建筑设计：
Populous 事务所

13. 福塞斯巴尔体育场（Forsyth Barr Stadium），达尼丁，新西兰

位于新西兰南岛城市达尼丁的这座具有创新性的体育场，是世界上位置最靠南的专业体育场。这里的气候寒冷、潮湿且多风，令人望而生畏。为举办橄榄球世界杯，它于2011年完工，从而取代了原有的卡利斯布鲁克体育场（Carisbrook Stadium）。球场拥有2万个固定座席和11000个临时座席。这就意味着锦标赛结束后，它就将成为该国最大的室内体育馆，可用于音乐会和节日庆典，当然还有足球和橄榄球。

它是世界上唯一在使用完全封闭的ETFT屋盖的同时还拥有天然草皮球场的体育场。它创建了寒冷气候下体育场的一种新型制。看台主要设于两条长边，而端部墙体和屋顶设计可以最大化到达球场的日光量。球场的建造、维护、保养、通风和采光条件在建造之前就已经被充分地模拟和研究过。设计者建起一个试验性的封闭体，以测试草皮在试用屋盖下以及外部开敞环境下的生长状况。实验证明草皮在ETFT屋盖下可以生长得更强壮。

建筑设计：Populous 事务所与Jasmax合作设计

14. 绿点球场（Greenpoint Stadium），开普敦，南非

高耸的桌山、讯号山以及大西洋构成了开普敦的天际线。绿点球场则形成了讯号山脚下的一个地标，并谦恭地嵌入到整体环境之中。设计的挑战在于如何在这一独特的位置上创造一个卓越的建筑，让它装点而非破坏这片世界闻名的明信片风光。

桌山的水平线、讯号山的圆顶以及体育场的曲线轮廓，它们似乎是一张和谐的三和弦乐谱，而体育场就是那个底部的音符。在轻盈的设计理念下，圆形的体育场客气而谦恭地融入周边环境，令人印象深刻。体育场外观可随着该地区光条件的变化产生很大的差异。由于拥有透光的外部表皮，它会对不同日子或季节的不同天气和日照条件做出反应，迥然不同的照明效果使之看起来很具雕塑感。

设计概念是与纯粹的功能要求相结合的。对于观众来说，它是一座既有逻辑性又感性的建筑，在体育场内举办足球和橄榄球比赛时会创造出一种令人惊叹的气氛，举办音乐会时也是一样。体育场可为68000名观众提供座席，分三层布置，其中2400名可拥有商务座席，更有2500名可享用包厢。位于二层和六层的宽阔

建筑设计：德国gmp建筑师事务所（冯格康、玛格及合伙人）（gmp-von Gerkan, Marg und Partner-Architects）

的散步道形成了环绕体育场比赛区的休息厅，让观众可以自由地活动，也给予他们一个能够闲逛的舒适环境，同时也容易在整个体育场中确定位置方向。从这个"休息厅"可以鸟瞰球场。上层休息厅离地25m，能全景观看绿点公共绿地、城市和大海景观。

剖面为抛物线形的看台让所有观众都能享有理想的观看视野。最顶层看台强烈的曲线轮廓与屋盖边缘减弱的曲线形成对比，这是它们各自功能几何学作用的结果。在2010年世界杯中几排座席就临时搭建在顶层看台上，但这些后来被套间和俱乐部用房所取代。如此将座席容量从68000减少为55000，但增加了可出租区域的数量，在体育场的后世界杯时代，它们能对其商业可生存能力做出贡献。

15. 亨氏球场（Heinz Field），匹兹堡，美国

亨氏球场的设计灵感来源于匹兹堡和那里的人们。钢人队的得名源于匹兹堡钢铁工业的历史。为反映出这一历史，采用钢作为亨氏球场的主要建筑材料。尽管该设计尊重城市的传统，但体育场的设计仍传达出一种展望未来的当代形象。

两座塔形成一个框架，或者说是门道，通往体育场。而体育场岩石般的砖石砌筑外观是受到了曾经限定城市天际线的石头和钢建筑的启发。靠近体育场的正面，建筑逐渐由铁和石头变为透明。玻璃让球迷看到内部，同时也成为被看的人。亨氏球场看进看出的视线显示出这个建筑是如何运作的，以及球迷的活动是如何提升每一个赛事的氛围的。由于座席区离赛场只有18m远，亨氏球场为每个区域的观众都提供了极好的视野。

亨氏球场的马蹄形设计充分利用了位于滨河区的用地。开敞的南端为观赏点子州立公园（Point State Park）、华盛顿山和河流景观形成了景框。碗形体育场的东北和西北角也是开敞的，球场的上层大厅提供了观赏市中心和城市天际线的极佳视野。

建筑设计：Populous 事务所

16. 马林鱼棒球场（Marlins Park），迈阿密，美国

这座为迈阿密马林鱼MLB棒球队所建的新体育场位于佛罗里达州的迈阿密，于2012年4月正式启用，从而取代了位于迈阿密市中心附近小哈瓦那的那座值得纪念的橙碗球场（Orange Bowl）。这座建于橙碗原址上的新球场计划成为该区重建的重要阵地。新建的体育场容量达37000座，拥有可开合屋盖为观众遮阳挡雨，从本质上改变了佛罗里达夏季棒球比赛给人的感受。

对该地的城市规划对旧橙碗用地的特征做出了一个根本的改变，即重塑周边街区街道网络，并重新将小哈瓦那与主要公共街道联系起来。在这一结构下，体育场以及包括停车楼在内的未来开发建设都是基于城市街块内的城市建筑特性来设计的，从而创造了一个城市中心。这是为一个市民建筑、城市的画廊设计的市民化布局，球场则位于东侧和西侧边界处的主要公共广场之间。停车楼形成了画廊的另两面墙，它也调和了球场及其毗邻街区的尺度关系。当屋盖滚动覆盖球场的时候，西侧广场就会发生改变。该体育场将在底层提供零售商业，将其与所建议的附近零售开发结合在一起，意在创造一个与周边街区相联系的街道面。

该体育场建筑就像一个具现代感而有活力的雕塑，是由金属和玻璃组成的多面体。该建筑被构想成为一个水与地结合的观光点，这一想法来源于迈阿密的海岸景观。球场底座将成为城市生活的背景，它带有拱廊和多彩的马赛克装饰，这反映着迈阿密的多元文化。拱廊上方是连绵的大型阳台，让人们可以感受到球场周边的街道生活。碗形看台分三层，在紧密的上层看台有不到1万个座位。内部设计的特点包括富有色彩和艺术感的中庭空间，以及一面朝向迈阿密市中心区的可操作的巨大窗户。

建筑设计：Populous 事务所

17. 墨尔本板球场（Melbourne Cricket Ground），墨尔本，澳大利亚

墨尔本板球场（MCG）已有153年历史，是世界上最大容量的体育场之一。作为澳大利亚板球和澳式橄榄球的主场，它有悠久的历史和重要的精神意义。它是1956年奥运会的主场馆，并在2006年3月主办了英联邦运动会的开幕式、闭幕式和田径赛事。

墨尔本板球场经历了多次整修，最近的一次改造花费4.35亿澳元，于2006年3月完工，其间重建了60%的体育场，把它变成了一个现代的世界级体育设施。作为MCG5体育建筑设计公司（MCG5 Sports Architects）[*]的一部分，Populous事务所受到委托为其提供全部建筑设计服务。

新体育场是开放和透明的，可以向外看到城市直至亚拉公园（Yarra Park）。设计特别照顾观众的感觉，使其能感受到与步行距离内的城市环境的联系。三个新的入口都有巨大的玻璃中庭，以自动扶梯联系上层座席，新的屋顶是由金属和玻璃混合而成。所有10万个座位的视线都不受遮挡，且比原来的看台更接近比赛场地。80%的座位处于顶棚的遮蔽之下。

重建的另一个重要部分就是搬迁并扩建了体育场的遗产设施，包括博物馆和娱乐区，每周七日均开放，并以互动式设备为特色。博物馆内包含有澳大利亚体育画廊、奥林匹克博物馆、澳大利亚体育名人堂和澳大利亚板球名人堂。

* MCG 5是一个由Populous事务所、达瑞尔·杰克逊（Daryl Jackson）、哈塞尔（Hassell）、考克斯建筑事务所（Cox Architects）和TS&E组成的合资企业，可提供所有建筑设计相关服务

18. 电信穹顶体育场（Telstra Dome），墨尔本，澳大利亚

　　澳大利亚电信穹顶体育场旧称殖民地体育场（Colonial Stadium），它位于达克兰区，紧邻墨尔本中央商务区。这个城市综合体育场花费4.3亿澳元，于2000年投入使用，设计中以功能灵活性作为关键要素，使得体育场可以举办一系列的体育赛事和娱乐活动。

　　这座4层的多功能体育场的特点包括全封闭屋顶、可移动观众席和天然草皮赛场。座席视线优越并靠近比赛场地，当比赛场地为椭圆形时可布置52000个座位，当比赛场地为矩形时可布置超过49000个座位。

　　复杂的座席移动技术使得体育场下部座席可以重新配置，当举办足球或者橄榄球比赛时，可以将观众席推进18m（60英尺），从而离比赛更近。

　　当屋顶缩回时，可形成一个160m×100m的开口，剩下部分可为看台上98%的观众提供庇护。屋顶可以在20分钟内关闭。

　　另一个重要特点是，在地下一层用环形道路将所有的房间设施从后面连接起来，使得它们能够独立提供服务而不受比赛日观众流线的干扰。体育场拥有4层的碗形看台和67间豪华套房，另外还有12500个会员席，内设独立的用餐和酒吧设施，从那里可以俯瞰比赛场地及城市。

建筑设计：电信穹顶体育场是由Populous 事务所、百瀚年建筑设计事务所（Bligh Voller Nield）和达瑞尔·杰克逊公司（Daryl Jackson Pty Ltd）组成的合资公司合作完成

19. 南京奥林匹克体育中心（Nanjing Sports Park），南京，中国

南京奥林匹克体育中心是亚洲已建成的最大体育场馆之一，它是为2005年10月在中国古都南京所举办得中国第十届全运会而建设的。Populous事务所作为此项目的设计师，参与了此项目从开始到完成的各个阶段，包括总体规划和所有建筑设计。

这个耗资2.85亿美元的奥林匹克体育中心包含一个6万座的体育场、一个11000座的体育馆、游泳馆、网球中心和媒体中心，以及棒球、垒球、曲棍球、篮球等户外体育设施。

奥林匹克体育中心形成了南京西部新城区建设中最引人注目的部分，成为新一代体育场的标志，这个案例充分说明体育作为城市发展催化剂的重要性。中国政府利用全运会作为北京奥运会的先导，尽可能累计大型赛事设施运行的经验。奥林匹克体育中心的主要设计概念是创建一个"人民宫殿"和多功能的环境，以及将世界标准的运动设施结合在一个休闲公园里，公园的重心就是主体育场。体育建筑被成群地紧密布置一起，用地的35%是公园空间。

奥林匹克体育中心结合了很多新的设计特征，在互联性上实现了飞跃。所有设施同时设计，创纪录地使设计尽可能相互联系、彼此和谐，在大型赛事和日常使用时都能实现效率最大化。人们通过抬高的平台进入建筑内部，因此不论建筑内部举行任何赛事，都不会影响公园的使用。观众可以通过平台到达其他设施处，而不需要进入公园空间。

建筑设计：Populous 事务所

20. 大分体育场（Oita Stadium），大分，日本

　　大分体育场位于日本西南部，是为2002年的世界杯足球赛而建设的。它由黑川纪章（Kisho Kurokawa）和竹中公司（Takenaka）共同设计，被人们亲切地称为"大眼睛"，因为体育场的形状像一个向上看的大眼睛，而且眼睑可以打开和关闭。

　　该体育场功能使用极度多样化。除了可以举办足球和橄榄球比赛，它还可以举办国际田径赛事和一系列的娱乐活动，比如摇滚音乐会。之所以能举办这么多活动，是因为体育场有可开合的屋顶和一个可移动的座席区，而且可移动的座席区可以安装在前部以创造最佳气氛。

　　基于日本古老的象征符号，大分体育场被设计成一个简单的球体。柔和的曲线不仅融入周围的景观，而且还为可开合屋顶提供了一个理想的支撑形式。屋顶的开口部分为南北轴的椭圆形，目的是使天然草皮赛场接受最多的阳光。可开合屋顶是用聚四氟乙烯材料制成，即使屋顶关闭，阳光也能照射到草地。当屋顶开启时，中央区域都暴露在阳光之下。

　　大分体育场是为大分县的人民所建设的大规模多功能体育公园中的一部分。总用地共为255公顷，除了体育场，总体规划中还包括一个体育馆、训练中心、游泳池，以及足球、橄榄球、垒球、棒球、网球、门球设施和大型停车场。

　　座席区与屋顶之间有一个缝隙，缝隙的设计是经过深思熟虑的。它使体育场能进行自然通风，让人感觉不到处于封闭的空间之中，并使观众能看到远处的山脉。大分体育场安装了世界上第一部移动摄像机，这意味着图像可以传送到世界各地。

建筑设计：黑川纪章建筑与都市设计事务所（Kisho Kurokawa architect and associates）

21. 奥林匹克体育场（Olympic Stadium），伦敦，英国

接纳临时的东西，这是Populous 事务所在伦敦奥林匹克体育场设计中所采用的设计哲学。这一前所未有的设计任务要求设计一座8万座的体育场，以举办奥运会和残奥会的田径比赛以及开幕式与闭幕式。但是，到赛后它必须变成被缩减为25000座容量的较小型体育场。这就意味着在这个较大型的场馆内所设的永久设施应是较少量的，但其中需要设有一些仅仅服务于奥运会的临时设施。

三角形的体育场用地位于奥林匹克公园南端，用地两侧由河流包围，另一侧是一条公共步道。事实上这是一个岛屿，这就使设计师可以将场馆外围屏障与场馆建筑分离开来，如此一旦观众走过跨在河流之上的桥梁，就对他们进行检票，他们就此而进入场馆范围之内。这样做的好处是，体育场外围屏障是可渗透性的，容易越过，这对一个将首次与观众见面的体育场来说是特别重要的。

用地的标高经过巧妙的处理，使观众环绕建筑的流线可以与下层分开，而下层则是运动员热身并会见媒体以及各种后勤活动进行的地方。25000个固定座席都设于低层看台，从建筑底座进入。大多数余下的座席都位于上层看台，可以通过环绕体育场放射状布置的简单楼梯到达。由于奥运会期间招待设施都设在公园内其他地方，体育场为奥林匹克成员和国家元首提供的用房规模是相当适度的，包括位于西看台内的400个有盖顶的用餐套间，它们可以直接通往中层看台座席。这一简单的布局安排使得紧凑的碗形看台得以实现，而看台呈椭圆形环绕着田径场布置。座席看台采用了一种白底之上有黑色片段的令人震撼的图案，这是从2012年奥运会标志所获得的灵感。

屋盖使用了轻质的张拉膜结构，看起来就像是悬浮在上层看台之上，由白色管子组成、以斜柱支撑的钢桁架环绕在周围，这与支撑上层看台、漆成黑色的钢结构形成了对比。这种构成已经成为伦敦奥运项目成功的一个象征。

环绕体育场内部的是外围结构，它在外部底座的游园会气氛与碗形看台内的紧张感之间提供了一个重要的分界。360条白色张拉膜带每条都扭转90°，一直向下拉至底座，让观众可以通过。这是一种轻质的表皮结构，为的是与史上最轻的奥林匹克体育场相匹配。

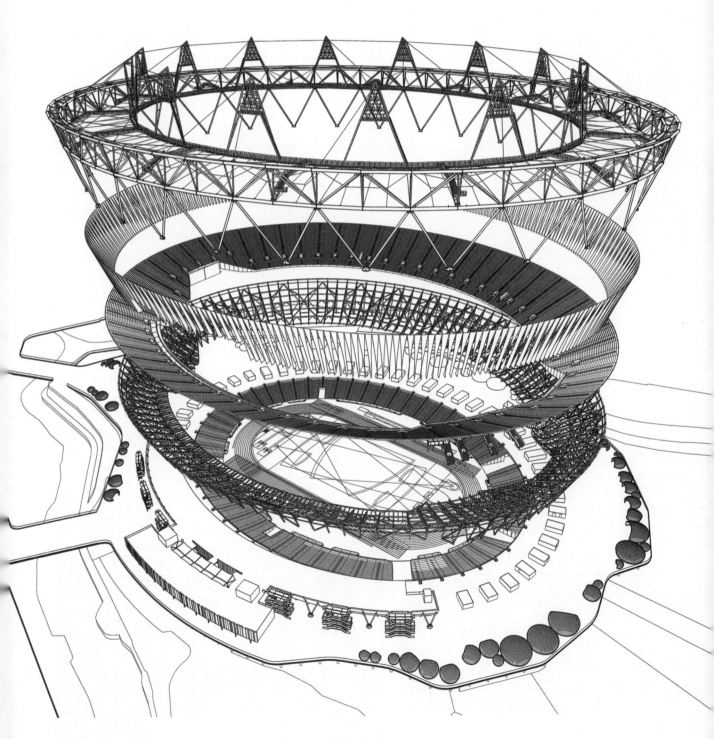

建筑设计：Populous 事务所

22. 椭圆球场（The Oval），伦敦，英国

1995年，萨里郡板球俱乐部雄心勃勃，企图将有着125年历史的英国人椭圆球场（以前被称为AMP Oval）保存下来，将其变为世界上最优秀的板球场之一。2005年6月，经过引人注目的翻新工程后，英国人椭圆球场重新启用，这一目标终于得到实现。英国人椭圆球场举办了灰烬杯（Ashes Test）决赛，英国最终获胜。

椭圆球场已经华丽转身，其崭新的建筑拥有4层看台，容量达23000座，它被称之为OCS看台。这一时尚的新看台以白色钢材塑造出未来派的曲线，形成醒目的几何形态，极具标志性，并与维多利亚时代宏伟的展馆优雅和谐地共处。新屋顶激动人心的连绵形式衬托着作为该处历史背景的贮气罐。

OCS看台极大地提升了赛事体验；与以前相比，观众离赛场更近，并奢侈地在座位间添加了更多的可以伸脚的空间。声学考虑也同样重要，现在的看台会将噪声反射回赛场，创造更加有活力的氛围。

重建的另一个特色是外部183m的生命之墙，它将为各种藤蔓植物提供支撑，从而改善了外部广场的夏季环境，将四季景色带入该地区的城市肌理之中。端部变细的木质百叶屏幕可以阻挡来自于附近居住区的视线，并有助于消除来自主干道的交通噪声。

新的英国人椭圆球场是一个适合21世纪的体育场，拥有阶梯状的观众席、新闻中心、广播套房和商务接待设施。体育场全年开放，可以主办研讨会、董事会议乃至婚礼。

Populous 事务所为椭圆球场提供前期概念设计，米歇尔体育建筑设计公司（Miller Sport）提供详细设计

23. 瑞兰特体育场（Reliant Stadium），休斯敦，美国

　　休斯敦是技术、工业和太空研究的中心。瑞兰特体育场体现了城市的探险精神，以及得克萨斯人独有的开拓精神和进取心。

　　这一7万座的体育场具有可开合的屋顶，并结合大范围的玻璃创造透明的感觉。体育场的滑动式屋顶由铰接钢框架和高透明的玻璃纤维材料组成，使自然光可以进入。球场公共大厅和聚集空间的明亮宽敞氛围，带来一种户外体育场的感觉。体育场还采用气候控制系统形成舒适的环境，为应对休斯敦的极端天气，这是必须设置的。

　　作为美式橄榄球联盟（NFL）休斯敦得克萨斯人队的主场，瑞兰特体育场所具有的亲密感和紧凑性类似于一个大型室内体育馆。所有座位都尽可能靠近比赛场地。托盘式的天然草地球场为橄榄球和足球提供了最适宜的表面，同时可灵活用于马术和其他赛事及活动。

　　该设施的室内设计也始终坚持与地区协调。通过对磨砂玻璃、磨砂铝、彩色木材、丰富的皮革、牛烙印的仔细使用，将休斯敦的时尚现代主义和得克萨斯州历史传统和遗产的粗犷感糅为一体。

建筑设计：Populous 事务所

24. 萨尔茨保体育场（Salzburg Stadium），萨尔茨保，奥地利

萨尔茨保体育场位于奥地利，于2003年投入使用。这一主要用于足球的16500座体育场已经融入到周围环境之中，它紧邻着1694菲舍尔·冯·埃拉赫（Fischer von Erlach）设计的克雷塞姆城堡，这深刻地影响了体育场的设计。

周围建筑的高度以及体育场与城堡紧密相邻的因素都影响了设计理念，体育场高度被控制得尽可能低。为实现这种理念，足球赛场实际上是在原有地形上挖出来的。因此从外面看，体育场的形状略微倾斜，建筑形式统一，并采用复杂的钢框架结构支撑着半透明的轻质屋盖。

较低的建筑高度为体育场制造了特别好的内部气氛，连续的碗形座席看台设计更加强了这种氛围。公共大厅位于入口层平面。体育场采用多功能设计，并已用于举办一系列的活动，包括音乐会和摩托车越野障碍赛。为了2008年欧锦赛的举办，座席容量已经扩展到32000个。

建筑设计：舒斯特建筑事务所（Schuster Architekten）

建筑设计：Populous 事务所与BUEP建筑设计事务所合作设计

25. 足球城体育场（Soccer City Stadium），约翰内斯堡，南非

　　足球城体育场位于约翰内斯堡的索韦托附近，在2010年足球世界杯期间可坐88600人。它是承办开幕赛和决赛的场馆。

　　原建于1980年的FND体育场建筑几乎完全被拆除，以让位于新的体育场。这并不是人们的初衷，但在建造过程中，最终决定对体育场进行几乎完全的重建。

　　老体育场的一些特征被保留了下来，碗形看台的几何形状被修正以改善观赛视线。低层看台和公共大厅采用了独特的复式设计，这种方式还是第一次被引入大型足球场工程之中。

　　体育场的外观是在与当地文化领袖的密切讨论后才确定下来的。它类似于一个罐子，或者用当地土话说是calabash。这种解读被广泛地采用，而在足球世界杯开幕式上表现得更加清晰了。

　　碗形看台被设计得尽可能开敞，但仍然保持了一种强烈的亲密感，尽管它规模宏大。双层的张拉膜屋盖遮蔽了体育场的上面一半。屋顶结构由超级柱子支撑，并在外围的中庭内有所表现。连续的屋顶天光则强化了中庭的效果。

　　主要的垂直交通坡道完全被包含在这个"罐子"里，因此观众能够感受到体育场内那些有盖顶的大型中庭空间富有一种戏剧性的效果。低层公共大厅向着碗形看台及其外围空间开敞，空间就像从内部直接流动向外部一样，使观众能够感受到一个完整的体育场。

26. 老兵球场（Soldier Field），芝加哥，美国

经过多年的政治角力，芝加哥小熊队、球迷及游客终于可以享用他们崭新的、最先进的63000座体育场，《GQ》杂志将其评为"最好的新球场"。这个体育场及其17英亩的新园区，改变了体育建筑的面貌。通过W＋Z与球队所有者的紧密合作，设计保留了老兵球场传统的柱廊，同时为橄榄球赛事提供最令人兴奋的豪华悬空包厢配置，包括有120个豪华套房和部分盖顶的9000座俱乐部座席，球场两端还各有一个悬臂式的LCD视频显示屏。由于看台与赛场十分接近，每个座位都享有良好的视线，更为球迷远眺芝加哥市中心和密西根湖提供了无与伦比的视野。

建筑设计：Wood+Zapata建筑设计事务所（Wood + Zapata），洛翰建筑设计事务所（Lohan Caprile Goettsch Architects）

27. 法兰西大球场（Stade de France），巴黎，法国

古老的城市已经表明，体育场从古到今都是重要的城市元素。法兰西大球场建于靠近巴黎的圣丹尼斯地区的心脏地带，为当地居民提供了一个公共开放空间，它的屋顶似乎庇护着周边地区。从球场最高处可以全景俯瞰小镇以及远处纪念碑式的圣心教堂和圣丹尼斯巴西利卡。

壮丽的法兰西大球场的最大特色是壮观而巨大的椭圆盘，即悬于地面之上43m的高科技屋顶。圆盘由18钢桅杆柱进行支撑，每个相距45m并顺应着附近圣德尼运河的曲线。

这一8万座的多功能体育场最初是为1998年的世界杯足球赛决赛而建，因为其阶梯状座席形状为椭圆形，球场被设计用于足球和橄榄球比赛。它自然将观众视线集中到球场上，特别是射门。但它也适用于一系列的田径赛事。第一圈的阶梯状座席区共有25000个席位，它是可移动的，可以通过机械装置回撤15m，其下部是气垫、钢铁和特氟龙滚轴。

屋顶的面积超过6公顷，重量相当于埃菲尔铁塔，并安装了所有需要的照明和音响设备。其内边缘的玻璃也可以作为自然光线的过滤器，并可以成为各种特殊照明效果的背景。

建筑设计：艾梅里克·祖布莱纳（Aymeric Zubiena），米歇尔·马克（Michel Macaw），米歇尔·瑞吉&克劳德·康斯坦（Michel Regembal & Claude Constantini）

28. 施蒂利亚体育休闲综合体（Statteg Sports and Leisure Facility），格拉茨，奥地利

施蒂利亚体育休闲综合体位于奥地利格拉茨/施蒂利亚镇中心的外围郊区，它是一个综合设施典范，建立在对多功能休闲运动设施和集成能源战略研究的基础之上。这个项目是由木制模块系统以及能以许多不同方式使用的多功能房间组合而成。

由于地形较复杂，现有运动场的入口通道不畅，朝向亦不佳，俱乐部会所的位置也不太合适，所以场地需要完全重组。两层楼的新体育场现在沿着球场的西南侧布置，屋顶上装有太阳能电池板。看台为三角形，与楔形的场地相呼应：在所有访客都必须经过的入口区比较宽阔，而后方则较狭窄。背向赛场的建筑立面与住宅建筑类似，融入到周围的建筑之中。

球员更衣室和卫生间位于底层，楼上经过精心设计，实际上所有的功能单元至少有两个用途。中央是餐厅区，它采用独立的红色立方体的形式，插入体育场的大型屋顶之下。体育酒馆的厨房、服务舱口和卫生间，在比赛时也可以使用，而足球俱乐部聚会室也可作为餐厅的延伸部分。几个不同的体育俱乐部共享邻接该处的两个办公室以及相关的基础设施。

该建筑的材料简洁、使用安心且色彩鲜艳，使之成为一个有魅力的新乡村中心。这一漂亮且成本效益高的设施深受施蒂利亚社区的喜爱。

建筑设计：霍汉辛建筑设计事务所（Hohensinn Architektur）

温布利球场由世界体育场团队［World Stadium Team（WST）］设计，该团队是由Populous事务所和福斯特及合伙人事务所（Foster & Partners）组成的合资企业

29．温布利球场（Wembley Stadium），伦敦，英国

新的9万座温布利球场是世界上最先进的，于2007年投入使用，它在老球场的基础之上建造，并成为世界上最具活力的体育场。该体育场采用最高规格的设计和最新的技术，将为每一个球迷提供无可匹敌的观看体验，它将继续保持其"传说之地"的声望。

一个奇迹般的现代建筑取代了著名的双子塔，当我们的第一个拱门草图出现在描图纸上时，我们都看到了这种形式的魔力。温布利球场高133m的拱门不仅为伦敦提供了地标，而且还有一个至关重要的作用，即支撑起7000吨的屋盖钢结构，而不需要其他支柱。

屋盖具有可开合面板，能让光和空气进入球场，保证著名的温布利球场草皮生长良好。在非赛时屋盖可以打开，但可以在50分钟内关闭遮蔽所有的座位，确保球迷在比赛期间得到庇护。

体育场设施尽量使观众舒适愉悦；座席的质量和空间已显著改善。残疾人座位有明显的增加，已从100个发展为310个。

座席区的几何形状被设计成一个单独的碗形而不是4个独立的看台，确保三层看台的观众都能对球场一览无遗。通过对声学效果进行仔细地处理，体育场能增强比赛时球迷的喧哗声，从而制造一种热烈的气氛。温布利的呐喊让人难以忘怀。

尽管主要是为橄榄球、足球和音乐会而建，但只要通过一个平台转换，这座新体育场就能举办世界级的田径赛事。当平台到位时，体育场座位将减至67000个。

30．西太平洋体育场（Westpac Stadium），惠灵顿，新西兰

　　34500座的西太平洋体育场是现代专用板球场，坐落在惠灵顿港口废弃的铁路货场边缘。它也是新西兰其他主要体育活动如橄榄球的举办场地，体育场在周边地区的重建工作中发挥了主导作用。

　　该项目提供了一个绝好的机会，去建造一个作为完整实体的顶级板球场，而不是在现有的设施中添加支离破碎的时尚。此设计演示了一种极简主义的设计方法，板球场被削减以采用尽可能紧密的布局，使体育场能适应英式橄榄球赛，而观众也不至于离赛场太远。碗形看台设计包括一个完整的椭圆形低层看台和一个可容纳2600个座席的独立包厢层，座席区有位于屋盖下部，能提供畅通无阻的视线。碗形看台完全围合比赛场地，为场地上的比赛提供了一个理想的圆形剧场。

　　建筑物的外表皮是喷镀水平条纹的反光金属包层，在CBD北部边缘创造了一个雕塑般的地标。公共大厅区包含一个画廊空间，一周七天都提供娱乐、文化与展览来为社区服务。体育场还包括办公、体育医药设施、板球学院和一个板球博物馆。

　　该体育场2000年1月初投入使用，曾被授予新西兰建筑师协会（NZIA）树脂类国家设计奖和澳大利亚皇家建筑师学会国际建筑奖。

体育场由Populous事务所与百瀚年建筑设计事务所（Bligh Voller Nield）组成的合资公司与瓦瑞兰·马霍尼（Warrenand Mahoney）合作设计

31. 温布尔登AELTC（全英草地网球和门球俱乐部）中央球场（Wimbledon AELTC：Centre Court），伦敦，英国

温布尔登是世界上最知名的、最引人入胜的体育场馆之一，已经有120多年的历史。几乎每年夏天，这片著名的户外草地球场举办大满贯锦标赛时，都必须应对英国间或恶劣的天气。

迄今为止，澳大利亚网球公开赛是大满贯赛事中唯一拥有可开合屋顶场馆的比赛。温布尔登需要与时俱进，维护其世界顶级场馆的地位；温布尔登要确保其庞大的电视观众群体能够观看到网球比赛，并且确保长期的财务生存力。中心球场位置保持不变，只是进行了改建，从而将源于1922年的建筑带入21世纪。

设计中采用的创新液压式可开合屋顶（"折叠织物的六角手风琴"），是经过苛刻的科学程序而逐步设计而成的。其结构尺寸为65m×70m，其工作原理类似于伞，由金属骨架支撑着半透明布料。

设计的一个关键元素是使自然光线能够到达草地，而当屋顶关闭时，送风系统会从内部移除凝结的水雾，为观众和球员提供舒适的最佳内部环境。

三面的上层看台都添加了六排座椅，这使中央球场的容量由13800个座席增加到15000个座席。另外还将安装更宽的新座椅，并增加一些楼梯、电梯，从而提高观众的舒适度。为了给新座席腾出空间，将建设新的媒体设施和评论包厢，以取代目前位于上层看台的旧媒体设施。它们将来所在位置与目前位置相似，都位于座席区的后部。

建筑设计：Populous 事务所

参考文献

ADA and ABA (2006) *ADA and ABA: Accessibility Guidelines for Buildings and Facilities*. Download from www. access-board.gov/ada-aba/final.htm

Australian Football League (AFL) (2011) *Minimum Standards AFL Venues 2011*, Melbourne, AFL.

Bouw, Matthjis and Provoost, Michelle (2000) *The Stadium: architecture of mass sport*, Rotterdam, Netherlands Architecture Institute.

British Standards Institution (BSI) (2009) *British Standard BS 8300: 2009 Design of buildings and their approaches to meet the needs of disabled people – Code of Practice*. London, BSI.

British Standards Institution (BSI) (2003) *British Standard BS EN 13200-1:2003 Spectator facilities. Layout criteria for spectator viewing area – Specification*. London, BSI.

British Standards Institution (BSI) (2005) *British Standard BS EN 13200-3:2005 Spectator facilities. Separating elements - requirements*. London, BSI.

British Standards Institution (BSI) (2006) *British Standard BS EN 13200-6:2006 Spectator facilities. Demountable (temporary) stands*. London, BSI.

Centre for Accessible Environments (CAE) (2004) *Designing for Accessibility*. London, CAE.

Centre for Accessible Environments (CAE) (2004) *Good Loo Design Guide*. London, CAE.

Chartered Institute of Building Service Engineers (CIBSE) (2006) *CIBSE Lighting Guide: Sport LG4*, plus addenda. London, CIBSE.

Office of the Deputy Prime Minister (ODPM) (2003) – now the Department for Communities and Local Government (DCLG) – *Approved Document M: Access to and use of buildings*. London, The Stationery Office.

Department for Transport (DfT) (2002) *Inclusive Mobility: a Guide to Best Practice on access to Pedestrian and Transport Infrastructure*. London, DfT.

Department of the Environment (1994) *Planning Policy Guidance Note: Sport and Recreation*. London, The Stationery Office.

Department for Culture, Media and Sport (DCMS) (2008) *Guide to Safety at Sports Grounds, 5th edition ('The Green Guide')*. London, The Stationery Office.

Fédération Internationale de Football Association (FIFA) (2011) *Football Stadiums, Technical recommendations and requirements, 5th edition*. Zurich, FIFA.

Football Stadia Improvement Fund (FSIF) and Football Licensing Authority (FLA) (2003) *Accessible Stadia*. London, Football Foundation.

Football Stadia Improvement Fund (FSIF) and Football Licensing Authority (FLA) (2006) *Concourses*. London, Football Licensing Authority.

Football Stadia Improvement Fund (FSIF) and Football Licensing Authority (FLA) (2006) *Control rooms*. London, Football Licensing Authority.

Football Stadia Development Committee (1994) *Toilet Facilities at Stadia*. London, Sports Council.

Football Spectators Act 1989 (1989) London, HMSO.

Home Office (1985) Committee of inquiry into crowd safety and control at sports grounds. Chairman: Mr Justice Popplewell. *Interim Report*, London, HMSO, CMND 9595.

Home Office (1986) Committee of inquiry into crowd safety and control at sports grounds. Chairman: Mr Justice Popplewell. *Final Report*, London, HMSO, CMND 9710.

Home Office (1989) The Hillsborough stadium disaster. 15 April 1989. Inquiry by Rt Hon. Lord Justice Taylor. London, The Stationery Office.

Home Office (1990) The Hillsborough stadium disaster, 15 April 1989. Inquiry by the Rt Hon. Lord Justice Taylor. *Final Report*. London, The Stationery Office.

Inglis, S. (1996) *The Football Grounds of Britain*. London, Harper Collins Willow.

Inglis, S. (1990) *The Football Grounds of Europe*. London, Harper Collins Willow.

International Association of Athletics Federations (IAAF) (2008) *Track and Field Facilities Manual 2008*, Monaco, IAAF.

International Commission on Illumination (CIE) (1986) *Guide 67: Guide for the photometric specification and measurement of sports lighting installations*. Vienna, CIE.

International Commission on Illumination (CIE) (2005) *Practical design guidelines for the lighting of sports events for colour television and filming*. Vienna, CIE.

International Hockey Federation (FIH) (2008) *Guide to installing hockey pitches and associated facilities*. Lausanne, FIH.

International Olympic Committee (IOC) (1999) *Olympic Movement's Agenda 21 Sport for Sustainable Development*. Lausanne, IOC.

Major League Baseball, *Official Rules*, Download from http://mlb.mlb.com/ mlb/official_info/official_rules

Nixdorf, Stefan (2008) *Stadium Atlas, Technical recommendations for grandstands in modern stadia*, Berlin, Ernst and Sohn.

Schmidt, T. (1988) *Building a Stadium. Olympic stadiums from 1948–1988. Part 1*. Olympic Review, 247, June, 246–251.

Shields, A. (1989) *Arenas: A Planning, Design and Management Guide*. London, Sports Council.

Sports Council, Royal Institute of British Architects, UIA Work Group for Sports, Leisure and Tourism (1990) *Sports Stadia in the 90's*. London, Sports Council.

Sports Council (1992) *Planning and Provision for Sport*. Section on planning for stadia. London, Sports Council.

Sports Council Technical Unit for Sport: Geraint John and Kit Campbell (1995) *Handbook of Sports and Recreational Building Design. Vol. 1. Outdoor Sports, 2nd edition*. Butterworth-Heinemann.

Union of European Football Associations (UEFA) (2010) *UEFA Stadium infrastructure regulations*. Nyon (Switzerland), UEFA.

Union of European Football Associations (UEFA) (2011) *UEFA Guide to Quality Stadiums*. Nyon (Switzerland), UEFA.

Wimmer, M. (1976) *Olympic Buildings*. Edition Leipzig (out of print).